高等教育公共基础课精品系列教材

概率统计及其应用
（第2版）

主　编　张俊丽
副主编　马明远
参　编　薛　盼　邵志伟

北京理工大学出版社
BEIJING INSTITUTE OF TECHNOLOGY PRESS

版权专有　侵权必究

图书在版编目(CIP)数据

概率统计及其应用/张俊丽主编.—2版.—北京：北京理工大学出版社，2019.12
ISBN 978-7-5682-8068-6

Ⅰ.①概… Ⅱ.①张… Ⅲ.①概率统计-高等学校-教材 Ⅳ.①O211

中国版本图书馆 CIP 数据核字(2020)第 005519 号

出版发行　/　北京理工大学出版社有限责任公司
社　　址　/　北京市海淀区中关村南大街 5 号
邮　　编　/　100081
电　　话　/　(010)68914775(总编室)
　　　　　　(010)82562903(教材售后服务热线)
　　　　　　(010)68948351(其他图书服务热线)
网　　址　/　http://www.bitpress.com.cn
经　　销　/　全国各地新华书店
印　　刷　/　唐山富达印务有限公司
开　　本　/　787 毫米×1092 毫米　1/16
印　　张　/　12　　　　　　　　　　　　　责任编辑　/　多海鹏
字　　数　/　282 千字　　　　　　　　　　文案编辑　/　孟祥雪
版　　次　/　2019 年 12 月第 2 版　2019 年 12 月第 1 次印刷　　责任校对　/　周瑞红
定　　价　/　47.00 元　　　　　　　　　　责任印制　/　李志强

图书出现印装质量问题，请拨打售后服务热线，本社负责调换

前言

概率统计及其应用是研究和揭示随机现象统计规律的一门学科,是高等院校中一门很重要的基础课程.随着现在数据科学及大数据的发展,概率论与数理统计在自然科学领域的应用更加广泛.

为使学生更快地熟悉概率论与数理统计这种独特的思维方法,更好地掌握相关基本概念、基本理论、运算及处理随机数据的基本思想和方法,培养学生运用概率统计方法分析、解决实际问题的能力,我们编写了本教材.本教材除了具有数学教材所共有的特点外,还有以下特点:

第一,着眼概率论、数理统计的基本概念和基本方法,强调直观性;

第二,突出理论与实际现象应用的联系,例题、案例的选取具有很强的应用背景;

第三,将多元统计分析模块作为梳理统计的延伸,为读者循序渐进地进入一个新领域做好准备;

第四,注重理论知识与软件的结合,数理统计、多元统计均有 SPSS 对案例分析的演示环节,步骤详细,可操作性较强;

第五,每一小节配有课前导读环节,通过这一环节展示章节之间的逻辑关系以及这一小节的具体作用,帮助读者建立整体思想;

第六,每一小节配有课后练习,加强对所学知识的巩固练习,同时,每一章节配有总复习题,可以使知识得以综合运用;

第七,在章节中均有数学家、数学文化的解释,在增强学生学习趣味性的同时,也拓宽了学生视野.

本书分为概率论、数理统计、多元统计三个部分.在概率论部分,第 1 章是预备知识,主要介绍概率论的基本概率.第 2 章为一维随机变量及其数字特征,对于经济管理类专业本章应作为重点内容进行学习.第 3 章为二维随机变量及其数字特征,对于理工类专业要重点学习.在数理统计部分,第 4 章为数理统计的基本概念,常见统计量及其分布,主要是描述统计.第 5、6 章为统计推断,设计了参数估计、假设检验的基本思想和概念.第 7 章是多元统计,通过案例演示了回归分析、方差分析、聚类分析、判别分析的 SPSS 案例实现及结果分析.

本书在编写的过程中,得到了学院领导、部门领导和同事的支持与帮助,在此表示感谢!限于编写水平,书中若存在不妥之处,欢迎广大读者批评指正,联系方式:zjl319@qq.com.

【教学建议课时】

章节	课程内容	课时
1	概率论的基本概念	6
2	一维随机变量及其数字特征	10
3	二维随机变量及其数字特征	12
4	数理统计的概念	8
5	参数估计	8
6	假设检验	8
7	统计分析方法介绍及 SPSS 案例实现	8
8	复习	4
9	合计	64

目 录

第1章 概率论的基本概念 1
- §1.1 随机事件与事件关系 1
- §1.2 概率及其性质 6
- §1.3 古典概型和几何概型 8
- §1.4 条件概率、全概率公式和贝叶斯公式 12
- 数学家简介——贝叶斯 20

第2章 一维随机变量及其数字特征 21
- §2.1 随机变量及其分布函数 21
- §2.2 离散型随机变量及其概率分布 25
- §2.3 连续型随机变量及其概率分布 32
- §2.4 随机变量函数的概率分布 42
- §2.5 数学期望 46
- §2.6 方差 50
- 数学家简介——伯努利家族 58

第3章 二维随机变量及其数字特征 59
- §3.1 二维随机变量及其分布函数 59
- §3.2 二维离散型随机变量 61
- §3.3 二维连续型随机变量 63
- §3.4 边缘分布 66
- §3.5 随机变量的独立性 71
- §3.6 协方差与相关系数 73
- §3.7 切比雪夫不等式及大数定律 78
- §3.8 中心极限定理 83
- 数学家简介——高斯 89

第4章 数理统计的概念 90
- §4.1 总体与样本 90
- §4.2 统计量 92
- §4.3 常用统计分布 97
- 案例实现:SPSS描述统计分析 106
- 数学家简介——威廉·戈塞 110

第5章 参数估计 112
- §5.1 点估计 112

§5.2　参数的区间估计 ·· 119
　　数学家简介——皮尔逊 ·· 128
第6章　假设检验 ·· 129
　　§6.1　假设检验的基本概念 ···································· 129
　　§6.2　单个正态总体的均值与方差的假设检验 ···················· 132
　　§6.3　两个正态总体的均值差与方差比的假设检验 ················ 135
　　案例实现：SPSS 单样本假设检验 ································ 139
　　案例实现：SPSS 双样本假设检验 ································ 140
　　数学家简介——费希尔 ·· 142
第7章　统计分析方法介绍及 SPSS 案例实现 ····························· 143
　　§7.1　相关分析和回归分析 ···································· 143
　　§7.2　方差分析 ··· 151
　　§7.3　聚类分析 ··· 155
　　§7.4　判别分析 ··· 159
　　数学家简介——高尔顿 ·· 163
附表一　泊松分布表 ·· 165
附表二　标准正态分布表 ·· 167
附表三　χ^2 分布表 ··· 168
附表四　t 分布表 ··· 171
附表五　F 分布表 ··· 173
附表六　p 值表 ··· 178
参考文献 ·· 181

第1章 概率论的基本概念

2000 多年前,人们就开始玩 20 方块游戏.生活在公元前 63 年到公元 14 年的古罗马皇帝奥古斯都·恺撒在他的一封信中曾写道:"我一整天都在玩骰子."

虽然人们赌博的历史很长,但概率论诞生的历史却相当短,部分原因在于,古人认为随机事件的出现是上帝意志的体现,人们没有必要去寻找事件出现的规律.直到文艺复兴时期的数学家卡尔达诺(1501—1576)出现,他是一个医生、占星家,也是一个赌徒,他写了一本书,叫《游戏机遇的学说》,又名《大术》.他写道:"把一个骰子掷三次,得到某一给定点数的可能性至少是 50%."他还写道:"用两个骰子掷出 10 的概率是 0.5""两个骰子共有 36 个结果".同时他还认为一个人的运气能决定一个随机事件的结果.更有名的科学家伽利略(1564—1642)也对随机事件的规律性感兴趣,"为什么投三个骰子时,10 和 11 出现的频率要比 9 和 12 大?"他采用列举的办法进行了证明.

真正的概率论始于法国数学家费马(1601—1665)与帕斯卡(1623—1662)的通信.帕斯卡 18 岁时就发明了机械计算机并卖出好几台,他参加过历史上最有名的一个数学俱乐部,讨论各种新思想.而费马则通晓 5 种语言,同时和当时许多优秀的数学家通信.1654 年,十分热衷赌博的法国贵族梅雷向帕斯卡提出了著名的"赌金分配"问题,这中间的许多结论都促进了概率论的最初发展.

§1.1 随机事件与事件关系

【课前导读】 在自然界和人类社会生活中普遍存在着两类现象:一类是在一定条件下,必然会出现的现象,称为确定性现象;另一类则是在一定条件下我们事先无法准确预知其结果的现象,称为随机现象.本节主要学习随机事件及事件的关系与运算.

1.1.1 样本空间和随机事件

1. 样本空间

大千世界,所遇到的现象不外乎两类:一类是确定现象;另一类是随机发生的不确定现象.如在标准大气压下,水加热到 100 ℃时沸腾,是确定会发生的现象;用石蛋孵出小鸡,是确定不可能发生的现象;而买彩票中不中奖,适当条件下种子发芽等这类不确定现象叫作随机现象.

定义 1 使随机现象得以实现和对它观察的全过程称为随机试验,记作 E.随机试验满足以下条件:

(1) 试验的所有可能结果是已知的或是可以确定的;

(2) 每次试验究竟会发生什么结果是无法预知的(试验之后才知道).

定义 2 随机试验的所有可能结果组成的集合称为样本空间,记为 Ω.试验的每一个可能结果称为样本点,记为 ω.

在具体问题中,给定样本空间是研究随机现象的第一步.

例1 一盒中有十个完全相同的球,号码分别为 $1,2,3,\cdots,10$,从中任取一球,观察其标号,用 ω_i 表示标号,$i=1,2,\cdots,10$,则样本空间 $\Omega=\{1,2,\cdots,10\}$.

例2 在研究英文字母使用状况时,通常选用这样的样本空间:

$$\Omega = \{空格, A, B, C, \cdots, X, Y, Z\}$$

例1、例2 讨论的样本空间只有有限个样本点,是比较简单的样本空间.

例3 讨论某寻呼台在单位时间内收到的呼叫次数,可能结果一定是非负整数而且很难制定一个数为它的上界,这样,可以把样本空间取为 $\Omega=\{0,1,2,\cdots\}$.

这样的样本空间含有无穷个样本点,但这些样本点可以依照某种顺序排列起来,称它为**可列样本空间**.

例4 讨论某地区的气温时,自然把样本空间取为 $\Omega=(-\infty,+\infty)$ 或 $\Omega=[a,b]$.

这样的样本空间含有无穷个样本点,它充满一个区间,称它为**无穷样本空间**.

从这些例子可以看出,随着问题的不同,样本空间可以相当简单,也可以相当复杂. 在今后的讨论中,都认为样本空间是预先给定的,当然对于一个实际问题或一个随机现象,考虑问题的角度不同,样本空间选择可能也不同.

例5 掷骰子这个随机试验,若考虑出现的点数,则样本空间 $\Omega=\{1,2,3,4,5,6\}$;若考虑的是出现奇数点还是出现偶数点,则样本空间 $\Omega=\{奇数, 偶数\}$.

由此说明,同一个随机试验可以有不同的样本空间.

在实际问题中,选择恰当的样本空间来研究随机现象是概率中值得研究的问题.

2. 随机事件

定义3 样本空间中满足一定条件的子集称为随机事件,简称事件,用大写字母 $A, B, C, \cdots$ 表示.

只含有一个不可再分试验结果的随机事件称为一个基本事件,即一个样本点所组成的集合 $\{\omega\}$. 在试验中如果出现随机事件 A 中包含的某一个样本点 ω,则称作事件 A 发生,并记作 $\omega \in A$.

再看例1样本空间 $\Omega=\{1,2,3,\cdots,10\}$,下面研究这些问题.

$A=\{球的标号为3\}$, $B=\{球的标号为偶数\}$, $C=\{球的标号不大于5\}$

其中 A 为一个基本事件,而 B 与 C 则是多个样本点的集合,即随机事件.

例如,B 发生(出现)必须而且只需下列样本点之一发生:$2,4,6,8,10$,它由五个样本点组成.

同样地,C 发生必须而且只需下列样本点之一发生:$1,2,3,4,5$.

显然,A,B,C 都是 Ω 的子集,它们可以简单地表示为 $A=\{3\}, B=\{2,4,6,8,10\}, C=\{1,2,3,4,5\}$.

因为 Ω 是由所有样本点组成的,所以在一次试验中,必然要出现 Ω 中的某一样本点 $\omega \in \Omega$,也就是在试验中 Ω 必然要发生,今后用 Ω 表示一个必然事件. 空集 $\varnothing$ 不包含任何样本点,且在每次试验中总不发生,所以用 $\varnothing$ 表示不可能事件.

1.1.2 事件的关系与运算

对于随机试验而言,它的样本空间 Ω 可以包含很多随机事件,概率论的任务之一就是研究随机事件的规律,通过对较简单事件规律的研究掌握更复杂事件的规律,为此需要研究事件之间的关系与运算.

若没有特殊说明,认为样本空间 Ω 是给定的,且定义了 Ω 中的一些事件,$A_1,A_2,\cdots,A_i$ ($i=1,2,\cdots$). 由于随机事件是样本空间的子集,从而事件的关系与运算和集合的关系与运算相类似.

1. 事件的包含关系

定义 4 若事件 A 发生必然导致事件 B 发生,则称事件 B 包含事件 A,或称事件 A 包含于事件 B,记作 $A\subset B$ 或 $B\supset A$.

可以给上述含义一个几何解释:设样本空间是一个正方体,A、B 是两个事件,"A 发生必然导致 B 发生"意味着属于 A 的样本点在 B 中出现,由此可见,事件 $A\subset B$ 的含义与集合论是一致的.

例 6 例 1 中事件 $A=\{$球的标号为 6$\}$,事件 A 就导致了事件 $B=\{$球的标号为偶数$\}$ 的发生,因为摸到标号为 6 的球意味着偶数的球出现了,所以 $A\subset B$.

2. 事件的相等

定义 5 设 $A,B\subset\Omega$,若 $A\subset B$,同时有 $B\subset A$,称 A 与 B 相等,记为 $A=B$. 易知相等的两个事件 A、B 总是同时发生或同时不发生,在同一样本空间中两个事件相等意味着它们含有相同的样本点.

例如,例 1 中事件 $A=\{$球的标号为偶数$\}$ 和事件 $B=\{2,4,6,8,10\}$ 为相等事件.

3. 和(并)事件与积(交)事件

定义 6 设 $A,B\subset\Omega$,事件"A 与 B 中至少有一个发生"称为 A 和 B 的和事件或并事件,记作 $A\cup B$. 见图 1-1(a).

显然,$A\cup B=$"A 或 B 发生",$A\cup\varnothing=A$,$A\cup\Omega=\Omega$,$A\cup A=A$.

若 $A\subset B$,则 $A\cup B=B$,$A\subset A\cup B$,$B\subset A\cup B$.

若 n 个事件 $A_1,A_2,\cdots,A_n$ 中至少有一个发生,则称为 n 个事件的和,记作 $A_1\cup A_2\cup\cdots\cup A_n$ 或 $\bigcup_{i=1}^{n}A_i$.

例 7 设某种圆柱形产品,若底面直径和高度都合格,则该产品合格. 令 $A=\{$直径不合格$\}$,$B=\{$高度不合格$\}$,则 $A\cup B=\{$产品不合格$\}$.

定义 7 设 $A,B\subset\Omega$,"A 与 B 同时发生"这一事件称为 A 和 B 的积事件或交事件,记作 AB 或 $A\cap B$. 见图 1-1(b).

显然,$A\cap\varnothing=\varnothing$,$A\cap\Omega=A$,$A\cap A=A$,$A\cap B\subset A$,$A\cap B\subset B$.

若 $A\subset B$,则 $A\cap B=A$.

若 n 个事件 $A_1,A_2,\cdots,A_n$ 同时发生,则称为 n 个事件的积事件,记作 $A_1A_2\cdots A_n$ 或 $\bigcap_{i=1}^{n}A_i$

如例7中,若 $C=\{$直径合格$\}$,$D=\{$高度合格$\}$,则 $CD=\{$产品合格$\}$.

4. 差事件

定义 8 设 $A,B\subset\Omega$,"A 发生,B 不发生"这一事件称为 A 与 B 的差事件,记作 $A-B$. 见图 1-1(c).

如例7中,$A-B=\{$该产品的直径不合格,高度合格$\}$,显然有 $A-B=A-AB$,$A-\varnothing=A$.

5. 对立事件

定义 9 "$\Omega-A$"称为 A 的对立事件或称为 A 的逆事件,记作 $\overline{A}$. 见图 1-1(d).

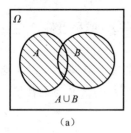 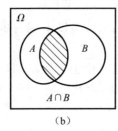 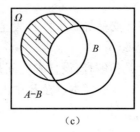 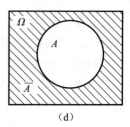

  (a)   (b)   (c)   (d)

图 1-1

显然,$A\cup\overline{A}=\Omega$,$A\overline{A}=\varnothing$,$\overline{\Omega}=\varnothing$,$\overline{\varnothing}=\Omega$.

由此说明,在一次试验中 A 与 $\overline{A}$ 有且仅有一个发生,即不是 A 发生就是 $\overline{A}$ 发生.

显然 $\overline{\overline{A}}=A$,由此说明 A 与 $\overline{A}$ 互为逆事件.

例 8 设有 100 件产品,其中 5 件产品为次品,从中任取 50 件产品. 记 $A=\{50$ 件产品中至少有一件次品$\}$. 则 $\overline{A}=\{50$ 件产品中没有次品$\}=\{50$ 件产品全是正品$\}$.

由此说明,若事件 A 比较复杂,往往它的对立事件比较简单,因此我们在研究复杂事件时,往往转化为研究它的对立事件.

6. 互不相容事件(互斥事件)

定义 10 若两个事件 A 与 B 不能同时发生,即 $AB=\varnothing$,则称 A 与 B 为互不相容事件(或互斥事件).

注意:任意两个基本事件都是互斥的. 若 A,B 为互斥事件,则 A,B 不一定为对立事件. 但若 A,B 为对立事件,则 A,B 互斥.

推广:设 n 个事件 $A_1,A_2,\cdots,A_n$ 两两互斥,则称 $A_1,A_2,\cdots,A_n$ 互斥(互不相容).

7. 事件的运算法则

(1) 交换律 $A\cup B=B\cup A$,$AB=BA$;

(2) 结合律 $(A\cup B)\cup C=A\cup(B\cup C)$,$(AB)C=A(BC)$;

(3) 分配律 $(A\cup B)\cap C=(A\cap C)\cup(B\cap C)$,
     $(A\cap B)\cup C=(A\cup C)\cap(B\cup C)$;

(4) 对偶原则 $\overline{\bigcup_{i=1}^{n}A_i}=\bigcap_{i=1}^{n}\overline{A_i}$, $\overline{\bigcap_{i=1}^{n}A_i}=\bigcup_{i=1}^{n}\overline{A_i}$.

例9 设 A,B,C 为 Ω 中的随机事件,试用 A,B,C 表示下列事件:

(1) A 与 B 发生而 C 不发生, $AB-C$ 或 $AB\bar{C}$;
(2) A 发生,B 与 C 不发生, $A-B-C$ 或 $A\bar{B}\bar{C}$;
(3) 恰有一个事件发生, $A\bar{B}\bar{C}\cup\bar{A}B\bar{C}\cup\bar{A}\bar{B}C$;
(4) 恰有两个事件发生, $AB\bar{C}\cup A\bar{B}C\cup \bar{A}BC$;
(5) 三个事件都发生, ABC;
(6) 至少有一个事件发生, $A\cup B\cup C$ 或(3)(4)(5)之并;
(7) A,B,C 都不发生, $\overline{ABC}$;
(8) A,B,C 不都发生, $\overline{ABC}$;
(9) A,B,C 不多于一个发生, $\bar{A}\bar{B}\bar{C}\cup A\bar{B}\bar{C}\cup\bar{A}B\bar{C}\cup\bar{A}\bar{B}C$ 或 $\overline{AB\cup BC\cup CA}$;
(10) A,B,C 不多于两个发生, $\overline{ABC}$.

例10 试验 E:袋中有三个球,编号为 $1,2,3$,从中任意摸出一球,观察其号码,记 $A=\{$球的号码小于 $3\}$,$B=\{$球的号码为奇数$\}$,$C=\{$球的号码为 $3\}$.

试问:(1) E 的样本空间?(2) A 与 B,A 与 C,B 与 C 是否互不相容?(3) A,B,C 对立事件是什么?(4) A 与 B 的和事件、积事件、差事件各是什么?

解 设 ω_i 表示摸到球的号码为 i,$i=1,2,3$.

(1) 则 E 的样本空间为 $\Omega=\{\omega_1,\omega_2,\omega_3\}$;
(2) $A=\{\omega_1,\omega_2\}$,$B=\{\omega_1,\omega_3\}$,$C=\{\omega_3\}$;
A 与 B,B 与 C 是相容的,A 与 C 互不相容;
(3) $\bar{A}=\{\omega_3\}$,$\bar{B}=\{\omega_2\}$,$\bar{C}=\{\omega_1,\omega_2\}$;
(4) $A\cup B=\Omega$,$AB=\{\omega_1\}$,$A-B=\{\omega_2\}$.

习题 1.1

1. 将一枚均匀的硬币抛两次,事件 A,B,C 分别表示"第一次出现正面""两次出现同一面""至少有一次出现正面".试写出样本空间及事件 A,B,C 中的样本点.

2. 写出下列随机试验的样本空间:
(1)同时掷三颗骰子,记录三颗骰子点数之和;
(2)单位圆内任取一点,记录其坐标;
(3)生产新产品直至有 10 件合格品,记录生产的总件数.

3. 从 n 件产品中任意抽取 k 件,设 A 表示"至少有一件次品",B 表示"至多有一件次品",问:$\bar{A},\bar{B}$ 及 AB 各表示什么事件?

4. 设某人向靶子射击 3 次,用 A_i 表示"第 i 次射击中靶子"($i=1,2,3$),试用语言描述下列事件:
(1) $\bar{A_1}\cup\bar{A_2}\cup\bar{A_3}$; (2) $\overline{A_1\cup A_2}$; (3) $(A_1A_2\bar{A_3})\cup(\bar{A_1}A_2A_3)$.

5. 检验某种圆柱形产品时,要求长度与直径都符合要求时才算合格品,记 $A=$"产品合格";$B=$"长度合格";$C=$"直径合格",试讨论:
(1) A 与 B,C 之间的关系;(2) $\bar{A}$ 与 $\bar{B},\bar{C}$ 之间的关系.

§1.2 概率及其性质

【课前导读】 对于一个随机事件 A，在一次随机试验中，它是否会发生，事先并不能确定. 但我们会问，在一次试验中，事件 A 发生的可能性有多大？并希望找到一个合适的数来表示事件 A 在一次试验中发生可能性的大小. 为此，本节首先引入频率的概念，它描述了事件发生的频繁程度，进而引出表示事件在一次试验中发生的可能性大小的数——概率，最后给出概率的公理化定义及性质.

1.2.1 概率的概念

对于随机试验中的随机事件，在一次试验中是否发生，虽然不能预先知道，但是它们在一次试验中发生的可能性是有大小之分的. 比如掷一枚均匀的硬币，那么随机事件 A（正面朝上）和随机事件 B（正面朝下）发生的可能性是一样的（都为 0.5）. 又如袋中有 8 个白球，2 个黑球，从中任取一球，当然取到白球的可能性要大于取到黑球的可能性. 一般地，对于任何一个随机事件都可以找到一个数值与之对应，该数值作为此事件发生的可能性大小的度量.

历史上有人做过掷硬币的试验：

表 1-1

试验者	n	n_A	$f_n(A)$
蒲丰	4 040	2 048	0.507 0
皮尔逊	12 000	6 019	0.501 6
皮尔逊	24 000	12 012	0.500 5

从表 1-1 中可以看，不管什么人去抛，当试验次数逐渐增多时，$f_n(A)$ 总是在 0.5 附近摆动而逐渐稳定在 0.5. 从这个例子可以看出，一个随机试验的随机事件 A 在 n 次试验中出现的频率 $f_n(A)$，它在一个常数附近摆动，当试验的次数 n 逐渐增多时，而逐渐稳定于这个常数. 这个常数是客观存在的，"频率稳定性"的性质不断地为人类的实践活动所证实，它揭示了隐藏在随机现象中的规律性.

定义 1 随机事件 A 发生的可能性大小的度量（数值），即频率的稳定值，称为 A 发生的概率，记为 $P(A)$.

对于一个随机试验来说，它发生的可能性大小的度量是由自身决定的，并且是客观存在的. 概率是随机事件发生可能性大小的度量，是自身的属性.

1.2.2 概率的公理化定义

设随机试验的样本空间为 Ω，对于任意事件 A，有且只有一个实数 $P(A)$ 与之对应，满足如下公理：

公理 1 （非负性）$P(A) \geqslant 0$.

公理 2 （规范性）$P(\Omega) = 1$.

公理 3 （完全可加性）对任意一列两两互斥事件 $A_1, A_2, \cdots$，有 $P\left(\bigcup\limits_{n=1}^{\infty} A_n\right) = \sum\limits_{n=1}^{\infty} P(A_n)$，

则称 $P(A)$ 为事件 A 的概率.

公理化定义的广泛适用性是其突出的优点,但必须注意的是,这一定义并未解决如何确定概率的问题.下面是一组由公理化定义可推出的概率的性质.

性质 1 $P(\varnothing)=0$,即不可能事件的概率为零.

注意:公理 2 和性质 1 反过来不一定成立:概率为 1 的事件不一定为必然事件,概率为 0 的事件不一定为不可能事件.

性质 2 对任一事件 A,均有 $P(\bar{A})=1-P(A)$.

性质 3 对任意有限个两两互斥事件 $A_1,A_2,\cdots,A_n$,有 $P\left(\bigcup_{k=1}^{n}A_k\right)=\sum_{k=1}^{n}P(A_k)$,即互斥事件的和事件的概率等于它们各自的概率和.

性质 4 对两个事件 A 和 B,若 $A\subset B$,则有 $P(B-A)=P(B)-P(A),P(B)\geqslant P(A)$.

性质 5 (加法公式)对任意两个事件 A 和 B,有 $P(A\bigcup B)=P(A)+P(B)-P(AB)$.

性质 5 可以推广为:
$$P(A_1\bigcup A_2\bigcup A_3)=P(A_1)+P(A_2)+P(A_3)-P(A_1A_2)-$$
$$P(A_1A_3)-P(A_2A_3)+P(A_1A_2A_3)$$

例 1 设 A、B 互不相容,且 $P(A)=p,P(B)=q$. 试求:$P(A\bigcup B)$,$P(\bar{A}\bigcup B)$,$P(AB)$,$P(\bar{A}B)$,$P(\overline{AB})$. 见图 1-2.

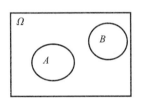

图 1-2

解 $P(A\bigcup B)=P(A)+P(B)=p+q$
$P(\bar{A}\bigcup B)=P(\bar{A})=1-p \quad P(AB)=0$
$P(\bar{A}B)=P(B)=q \quad P(\overline{AB})=1-P(A\bigcup B)=1-p-q$

例 2 设 $P(A)=p,P(B)=q,P(A\bigcup B)=r$,求 $P(AB)$,$P(A\bar{B})$,$P(\bar{A}\bigcup\bar{B})$.

解 $P(AB)=P(A)+P(B)-P(A\bigcup B)=p+q-r$
$P(A\bar{B})=P(A)-P(AB)=p-(p+q-r)=r-q$
$P(\bar{A}\bigcup\bar{B})=P(\overline{AB})=1-P(AB)=1-(p+q-r)=1-p-q+r$

例 3 设 $P(A)=P(B)=P(C)=\dfrac{1}{8}$,$P(AB)=\dfrac{1}{16}$,$P(BC)=P(AC)=0$. 求 A,B,C 至少有一个发生的概率.

解 A,B,C 至少有一个发生的概率:
$P(A\bigcup B\bigcup C)=P(A)+P(B)+P(C)-P(AB)-P(AC)-P(BC)+P(ABC)$
因为 $ABC\subset BC$,所以 $0\leqslant P(ABC)\leqslant P(BC)$,又因为 $P(BC)=0$,所以 $P(ABC)=0$
从而 $P(A\bigcup B\bigcup C)=\dfrac{1}{8}+\dfrac{1}{8}+\dfrac{1}{8}-\dfrac{1}{16}=\dfrac{5}{16}$.

习题 1.2

1. 已知 $P(\bar{A})=0.5,P(\overline{AB})=0.2,P(B)=0.4$,求:
(1) $P(AB)$;(2) $P(A-B)$;(3) $P(A\bigcup B)$;(4) $P(\bar{A}B)$.

2. 设 $P(A)=0.1,P(A\bigcup B)=0.3$,且 A,B 互不相容,求 $P(B)$.

3. 设事件 A、B、C 两两互不相容，$P(A)=0.2$，$P(B)=0.2$，$P(C)=0.4$，求 $P[(A \cup B)-C]$.

4. 设 $P(A)=\dfrac{1}{3}$，$P(B)=\dfrac{1}{4}$，$P(A \cup B)=\dfrac{1}{2}$，求 $P(\bar{A} \cup \bar{B})$.

5. 设 A、B、C 是三个事件，$P(A)=\dfrac{1}{2}$，$P(B)=\dfrac{1}{3}$，$P(C)=\dfrac{1}{4}$，$P(AB)=P(BC)=\dfrac{1}{12}$，且 $P(CA)=0$，求 A、B、C 至少有一个发生的概率.

§1.3 古典概型和几何概型

【课前导读】 本节讨论两类比较简单的随机试验，随机试验中每个样本点出现是等可能的情形，分别称为古典概型和几何概型. 古典概型在概率论中具有非常重要的地位，一方面它比较简单，既直观又容易理解；另一方面它概况了许多实际内容，有很广泛的应用. 古典概型只考虑了有限等可能结果的随机试验的概率模型，几何概型进一步研究样本空间为一线段、平面区域或空间区域等的等可能随机试验.

1.3.1 古典概型

定义 1 满足下列两个条件的这类现象称为古典概型：

(1) 样本空间中只有有限个样本点，即 $\Omega=\{\omega_1,\omega_2,\cdots,\omega_n\}$，其中 n 为样本点总数；

(2) 每个样本点 $\omega_i(i=1,2,\cdots,n)$ 出现的可能性是相等的，并且每次试验有且仅有一个样本点发生.

古典概型事件概率的计算公式：

若事件 A 包含 m 个样本点，则事件 A 的概率定义为

$$P(A)=\frac{m}{n}=\frac{\text{事件 }A\text{ 包含的样本点数}}{\text{样本点总数}}$$

古典概型在概率论中具有非常重要的地位. 一方面它比较简单，既直观又容易理解；另一方面它概括了许多实际内容，有很广泛的应用.

例如将一枚硬币连续掷两次就是这样的试验，也是古典概型，它有四个样本点：(正,正)，(正,反)，(反,正)，(反,反)，每个样本点出现的可能性都是 $\dfrac{1}{4}$.

但将两枚硬币一起掷，这时试验的可能结果为(正,反)，(反,反)，(正,正)，但它们出现的可能性却是不相同的，(正,反)出现的可能性为 $\dfrac{2}{4}$，而其他的两个样本点出现的可能性为 $\dfrac{1}{4}$.

计算古典概率的方法——排列组合.

1. 基本计数原理

(1)加法原理. 设完成一件事有 m 种方式,第 i 种方式有 n_i 种方法,则完成该件事的方法总数为 $n_1+n_2+\cdots+n_m$.

(2)乘法原理. 设完成一件事有 m 个步骤,其中第 i 步有 n_i 种方法,必须通过 m 个步骤的每一步骤才能完成该事件,则完成该事件的方法总数为 $n_1 \cdot n_2 \cdots \cdot n_m$.

2. 排列组合方法

(1)排列公式.

从 n 个不同的元素中任意取 k 个($1 \leqslant k \leqslant n$)的不同排列总数为

$$A_n^k = n(n-1)(n-2)\cdots(n-k+1) = \frac{n!}{(n-k)!}$$

$k=n$ 时称其为全排列:

$$A_n^n = n(n-1)(n-2)\cdots 2 \cdot 1 = n!$$

(2)组合公式.

从 n 个不同的元素中任意取 k 个($1 \leqslant k \leqslant n$)的不同组合总数为

$$C_n^k = \frac{A_n^k}{k!} = \frac{n!}{(n-k)!k!}$$

C_n^k 有时记作 $\binom{n}{k}$,称为组合系数.

例 1 在盒子中有 5 个球(3 个白球,2 个黑球),从中任取两个,问:取出的两个球都是白球的概率是多大?一白一黑的概率是多大?

分析:说明它属于古典概型. 从 5 个球中任取 2 个,共有 C_5^2 种不同取法,可以将每一种取法作为一个样本点,则样本点总数 C_5^2 是有限的;由于摸球是随机的,因此样本点出现的可能性是相等的,因此这个问题是古典概型.

解 设 $A=\{$取到的两个球都是白球$\}$,$B=\{$取到的两个球一白一黑$\}$,样本点总数为 C_5^2.

事件 A 包含的样本点数为 C_3^2,$P(A)=\dfrac{C_3^2}{C_5^2}=\dfrac{3}{\frac{5\times 4}{2}}=\dfrac{3}{10}$;

事件 B 包含的样本点数为 $C_3^1 C_2^1$,$P(B)=\dfrac{C_3^1 C_2^1}{C_5^2}=\dfrac{3\times 2}{\frac{5\times 4}{2}}=\dfrac{3}{5}$.

由此例我们初步体会到解古典概型问题的两个要点:

(1)首先要判断问题是否属于古典概型,即要判断样本空间是否有限和样本点出现的等可能性;

(2)计算古典概型的关键是"记数",这主要利用排列与组合的知识.

在古典概型中常利用摸球模型,因为古典概型中的大部分问题都能形象化地用摸球模型来描述. 若把黑球作为废品,白球看为正品,则这个模型就可以描述产品的抽样检查问题. 假如产品分为更多等级,例如一等品、二等品、三等品、等外品等,则可以用有多种颜色的摸球模型来描述.

例2 在盒子中有十个相同的球,分别标为号码 $1,2,3,\cdots,10$,从中任摸一球,求此球的号码为偶数的概率.

解法一 令 ω_i 表示摸到的球的号码为 i, $i=1,2,\cdots,10$, $\Omega=\{1,2,\cdots,10\}$,故样本点总数 $n=10$,令事件 $A=\{$所取球的号码为偶数$\}$,因而事件 A 含有 5 个样本点,因此有

$$P(A)=\frac{5}{10}=\frac{1}{2}$$

解法二 令事件 $A=\{$所取球的号码为偶数$\}$,则 $\overline{A}=\{$所取球的号码为奇数$\}$.

因而 $\Omega=\{A,\overline{A}\}$, $P(A)=\frac{1}{2}$.

此例说明了在古典概型问题中,选取适当的样本空间,可使我们的解题变得简捷.

例3 (分房问题)设有 n 个人,每个人都等可能地被分配到 N 个房间中的任意一间去住 $(n\leqslant N)$,没有限制每间房住多少人,求下列事件的概率:

(1) $A=\{$指定的 n 个房间各有一人住$\}$;

(2) $B=\{$恰好有 n 个房间,其中各有一人住$\}$.

解 因为每一个人有 N 个房间可供选择,所以 n 个人住的方式共有 N^n 种,它们是等可能的.

(1) n 个人都分到指定的 n 间房中去住,保证每间房中各有一人住;

第一人有 n 分法,第二人有 $n-1$ 种分法, $\cdots$,最后一人只能分到剩下的一间房中去住,共有 $n(n-1)\cdots 2\cdot 1$ 种分法,即 A 含有 $n!$ 个样本点,因此有

$$P(A)=\frac{n!}{N^n}$$

(2) n 个人都分到的 n 间房中,保证每间只要一人,共有 $n!$ 种分法,而 n 间房未指定,故可以从 N 间房中任意选取,共有 C_N^n 种取法,故 B 包含了 C_N^n 种取法.因此有

$$P(B)=\frac{C_N^n n!}{N^n}$$

例4 (生日问题)某班级有 n 个人 $(n<365)$,问:至少有两个人的生日在同一天的概率是多大?

解 假定一年按 365 天计算,将 365 天看成 365 个"房间",那么问题就归结为分房问题.令 $A=\{$至少有两个人的生日在同一天$\}$, $\overline{A}=\{n$ 个人的生日全不相同$\}$,

所以

$$P(\overline{A})=\frac{C_N^n n!}{N^n}=\frac{N!}{N^n(N-n)!}\quad(N=365)$$

又因为

$$P(A)+P(\overline{A})=1$$

所以

$$P(A)=1-P(\overline{A})=1-\frac{N!}{N^n(N-n)!}\quad(N=365)$$

这个例子就是历史上有名的"生日问题",对于不同的一些 n 值,计算得相应的 $P(A)$ 如表 1-2 所示.

表 1-2

n	10	20	23	30	40	50
$P(A)$	0.12	0.41	0.51	0.71	0.89	0.97

表 1-2 中所列出的答案足以引起大家的惊奇,因为"一个班级中至少有两个人生日相同",这个事件发生的概率并不如大多数人想象的那样小,而是足够大. 从表 1-2 中可以看出,当班级人数达到 23 人时,就有半数以上的概率会发生这件事情,而当班级人数达到 50 人时,竟有 97% 的概率会发生上述事件, 当然这里所讲的半数以上,有 97% 都是对概率而言的,只有在大数次的情况下(就要求班级数相当多),才可以理解为频率. 这个例子告诉我们"直觉"并不可靠,从而更有力地说明了研究随机现象统计规律的重要性.

从上述几个例子可以看出,求解古典概型问题的关键是寻找样本点总数和事件 A 包含的样本点数,当正面求较困难时,可以转化求它的对立方面,要讲究一些技巧.

1.3.2 几何概型

定义 2 当随机试验的样本空间是某一可度量的区域,并且任意一点落在度量(长度、面积与体积)相同的子区域内是等可能的,则事件 A 的概率定义为

$$P(A) = \frac{S_A}{S} = \frac{\text{构成事件 } A \text{ 的子区域的度量}}{\text{样本空间的度量}}$$

这种概率模型称为几何概型.

例 5(会面问题) 两人约定在 20:00 到 21:00 之间相见,并且先到者必须等迟到者 40 min 方可离去,如果两人出发是各自独立的,在 20:00 至 21:00 各时刻相见的可能性是相等的,求两人在约定时间内相见的概率.

解 两人不论谁先到都要等迟到者 40 min,即 $\frac{2}{3}$ h. 设两人分别于 x 时和 y 时到达约见地点,要使两人在约定的时间范围内相见,当且仅当 $-\frac{2}{3} \leqslant x-y \leqslant \frac{2}{3}$,因此转化成面积问题,利用几何概型求解.

设两人分别于 x 时和 y 时到达约见地点,要使两人能在约定时间范围内相见,当且仅当 $-\frac{2}{3} \leqslant x-y \leqslant \frac{2}{3}$.

两人到达约见地点所有时刻 (x,y) 的各种可能结果可用图 1-3 中的单位正方形内(包括边界)的点来表示,两人能在约定的时间范围内相见的所有时刻 (x,y) 的各种可能结果可用图中的阴影部分(包括边界)来表示.

因此阴影部分与单位正方形的面积比就反映了两人在约定时间范围内相遇的可能性的大小,也就是所求的概率为

$$P = \frac{S_{\text{阴影}}}{S_{\text{单位正方形}}} = \frac{1-\left(\frac{1}{3}\right)^2}{1^2} = \frac{8}{9}$$

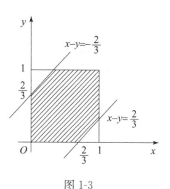

图 1-3

习题 1.3

1. 10把钥匙中有3把能打开门,今任取2把,求能打开门的概率.

2. 一箱中有10件产品,其中2件次品,从中随机取3件,求下列事件的概率:
   (1) A = "抽得的3件产品中全是正品";
   (2) B = "抽得的3件产品中有一件次品";
   (3) C = "抽得的3件产品中有两件次品".

3. 一口袋中有5个白球,3个黑球.求从中任取2个球为颜色不同的球的概率.

4. 从0到9这10个数字中,不重复地任取4个,求:
   (1) 组成一个4位奇数的概率;
   (2) 组成一个4位偶数的概率.

5. 从一副扑克牌(52张)中任取3张(不重复),计算取出的3张牌中至少有2张花色相同的概率.

6. 某专业研究生复试时,有3张考签,3个考生应试,一个人抽一张后立即放回,再由另一个人抽,如此3人各抽一次,求抽签结束后,至少有一张考签没有被抽到的概率.

7. 从$[0,1]$中任取两数,求:
   (1) 两数之和大于$\frac{1}{2}$的概率;
   (2) 两数之积小于$\frac{1}{e}$的概率.

§1.4 条件概率、全概率公式和贝叶斯公式

【课前导读】 全概率公式是概率论中的一个基本公式.它将计算一个复杂事件的概率问题,转化为在不同情况或不同原因下发生的简单事件的概率的求和问题.利用全概率公式,可通过综合分析一事件发生的不同原因或情况及其可能性来求得该事件发生的概率.而贝叶斯公式则考虑与之完全相反的问题,即一事件已经发生,要考察引发该事件发生的各种原因或情况的可能性大小.

实际生活中出现的购买商品"假一赔十"、抓阄与次序是否有关、血液检查出阳性则患此病的可能性多大等问题,将在这节课给出解答.

前面讨论了事件和概率这两个概念,对于给定的一个随机试验,要求出一个指定的随机事件A的概率$P(A)$,需要花很大的力气,现在继续深入讨论,设两个事件A,B,则有加法公式

$$P(A \cup B) = P(A) + P(B) - P(AB)$$

特别地,当A,B为互不相容的两个事件时,有$P(A \cup B) = P(A) + P(B)$.此时由$P(A)$和$P(B)$即可求得$P(A \cup B)$.但在一般情形下,为求得$P(A \cup B)$还应该知道$P(AB)$.因而很自然要问,能不能通过$P(A)$和$P(B)$求得$P(AB)$,先看一个简单的例子.

例1 考虑有两个孩子的家庭,假定男女出生率一样,则两个孩子(依大小排列)的性别分别为(男,男),(男,女),(女,男),(女,女)的可能性是一样的.

若记 $A=\{$随机抽取一个这样的家庭中有一男一女$\}$，则 $P(A)=\dfrac{1}{2}$. 但如果我们事先知道这个家庭至少有一个女孩，则上述事件的概率为 $P(A)=\dfrac{2}{3}$.

这两种情况下算出的概率不同，这很容易理解. 因为在第二种情况下我们多知道了一个条件. 记 $B=\{$这个家庭中至少有一个女孩$\}$，因此我们算得的概率是在已知事件 B 发生的条件下，事件 A 发生的概率，这个概率就是下面要介绍的条件概率.

1.4.1 条件概率和乘法公式

1. 条件概率的定义和乘法公式

定义 1 设 A 和 B 是两个事件，且 $P(B)>0$，即
$$\frac{P(AB)}{P(B)}$$
为在事件 B 已经发生的条件下，事件 A 发生的条件概率，记作 $P(A|B)$.

因此，例 1 中有 $P(A|B)=\dfrac{2}{3}$.

例 2 某集体中有 N 个男人和 M 个女人，其中患色盲的男性 n 人，女性 m 人. 用 Ω 表示该集体，A 表示其中全体女性的集合，B 表示其中全体色盲者的集合. 如果从 Ω 中随意抽取一人，则这个人分别是女性、色盲者和既是女性又是色盲者的概率分别为
$$P(A)=\frac{M}{M+N},\quad P(B)=\frac{m+n}{M+N},\quad P(AB)=\frac{m}{M+N}$$
如果限定只从女性中随机抽取一人（即事件 A 已发生），那么这个女人为色盲者的（条件）概率为
$$P(B\mid A)=\frac{m}{M}=\frac{P(AB)}{P(A)}$$

由条件概率公式可得
$$P(AB)=P(A)P(B\mid A)=P(B)P(A\mid B) \tag{1}$$
称式(1)为概率的乘法公式.

乘法公式可以推广到 n 个事件的情形：
$$P(A_1 A_2 \cdots A_n)=P(A_1)P(A_2\mid A_1)P(A_3\mid A_1 A_2)\cdots P(A_n\mid A_1 A_2\cdots A_{n-1}) \tag{2}$$
$$(P(A_n\mid A_1 A_2\cdots A_{n-1})>0)$$

例 3 （天气问题）甲、乙两市都位于长江下游，据 100 多年来的气象记录，知道在一年中，出现雨天的比例甲市占 20%，乙市占 18%，两地同时下雨占 12%.

求：(1) 两市至少有一市是雨天的概率；
(2) 乙市出现雨天的条件下，甲市也出现雨天的概率；
(3) 甲市出现雨天的条件下，乙市也出现雨天的概率.

解 记事件 $A=\{$甲市出现雨天$\}$，$B=\{$乙市出现雨天$\}$，则根据题意有
$$P(A)=0.2,\quad P(B)=0.18,\quad P(AB)=0.12$$
(1) $P(A\cup B)=P(A)+P(B)-P(AB)=0.26$;

(2) $P(A|B) = \dfrac{P(AB)}{P(B)} = 0.67$;

(3) $P(B|A) = \dfrac{P(AB)}{P(A)} = 0.6.$

例4 (零件出售"假一赔十")已知商店出售某零件,每箱装这种零件 100 件,且包括 4 件次品. 假一赔十:顾客买一箱零件,如果随机取 1 件发现是次品,商店立刻用 10 件合格品取代其放入箱中. 某顾客在一个箱子中先后取了 3 件进行测试,求这 3 件都不是合格品的概率.

解 记 $A_i = \{$顾客在第 i 次取到次品$\}$ $(i=1,2,3)$,则有

$$P(A_1) = \frac{4}{100}, \quad P(A_2|A_1) = \frac{3}{99+10} = \frac{3}{109}, \quad P(A_3|A_1A_2) = \frac{2}{108+10} = \frac{2}{118}.$$

根据乘法公式可知,顾客取出的 3 件都不是合格品的概率为

$$P(A_1A_2A_3) = P(A_1)P(A_2|A_1)P(A_3|A_1A_2)$$
$$= \frac{4}{100} \times \frac{3}{109} \times \frac{2}{118} = 0.00002$$

2. 条件概率的性质

性质 1 对于任意事件 A 和事件 B,有 $P(A|B) \geqslant 0$.

性质 2 在事件 B 发生的条件下,必然事件 Ω 发生的概率为 1,即 $P(\Omega|B) = 1$.

性质 3 对于可列个两两不相容事件 $A_1, A_2, \cdots$,以及任意事件 B,有 $P\left(\bigcup\limits_{i=1}^{\infty} A_i \,\middle|\, B\right) = \sum\limits_{i=1}^{\infty} P(A_i|B)$.

性质 4 对于任意事件 B,有 $P(\varnothing|B) = 0$.

性质 5 对于任意事件 A 和事件 B,有 $P(A|B) = 1 - P(\overline{A}|B)$.

性质 6 对于任意事件 A_1, A_2 和事件 B,有 $P(A_1 \cup A_2|B) = P(A_1|B) + P(A_2|B) - P(A_1A_2|B)$.

1.4.2 全概率公式

引例 (产品问题)某厂用甲、乙、丙三个车间生产同一产品,各自的次品率分别为 5%,4% 和 2%,它们的产品各自占总产品的 25%,35% 和 40%,求一用户买了该厂 1 件产品为次品的概率.

记事件 $A_1 = \{$甲车间生产的产品$\}$, $A_2 = \{$乙车间生产的产品$\}$, $A_3 = \{$丙车间生产的产品$\}$,事件 $B = \{$生产的次品$\}$,满足有 A_1, A_2, A_3 两两互斥,且 $B = A_1B + A_2B + A_3B$,则有 $P(B) = \sum\limits_{i=1}^{3} P(A_i)P(B|A_i)$.

定义 2 设 Ω 是随机试验 E 的样本空间(见图 1-4), $A_1, A_2, \cdots, A_n, B$ 是 E 的一组事件,且 $P(B) > 0$,若事件组 $A_1, A_2, \cdots, A_n, B$ 满足

(1) $A_iA_j = \varnothing, (i \neq j, i,j=1,2,\cdots,n)$;

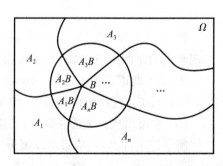

图 1-4

(2) $B \subseteq A_1 \cup A_2 \cup \cdots \cup A_n$,

则有
$$P(B) = P(A_1)P(B \mid A_1) + P(A_2)P(B \mid A_2) + \cdots + P(A_n)P(B \mid A_n)$$
$$= \sum_{i=1}^{n} P(A_i)P(B \mid A_i) \tag{3}$$

称式(3)为全概率公式.

证明略.

例 4 (抓阄与次序是否有关)5 个阄,其中 2 个阄内写着"有"字,3 个阄内不写字,五人依次抓取,问:各人抓到"有"字阄的概率是否相同?

解 设 $A_i = \{$第 i 人抓到"有"字的阄$\}$,$i = 1, 2, 3, 4, 5$,则有 $P(A_1) = \dfrac{2}{5}$.

由全概率公式
$$P(A_2) = P(A_1)P(A_2 \mid A_1) + P(\overline{A}_1)P(A_2 \mid \overline{A}_1)$$
$$= \frac{2}{5} \times \frac{1}{4} + \frac{3}{5} \times \frac{2}{4} = \frac{2}{5}$$

第三个人抓到"有"字阄的可能性受到前两次抓取情况的影响,而前两次抓取的所有可能情况如下:$A_1A_2, A_1\overline{A}_2, \overline{A}_1A_2, \overline{A}_1\overline{A}_2$,由全概率公式有
$$P(A_3) = P(A_1A_2)(A_3 \mid A_1A_2) + P(\overline{A}_1A_2)(A_3 \mid \overline{A}_1A_2) + P(A_1\overline{A}_2)P(A_3 \mid A_1\overline{A}_2) + P(\overline{A}_1\overline{A}_2)P(A_3 \mid \overline{A}_1\overline{A}_2)$$

其中
$$P(A_1A_2) = P(A_1)P(A_2 \mid A_1) = \frac{2}{5} \times \frac{1}{4} = \frac{1}{10}, P(A_3 \mid A_1A_2) = 0$$
$$P(\overline{A}_1A_2) = P(\overline{A}_1)P(A_2 \mid \overline{A}_1) = \frac{3}{5} \times \frac{2}{4} = \frac{3}{10}, P(A_3 \mid \overline{A}_1A_2) = \frac{1}{3}$$
$$P(A_1\overline{A}_2) = P(A_1)P(\overline{A}_2 \mid A_1) = \frac{2}{5} \times \frac{3}{4} = \frac{3}{10}, P(A_3 \mid A_1\overline{A}_2) = \frac{1}{3}$$
$$P(\overline{A}_1\overline{A}_2) = P(\overline{A}_1)P(\overline{A}_2 \mid \overline{A}_1) = \frac{3}{5} \times \frac{2}{4} = \frac{3}{10}, P(A_3 \mid \overline{A}_1\overline{A}_2) = \frac{2}{3}$$
$$P(A_3) = \frac{1}{10} \times 0 + \frac{3}{10} \times \frac{1}{3} + \frac{3}{10} \times \frac{1}{3} + \frac{3}{10} \times \frac{2}{3} = \frac{1}{10} + \frac{1}{10} + \frac{2}{10} = \frac{4}{10} = \frac{2}{5}$$

以此类推,有 $P(A_4) = P(A_5) = \dfrac{2}{5}$.因此抓阄与次序无关.

说明:全概率公式的主要用处在于它可以将一个复杂事件的概率计算问题分解为若干个简单事件的概率计算问题,最后应用概率的可加性求出最终结果.

问题思考:某保险公司认为,人可以分为两类,一类是容易出事故的;另一类则是比较谨慎的.保险公司的数字统计表明,一个容易出事故的人在一年内出一次事故的概率为 0.04,而对于比较谨慎的人这个概率为 0.02.如果第一类人占总人数的 30%,那么一客户在购买保险单后一年内出一次事故的概率为多少?

1.4.3 贝叶斯公式

引例 (如何追究责任)某厂用甲、乙、丙三个车间生产同一产品,各自的次品率分别为 5%、4%和 2%,它们的产品各自占总产品的 25%、35%和 40%.有一用户买了该厂 1 件产品,

经检查是次品,用户按规定进行了索赔.厂长要追究生产车间的责任,但是该产品是哪个车间生产的标志已经脱落,问:厂长应如何追究生产车间的责任?

解 各车间所负责任的大小应该正比于该产品是各个车间生产的概率.

记事件 $A_1=\{$甲车间生产的产品$\}$, $A_2=\{$乙车间生产的产品$\}$, $A_3=\{$丙车间生产的产品$\}$,事件 $B=\{$任取1件恰好是次品$\}$,满足有 A_1, A_2, A_3 两两互斥,且 $B=A_1B+A_2B+A_3B$,则有 $P(B)=\sum_{i=1}^{3}P(A_i)P(B\mid A_i)=0.0345.$

第 i 个车间所负责任的大小比例为条件概率 $P(A_i\mid B), i=1,2,3$.

由条件概率的公式 $P(A_i\mid B)P(B)=P(A_i)P(B\mid A_i), i=1,2,3$,得

$$P(A_i\mid B)=\frac{P(A_i)P(B\mid A_i)}{P(B)}, \quad i=1,2,3$$

又因为 $P(A_1)=0.25, P(A_2)=0.35, P(A_3)=0.4$,得

$$P(B\mid A_i)=0.05, \quad P(B\mid A_2)=0.04, \quad P(B\mid A_3)=0.02$$

$$P(A_1\mid B)=\frac{0.25\times 0.05}{0.0345}=0.362$$

$$P(A_2\mid B)=\frac{0.35\times 0.04}{0.0345}=0.406$$

$$P(A_3\mid B)=\frac{0.4\times 0.02}{0.0345}=0.232$$

所以乙车间需要负的责任最大.

定义 3 设 Ω 是随机试验 E 的样本空间,$A_1, A_2, \cdots, A_n, B$ 是 E 的一组事件,且 $P(B)>0$,若事件组 $A_1, A_2, \cdots, A_n, B$ 满足:

(1) $A_iA_j=\varnothing, (i\neq j, i,j=1,2,\cdots,n)$;

(2) $B\subseteq A_1\cup A_2\cup\cdots\cup A_n$,

则有

$$P(A_i\mid B)=\frac{P(A_iB)}{P(B)}=\frac{P(A_i)P(B\mid A_i)}{\sum_{j=1}^{n}P(A_j)P(B\mid A_j)} \quad (i=1,2,\cdots,n) \tag{4}$$

称式(4)为 Bayes(贝叶斯)公式,称式(3)中的 $P(A_i)(i=1,2,\cdots,n)$ 为先验概率,称 $P(A_i\mid B)$ 为后验概率.

在实际中,A_i 常被视为导致试验结果 B 发生的原因,而 $P(A_i)$ 表示各种原因发生可能性大小,故称为先验概率;$P(A_i\mid B)$ 则反映当试验产生了结果 B 之后,再对各种原因概率产生的新认识,故称之为后验概率.

例 5 (确诊率问题)利用血清甲胎蛋白法诊断肝癌,假设 $B=\{$被检验者有肝癌$\}$,$A=\{$被检验者为阳性$\}$.设 $P(A\mid B)=0.95, P(\overline{A}\mid\overline{B})=0.90$,若人群中 $P(B)=0.0004$,现在有一人经检查呈现阳性,求此人确诊为肝癌患者的概率 $P(B\mid A)$.

解 由 Bayes 公式,有

$$P(B\mid A)=\frac{P(B)P(A\mid B)}{P(B)P(A\mid B)+P(\overline{B})P(A\mid\overline{B})}$$

$$=\frac{0.0004\times 0.95}{0.0004\times 0.95+0.9996\times 0.10}$$

$$=0.0038$$

由此例可知道,经甲胎蛋白法检查,在结果为阳性的人群中,其实真正患肝癌的人还是很少的(只占 0.38%),把 $P(B|A)=0.0038$ 和已知的 $P(A|B)=0.95, P(\bar{A}|\bar{B})=0.90$ 对比一下是很有意思的. 因此,虽然检验法相当可靠,但是被诊断为肝癌的人确实患肝癌的可能性并不大.

1.4.4 事件的独立性

随着近代电子技术的迅猛发展,关于元件和系统可靠性的研究已发展成为一门新的学科——可靠性理论. 概率论是研究可靠性理论的重要工具. 对于一个电子元件,它能正常工作的概率 p,称为它的可靠性. 元件组成系统,系统正常工作的概率称为该系统的可靠性. 本节介绍解决其可靠性的基本概率理论及其应用.

一般来说,$P(B|A) \neq P(B)$,即事件 A 发生与否对事件 B 发生的概率有影响,但例外情况也很多,例如不包含大小王的一副牌,$A=\{$任取一张为 K$\}$,$B=\{$任取一张为黑色$\}$,则

$$P(A) = \frac{4}{52}, \quad P(B) = \frac{1}{2}, \quad P(AB) = \frac{2}{52}$$

直观意义:无论 A 发生与否对 B 的概率没有影响,事件 A 与 B 没有"关系"("影响"),这往往可根据事件的实际意义判断,就称事件 A 与事件 B(相互)独立.

$$P(B|A) = P(B) \stackrel{P(A)>0}{\Longleftrightarrow} P(B|A)P(A) = P(B)P(A)$$

下面给出事件独立的数学定义.

定义 4 如果两事件 A,B 的积事件发生的概率等于这两个事件的概率的乘积,即 $P(AB) = P(A)P(B)$,则称事件 A 和事件 B 是相互独立的.

由定义得,必然事件 Ω、不可能事件 $\varnothing$ 与任何事件都相互独立,因为必然事件与不可能事件的发生与否,的确不受任何事件的影响,也不影响其他事件是否发生.

性质 若事件 A 和事件 B 相互独立,则 A 与 $\bar{B}$,$\bar{A}$ 与 B,$\bar{A}$ 与 $\bar{B}$ 也相互独立.

推广 若事件 $A_1, A_2, \cdots, A_n$ 为 n 个相互独立事件($n \geq 2$),则对于其中任意 k 个事件($2 \leq k \leq n$)$A_{i_1}, A_{i_2}, \cdots, A_{i_k}$ ($2 \leq i_1 \leq i_2 \leq \cdots \leq i_k \leq n$),等式

$$P(A_{i_1} A_{i_2} \cdots A_{i_k}) = P(A_{i_1}) P(A_{i_2}) \cdots P(A_{i_k})$$

均成立,则称 n 个事件 $A_1, A_2, \cdots, A_n$ 相互独立.

注意:若相互独立,则有 $A_1, A_2, \cdots, A_n$ 两两相互独立;反过来,若 $A_1, A_2, \cdots, A_n$ 两两相互独立,则不一定有 $A_1, A_2, \cdots, A_n$ 相互独立.

实质上,在实际问题中,人们常用直觉来判断事件间的"相互独立"性,事实上,分别掷两枚硬币,硬币甲出现正面与否和硬币乙出现正面与否,相互之间没有影响,因而它们是相互独立的,当然有时直觉并不可靠.

例 6 (生男生女问题)一个家庭中有男孩又有女孩,假定生男孩和生女孩是等可能的,令 $A=\{$一个家庭中有男孩,又有女孩$\}$,$B=\{$一个家庭中最多有一个女孩$\}$. 对下述两种情形,讨论 A 和 B 的独立性.

(1) 家庭中有两个小孩;(2) 家庭中有三个小孩.

解 (1) 有两个小孩的家庭,这时样本空间为

$\Omega=\{($男,男$),($男,女$),($女,男$),($女,女$)\}$,$A=\{($男,女$),($女,男$)\}$,

$B=\{($男,男$),($男,女$),($女,男$)\}$,$AB=\{($男,女$),($女,男$)\}$.

于是,$P(A)=\frac{1}{2}$,$P(B)=\frac{3}{4}$,$P(AB)=\frac{1}{2}$.

由此可知 $P(AB) \neq P(A)P(B)$,所以 A 与 B 不独立.

(2) 有三个小孩的家庭,这时样本空间 $\Omega=\{$(男,男,男),(男,男,女),(男,女,男),(女,男,男),(男,女,女),(女,女,男),(女,男,女),(女,女,女)$\}$. 由生男孩和生女孩等可能性可知,这 8 个基本事件的概率都是 $\frac{1}{8}$,这时 A 包含了 6 个基本事件,B 包含了 4 个基本事件,AB 包含了 3 个基本事件:

$$P(A)=\frac{6}{8}=\frac{3}{4}, \quad P(B)=\frac{1}{2}, \quad P(AB)=\frac{3}{8}$$

由此可知,$P(AB)=P(A)P(B)$,从而 A 与 B 相互独立.

相互独立事件至少发生其一的概率的计算:设 $A_1, A_2, \cdots, A_n$ 相互独立,则

$$P(A_1 \cup A_2 \cup \cdots \cup A_n) = 1 - P(\overline{A_1 \cup A_2 \cup \cdots \cup A_n}) = 1 - P(\overline{A}_1 \overline{A}_2 \cdots \overline{A}_n)$$
$$= 1 - P(\overline{A}_1)P(\overline{A}_2)\cdots P(\overline{A}_n) \tag{5}$$

例 7 假若每个人血清中含有肝炎病毒的概率为 0.4%,混合 100 个人的血清,求此血清中含有肝炎病毒的概率.

解 设 $A_i = \{$第 i 个人血清中含有肝炎病毒$\}$,$i=1,2,\cdots,100$.

可以认为 $A_1, A_2, \cdots, A_{100}$ 相互独立,所求的概率为

$$P(A_1 \cup A_2 \cup \cdots \cup A_{100}) = 1 - P(\overline{A}_1)P(\overline{A}_2)\cdots P(\overline{A}_{100}) = 1 - 0.996^{100} = 0.33$$

虽然每个人有病毒的概率都很小,但是混合后,则有很大的概率,在实际工作中,这类效应值得充分重视.

例 8 (系统可靠性问题)如果构成系统的每个元件的可靠性均为 r,$0<r<1$,且各元件能否正常工作是相互独立的. 试求如图 1-5、图 1-6 所示两种系统的可靠性.

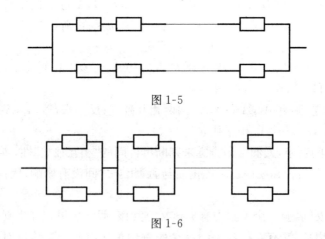

图 1-5

图 1-6

解 (1) 每条线路要能正常工作,当且仅当该线路上各元件正常工作,故其可靠性为 $R_c = r^n$,也即线路发生故障的概率为 $1 - r^n$. 由于系统是由两线路并联而成的,两线路同时发生故障的概率为 $(1-r^n)^2$,因此上述系统的可靠性为

$$R_s = 1 - (1 - r^n)^2 = r^n(2 - r^n)$$

(2) 每对并联元件的可靠性为

$$R'=1-(1-r)^2=r(2-r)$$
系统由 n 对并联元件串联而成,故其可靠性为
$$R'_s=(R')^n=r^n(2-r)^n$$
显然,$R'_s > R_s$,因此用并联的方法,以增加系统的可靠性.

习题 1.4

1. 已知 $P(\bar{A})=0.3, P(B)=0.4, P(A\bar{B})=0.5$,求 $P(B|A\cup\bar{B})$.

2. 已知 $P(A)=\dfrac{1}{4}$,$P(B|A)=\dfrac{1}{3}$,$P(A|B)=\dfrac{1}{2}$,求 $P(A\cup B)$.

3. 掷两颗骰子,已知两颗骰子点数之和为7,求其中有一颗为1点的概率(用两种方法).

4. 据以往资料表明,某一三口之家,患某种传染病的概率有以下规律:$P(A)=\{$孩子得病$\}=0.6$,$P(B|A)=\{$母亲得病|孩子得病$\}=0.5$,$P(C|AB)=\{$父亲得病|母亲及孩子得病$\}=0.4$.求母亲及孩子得病但父亲未得病的概率.

5. 某射击队共有 20 个射手,其中一级射手 4 人,二级射手 8 人,三级射手 7 人,四级射手 1 人,一、二、三、四级射手能够进入正式比赛的概率分别是 0.9、0.7、0.5 和 0.2,求任选一名选手能进入正式比赛的概率.

6. 某物品成箱出售,每箱 20 件,假设各箱中含 0 件和 1 件次品的概率分别为 0.8 和 0.2,一顾客在购买时,他可以开箱,从箱中任取 3 件检查,当这 3 件都是合格品时,顾客才买下该箱物品,否则退货.试求:

(1)顾客买下该箱的概率 α;

(2)顾客买下该箱物品,求该箱确无次品的概率 β.

7. 某商店从 3 个厂购买了一批灯泡,甲厂占 25%,乙厂占 35%,丙厂占 40%,各厂的次品率分别为 5%,4%,2%,求:

(1)消费者买到一只次品灯泡的概率;

(2)若消费者买到一只次品灯泡,它是哪个厂家生产的可能性最大?

8. 一个均匀的四面体,其第一面染有红色,第二面染有白色,第三面染有黑色,第四面染有红、白、黑三种颜色,以 A、B、C 分别表示投一次四面体出现红、白、黑三种颜色的事件.讨论 A、B、C 三个事件的独立性.

总复习题一

1. 已知 $P(A)=a, P(B)=b, P(A\cup B)=c$,求 $P(\bar{A}B)$ 及 $P(\bar{A}\cup B)$.

2. 已知 $P(A)=0.1, P(B)=0.3, P(A|B)=0.2$,求:

(1) $P(AB)$; (2) $P(A\cup B)$; (3) $P(B|A)$; (4) $P(A\bar{B})$.

3. 证明:$P(A\bar{B}\cup\bar{A}B)=P(A)+P(B)-2P(AB)$.

4. 袋中有 11 个球,其中 5 个白球,6 个黑球,取到任一球的可能性相同,今取三球,则恰为二黑一白的概率是多少?

5. 某射手射击命中率为 p,则连续射击 10 次才击中目标的概率是多少?

6. 12 件产品,其中 3 件是次品,从中一次任取 4 件,求 4 件中恰有 2 件次品的概率.

7. 甲、乙、丙工厂生产同一种产品,每个工厂的产量分别占市场产量的 30%、20%、50%,若每个工厂的次品率分别为 5%、2%、4%. 求:

(1) 在市场产品中任取一件是次品的概率;

(2) 若抽到一件次品,那么它属于哪个工厂生产的概率大?

8. 8 个灯泡中有 3 个次品,现从中任取 4 个,求没有次品被取到的概率.

9. 三个人各自独立破译密码文件的概率分别为 0.8, 0.7, 0.9,现在三人同时破译,问:密码被破译的概率为多少?

10. 甲、乙、丙三人同时向一架飞机射击,他们击中的概率依次是 0.4、0.5、0.7,求飞机被击中的概率.

11. 根据某保险公司的统计资料,已知在所投保 10 年期简易人身险的保户中,35 岁以下的保户占 20%,35~50 岁的保户占 35%,50 岁以上的保户占 45%,并根据以往的赔付情况可知,三个年龄组的保户在保险期内发生意外事故的概率分别为 2.5%,2.2%,1.6%. 在以上所有保户中任选一位,他在保险期内发生意外事故的概率是多少?

12. 加工某种零件共需三道工序,设一、二、三道工序的次品率分别为 0.02、0.03、0.05,已知各道工序是互不影响的,求加工出来零件的次品率.

13. 某工厂生产产品 8 箱,其中有 3 箱误装了不合格品,其余 5 箱全合格,若从 8 箱任取 3 箱逐个检查,发现不合格,这批产品就不能出厂,求 8 箱产品不能出厂的概率.

14. 某大学一、二、三年级学生各占全校 40%、35%、25%,各年级的英语四级过级率分别为 10%、40%、60%,任抽一学生为没通过四级,求他为一年级学生的概率.

15. 一个机床有 $\frac{1}{3}$ 的时间加工零件 A,其余时间加工零件 B. 加工零件 A 时,停机的概率是 0.3,加工零件 B 时,停机的概率是 0.4,求这个机床停机的概率.

数学家简介——

贝 叶 斯

贝叶斯(Thomas Bayes,1701—1761),英国牧师、业余数学家. 生活在 18 世纪的贝叶斯生前是位受人尊敬的英格兰长老会牧师. 为了证明上帝的存在,他发明了概率统计学原理,遗憾的是,他的这一美好愿望至死也未能实现. 贝叶斯在数学方面主要研究概率论. 他首先将归纳推理法用于概率论基础理论,并创立了贝叶斯统计理论,为统计决策函数、统计推断、统计估算等作出了贡献. 他于 1763 年发表了这方面的论著,对于现代概率论和数理统计都有很重要的作用. 贝叶斯的另一著作《机会的学说概论》发表于 1758 年.

贝叶斯所采用的许多术语被沿用至今. 贝叶斯思想和方法对概率统计的发展产生了深远的影响. 今天,贝叶斯思想和方法在许多领域都获得了广泛的应用. 从 20 世纪 20—30 年代开始,概率统计学出现了"频率学派"和"贝叶斯学派"的争论,至今,两派的恩恩怨怨仍在继续.

第 2 章　一维随机变量及其数字特征

每天,人们都在做着种种决定.它们大多很琐碎,有时是二选一,比方说,去不去商场? 有时得从几种不同的方案中选出一种,例如决定选哪个地方去度假.有的情况下,我们可以利用病人状况,用数值分别给出某些症状出现的概率以及不同药物有效性的概率,进而找出最有可能产生有利结果的方案.然而,根据概率计算作出的决定也有可能会发生错误.在此意义上,当发现医生所开处方对病人的实际状况而言并非最佳治疗方案时,去谴责医生或认为他失职是不公平的.

任何决定,不论它看上去多么微不足道,都可能会产生无法预料的、有时甚至是悲催的结果.开车去超市的旅途可能会被一次交通事故而弄糟.有多少次被卷入此类事件的人说道:"我要是决定明天做这件事该有多好!"2004 年圣诞期间前往泰国普吉岛度假的人们根本无法预料或想象南亚海啸的悲剧会卷走 25 万余人的生命.有多少遇难者的亲友们曾说道:"要是他们决定去别的地方该有多好!"

从上面可以看出,决策有两种类型的结果,意料之中的和意料之外的.对应于后者可能结果的范围几乎是无限的.去超市的时候,任何事情都有可能发生:遇见老校友,扭伤脚踝,遭遇交通事故,或者成为商场的第 100 万位顾客而赢得大奖.任由自己的想象力天马行空,可以将变幻莫测的可能结果写满几大张纸.与之相反,意料之中的结果理所当然通常是有限的.然而,不论是根据概率估计作出错误决定的医生,还是到海啸发生地去度假的旅游者,都不能被指责为愚蠢的.

随机事件的概率在一定程度上反映了随机现象的统计规律性.在这一章我们将随机试验的结果与实数对应起来,引进随机变量的概念,研究随机变量的概率分布,从而更全面地揭示随机现象的统计规律性.

本章的主要内容有:随机变量及其分布函数,离散型随机变量的分布律,连续型随机变量的概率密度,0-1 分布、二项分布、泊松分布、均匀分布、指数分布和正态分布等重要的概率分布以及简单的随机变量的函数分布.

§2.1　随机变量及其分布函数

【课前导读】在许多随机试验中,试验的结果可以直接用一个数值来表示,不同的结果对应着不同的数值.随机变量是定义在样本空间上的单值实函数,它的取值是有确定的概率的,这是它与普通函数的本质差异.引进分布函数的概念,通过它可以利用数学分析的方法来研究随机变量.

2.1.1　随机变量

在许多随机试验中,试验的结果可以直接用一个数值来表示,不同的结果对应着不同的数值.

引例 1 投掷一颗骰子,观察出现的点数,可能的结果分别是 1,2,3,4,5,6 这六个数值. 如果我们用一个变量 X 表示出现的点数,那么试验的所有可能结果都可以用 X 的取值来表示,即

$$X = \begin{cases} 1, & \text{出现 1 点} \\ 2, & \text{出现 2 点} \\ 3, & \text{出现 3 点} \\ 4, & \text{出现 4 点} \\ 5, & \text{出现 5 点} \\ 6, & \text{出现 6 点} \end{cases}$$

显然,X 是一个变量,它取不同的数值表示试验中可能发生的不同结果,并且 X 是按一定概率取值的,如 $\{X=5\}$ 表示事件"出现 5 点",且 $P\{X=5\}=\dfrac{1}{6}$.

引例 2 100 件商品中有 2 件次品,任取两件,其中次品数 X 可以随机地取 0,1,2 这三个数值,即

$$X = \begin{cases} 0, & \text{没有次品} \\ 1, & \text{恰好有 1 件次品} \\ 2, & \text{恰好有 2 件次品} \end{cases}$$

显然,X 是一个变量,且 $P\{X=1\}=\dfrac{C_2^1 C_{98}^1}{C_{100}^2}$.

有些试验的结果本身与数值无关,但同样可以用某个变量的取值来表示.

例如抛掷一枚硬币,它的可能结果为"出现正面"或"出现反面". 我们引进变量 X,用 $X = \begin{cases} 0, & \text{出现反面} \\ 1, & \text{出现正面} \end{cases}$,且 $P\{X=0\}=P\{X=1\}=0.5$.

一般地,我们有下面的定义.

定义 1 设随机试验 E 的样本空间为 Ω,如果对于每一个 $\omega \in \Omega$,都有唯一的实数 $X(\omega)$ 与之对应,则称 $X=X(\omega)$ 为**随机变量**.

引入随机变量以后,就可以用随机变量来表示随机试验中的各种事件. 例如在上面的引例 2 中,事件"至少有 1 件次品"可以用 $\{X \geqslant 1\}$ 来表示,事件"至少 2 件次品"可以用 $\{X \geqslant 2\}$ 来表示. 可见,随机变量是一个比随机事件更宽泛的概念.

随机变量概念的产生是概率论发展史上的重大事件. 引入随机变量的概念后,概率论的研究中心就从随机事件的研究转移到随机变量及其取值规律的研究,概率论的发展也从古典概率时期过渡到分析概率时期.

随机变量依其取值的特点分为离散型和非离散型两类. 如果随机变量 X 的所有可能取值为有限个或可数无穷多个,则称 X 为**离散型随机变量**,否则称为**非离散型随机变量**. 在非离散型随机变量中最重要的是连续型随机变量.

2.1.2 随机变量的分布函数

随机变量是定义在样本空间上的单值实函数,它的取值是有确定的概率的,这是它与普通

函数的本质差异. 下面我们引进分布函数的概念, 它是普通的一元函数, 通过它可以利用数学分析的方法来研究随机变量.

定义 2 设 X 是一个随机变量, x 为任意实数, 函数
$$F(x) = P\{X \leqslant x\}, \quad -\infty < x < +\infty$$
称为随机变量 X 的**分布函数**.

显然, 随机变量 X 的分布函数 $F(x)$ 是定义在 $(-\infty, +\infty)$ 内的一元函数. 如果将 X 看作数轴上随机点的坐标, 则分布函数 $F(x)$ 在 x 处的函数值等于事件"随机点 X 落在区间 $(-\infty, x]$ 上"的概率.

对于任意实数 $a, b (a < b)$, 由于 $\{a < X \leqslant b\} = \{X \leqslant b\} - \{X \leqslant a\}$, 因此
$$P\{a < X \leqslant b\} = P\{X \leqslant b\} - P\{X \leqslant a\} = F(b) - F(a)$$

可见, 若已知随机变量 X 的分布函数, 就可以求出 X 落在任一区间 $(a, b]$ 上的概率, 这表明分布函数完整地描述了随机变量的统计规律性.

分布函数 $F(x)$ 具有下列性质:

(1) **单调性**: 若 $x_1 < x_2$, 则 $F(x_1) \leqslant F(x_2)$.

事实上, 若 $x_1 < x_2$, 则 $F(x_2) - F(x_1) = P\{x_1 < X \leqslant x_2\} \geqslant 0$, 所以 $F(x_1) \leqslant F(x_2)$.

(2) **有界性**: 对任意实数 x, 有 $0 \leqslant F(x) \leqslant 1$, 且
$$F(-\infty) = \lim_{x \to -\infty} F(x) = 0, \quad F(+\infty) = \lim_{x \to +\infty} F(x) = 1$$

由 $F(x) = P\{X \leqslant x\}$ 以及概率的性质知 $0 \leqslant F(x) \leqslant 1$. 而从几何直观上, 当 $x \to -\infty$ 时, "随机变量 X 落在区间 $(-\infty, x]$ 上"这一事件趋近于不可能事件, 因此 $F(-\infty) = \lim\limits_{x \to -\infty} F(x) = 0$; 当 $x \to +\infty$ 时, "随机变量 X 落在区间 $(-\infty, x]$ 上"这一事件趋近于必然事件, 因此 $F(+\infty) = \lim\limits_{x \to +\infty} F(x) = 1$.

(3) **右连续性**: 对任意实数 x, 有 $F(x+0) = F(x)$ (证明从略).

需要指出的是, 如果一个函数满足上述三条性质, 则该函数一定可以作为某一随机变量 X 的分布函数, 因此, 通常将满足上述三条性质的函数都称为分布函数.

例 1 抛掷一枚硬币, 设随机变量 $X = \begin{cases} 0, & \text{出现反面 T} \\ 1, & \text{出现正面 H} \end{cases}$. 求:

(1) 随机变量 X 的分布函数;

(2) 随机变量 X 在区间 $\left(\dfrac{1}{3}, 2\right]$ 上取值的概率.

解 (1) 设 x 是任意实数. 当 $x < 0$ 时, $\{X \leqslant x\} = \varnothing$, 因此
$$F(x) = P\{X \leqslant x\} = P(\varnothing) = 0$$
当 $0 \leqslant x < 1$ 时
$$\{X \leqslant x\} = \{X < 0\} \cup \{X = 0\} \cup \{0 < X \leqslant x\} = \{X = 0\}$$
因此
$$F(x) = P\{X \leqslant x\} = P\{X = 0\} = \dfrac{1}{2}$$
当 $x \geqslant 1$ 时
$$\{X \leqslant x\} = \{X < 0\} \cup \{X = 0\} \cup \{0 < X < 1\} \cup \{X = 1\} \cup \{1 < X \leqslant x\}$$
$$= \{X = 0\} \cup \{X = 1\}$$

因此
$$F(x) = P\{X \leqslant x\} = P\{X=0\} + P\{X=1\} = \frac{1}{2} + \frac{1}{2} = 1$$

综上所述，X 的分布函数为
$$F(x) = \begin{cases} 0, & x < 0 \\ \dfrac{1}{2}, & 0 \leqslant x < 1 \\ 1, & x \geqslant 1 \end{cases}$$

(2) 随机变量 X 在区间 $\left(\dfrac{1}{3}, 2\right]$ 上取值的概率为
$$P\left\{\frac{1}{3} < X \leqslant 2\right\} = F(2) - F\left(\frac{1}{3}\right) = 1 - \frac{1}{2} = \frac{1}{2}$$

例 2 设随机变量 X 的分布函数为
$$F(x) = \begin{cases} 0, & x \leqslant 0 \\ Ax^2, & 0 < x \leqslant 1 \\ 1, & x > 1 \end{cases}$$

求常数 A 以及概率 $P\{0.5 < x \leqslant 0.8\}$.

解 由于分布函数 $F(x)$ 是右连续的，因此 $F(1+0) = F(1)$. 又
$$F(1+0) = \lim_{x \to 1^+} F(x) = 1, \quad F(1) = A$$

因此 $A = 1$. 于是
$$F(x) = \begin{cases} 0, & x \leqslant 0 \\ x^2, & 0 < x \leqslant 1 \\ 1, & x > 1 \end{cases}$$

进而
$$P\{0.5 < x \leqslant 0.8\} = F(0.8) - F(0.5) = 0.8^2 - 0.5^2 = 0.39$$

例 3 向数轴上的闭区间 $[2,5]$ 上投掷随机点，假设随机点落在 $[2,5]$ 区间上任意一点的可能性相等，用 X 表示随机点的坐标，求 X 的分布函数.

解 这是直线上的几何概型问题，随机点落在 $[2,5]$ 的任一子区间 $[a,b]$ 上的概率为
$$P\{a \leqslant X \leqslant b\} = \frac{b-a}{3}$$

对任意实数 x，当 $x < 2$ 时，分布函数
$$F(x) = P\{X \leqslant x\} = 0$$

当 $2 \leqslant x < 5$ 时
$$\{X \leqslant x\} = \{X < 2\} \cup \{2 \leqslant X \leqslant x\} = \{2 \leqslant X \leqslant x\}$$

所以
$$F(x) = P\{X \leqslant x\} = P\{2 \leqslant X \leqslant x\} = \frac{x-2}{3}$$

当 $x \geqslant 5$ 时
$$\{X \leqslant x\} = \{X < 2\} \cup \{2 \leqslant X \leqslant 5\} \cup \{5 < X \leqslant x\} = \{2 \leqslant X \leqslant 5\}$$

所以

$$F(x) = P\{X \leqslant x\} = P\{2 \leqslant X \leqslant 5\} = 1$$

综上所述,随机变量 X 的分布函数为

$$F(x) = \begin{cases} 0, & x < 2 \\ \dfrac{x-2}{3}, & 2 \leqslant x < 5 \\ 1, & x \geqslant 5 \end{cases}$$

习题 2.1

1. 某射手射击一个固定目标,每次命中率为 0.3,每命中一次记 2 分,否则扣 1 分,求两次射击后该射手得分总数 X 的分布函数.

2. 随机变量 X 的分布函数为

$$F(x) = \begin{cases} 0, & x < 0 \\ Ax, & 0 \leqslant x \leqslant 1 \\ 1, & x > 1 \end{cases}$$

求:(1)常数 A;(2)概率 $P\left\{X > \dfrac{1}{2}\right\}$;(3) $P\{-1 < X \leqslant 2\}$.

§2.2 离散型随机变量及其概率分布

【课前导读】 对于离散型随机变量 X,知道 X 的所有可能取值以及 X 取每一个可能值的概率,也就掌握了随机变量 X 的统计规律.

2.2.1 离散型随机变量及其分布律

定义 1 如果离散型随机变量 X 的所有可能取值为 $x_k(k=1,2,\cdots)$,并且 X 取到各个可能值的概率为

$$P\{X = x_k\} = p_k \quad (k = 1, 2, \cdots) \tag{1}$$

则称式(1)为离散型随机变量 X 的**概率分布律**,简称为**分布律**.

分布律也可以用表 2-1 来表示,并称之为 X 的**概率分布表**.

表 2-1

X	x_1	x_2	$\cdots$	x_n	$\cdots$
P	p_1	p_2	$\cdots$	p_n	$\cdots$

容易验证,离散型随机变量的分布律满足下列性质:

(1) $p_k \geqslant 0, k = 1, 2, \cdots$;

(2) $\sum_k p_k = 1$.

对于任意实数 x,随机事件 $\{X \leqslant x\}$ 可以表示成

$$\{X \leqslant x\} = \bigcup_{x_k \leqslant x} \{X = x_k\}$$

由于 x_k 互不相同,根据概率的可加性知离散型随机变量 X 的分布函数为

$$F(x) = P\{X \leqslant x\} = \sum_{x_k \leqslant x} P\{X = x_k\} = \sum_{x_k \leqslant x} p_k$$

例 1 甲、乙、丙三人独立射击同一目标.已知三人击中目标的概率依次为 0.8、0.6、0.5,用 X 表示击中目标的人数,求 X 的分布律以及分布函数.

解 X 的所有可能取值为 $0,1,2,3$.设 A_1, A_2, A_3 分别表示事件"甲击中目标""乙击中目标""丙击中目标",则依题意 A_1, A_2, A_3 相互独立,且

$$P(A_1) = 0.8, \quad P(A_2) = 0.6, \quad P(A_3) = 0.5$$

所以

$$P\{X = 0\} = P(\bar{A}_1 \bar{A}_2 \bar{A}_3) = P(\bar{A}_1) P(\bar{A}_2) P(\bar{A}_3)$$
$$= 0.2 \times 0.4 \times 0.5 = 0.04$$

$$P\{X = 1\} = P(A_1 \bar{A}_2 \bar{A}_3 \cup \bar{A}_1 A_2 \bar{A}_3 \cup \bar{A}_1 \bar{A}_2 A_3)$$
$$= P(A_1 \bar{A}_2 \bar{A}_3) + P(\bar{A}_1 A_2 \bar{A}_3) + P(\bar{A}_1 \bar{A}_2 A_3)$$
$$= 0.8 \times 0.4 \times 0.5 + 0.2 \times 0.6 \times 0.5 + 0.2 \times 0.4 \times 0.5$$
$$= 0.26$$

$$P\{X = 2\} = P(A_1 A_2 \bar{A}_3 \cup A_1 \bar{A}_2 A_3 \cup \bar{A}_1 A_2 A_3)$$
$$= P(A_1 A_2 \bar{A}_3) + P(A_1 \bar{A}_2 A_3) + P(\bar{A}_1 A_2 A_3)$$
$$= 0.8 \times 0.6 \times 0.5 + 0.8 \times 0.4 \times 0.5 + 0.2 \times 0.6 \times 0.5$$
$$= 0.46$$

$$P\{X = 3\} = P(A_1 A_2 A_3) = P(A_1) P(A_2) P(A_3)$$
$$= 0.8 \times 0.6 \times 0.5 = 0.24$$

即 X 的分布律为

X	0	1	2	3
P	0.04	0.26	0.46	0.24

进而 X 的分布函数为

$$F(x) = \begin{cases} 0, & x < 0 \\ 0.04, & 0 \leqslant x < 1 \\ 0.3, & 1 \leqslant x < 2 \\ 0.76, & 2 \leqslant x < 3 \\ 1, & x \geqslant 3 \end{cases}$$

其图形如图 2-1 所示.

由图 2-1 可以看出,分布函数 $F(x)$ 是一个阶梯函数,它在 X 的可能取值点 $0,1,2,3$ 处发生跳跃,跳跃的高度等于相应点处的概率.这一特征是所有离散型随机变量分布函数的共同特征.反过来,如果一个随机变量 X 的分布函数 $F(x)$ 为阶梯函数,那么 X 一定是离散型随机变量.

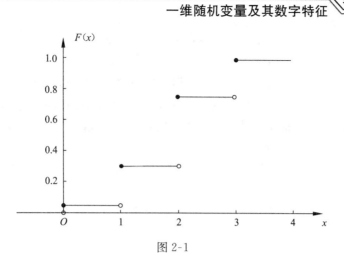

图 2-1

2.2.2 常见离散型随机变量的分布

1. 两点分布

如果随机变量 X 只可能取 0 和 1 两个值,其分布律为
$$P\{X=0\}=1-p, \quad P\{X=1\}=p \quad (0<p<1)$$
或写成
$$P\{X=k\}=p^k(1-p)^{1-k}, \quad k=0,1 \quad (0<p<1)$$
则称随机变量 X 服从参数为 p 的**两点分布**(或 **0-1 分布**).它的分布律也可以写成

X	0	1
P	$1-p$	p

两点分布是一种常见的分布,如果随机试验只有两个对立结果 A 和 $\bar{A}$,或者一个试验虽然有很多个结果,但我们只关心事件 A 发生与否,那么就可以定义一个服从两点分布的随机变量.例如对产品合格率的抽样检测,新生儿性别的调查等.

2. 二项分布

在 n 重伯努利试验中,设 $P(A)=p$ $(0<p<1)$.用 X 表示 n 次试验中事件 A 发生的次数,则 X 的所有可能取值为 $0,1,2,\cdots,n$.由二项概率公式知,X 的分布律为
$$P\{X=k\}=C_n^k p^k(1-p)^{n-k}, \quad k=0,1,\cdots,n \tag{1}$$
显然 $P\{X=k\}\geqslant 0, k=0,1,2,\cdots,n.$
$$\sum_{k=0}^{n}P\{X=k\}=\sum_{k=0}^{n}C_n^k p^k(1-p)^{n-k}=[p+(1-p)]^n=1$$
即式(1)满足分布律的性质.

一般地,如果随机变量 X 的分布律由式(1)给出,则称随机变量 X 服从参数为 n,p 的**二项分布**(或**伯努利分布**),记作 $X\sim B(n,p)$.

特别地,当 $n=1$ 时,二项分布 $B(1,p)$ 的分布律为

$$P\{X=k\} = p^k(1-p)^{1-k}, \quad k=0,1$$

这就是 0-1 分布.

二项分布是一种广泛存在的重要分布,很多随机现象都可以用二项分布来描述. 例如,在次品率为 p 的一批产品中,有放回地抽取 n 件,以 X 表示取出的 n 件产品中的次品数,则 $X \sim B(n,p)$. 如果产品的批量很大,则采用无放回方式抽取 n 件产品,也可以近似地认为 $X \sim B(n,p)$.

例 2 某射手射击的命中率为 0.6,在相同的条件下独立射击 7 次,用 X 表示命中的次数,求随机变量 X 的分布律.

解 每次射击命中的概率都是 0.6,独立射击 7 次是 7 重伯努利概型,因此,随机变量 $X \sim B(7, 0.6)$,于是

$$P\{K=k\} = C_7^k (0.6)^k \times (1-0.6)^{7-k}$$
$$= C_7^k (0.6)^k \times (0.4)^{7-k}, \quad k=0,1,2,3,4,5,6,7$$

计算可知 X 的分布律为

X	0	1	2	3	4	5	6	7
P	0.001 6	0.017 2	0.077 4	0.193 5	0.290 3	0.261 3	0.130 6	0.028 0

图 2-2 所示为随机变量 X 的分布律图.

从图 2-2 中我们可以看到,当 k 增加时,概率 $P\{X=k\}$ 先是随之单调增加,直到达到最大值 $P\{X=4\}$,然后单调减少. 一般地,对固定的 n 和 p,二项分布 $B(n,p)$ 都具有这一特性.

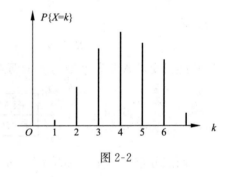

图 2-2

例 3 (专家的决策)某企业聘请了 7 名专家对一经济项目的可行性进行决策,已知每位专家给出正确意见的概率是 0.8. 企业分别征求专家意见并按多数专家的意见作出决策,求作出正确决策的概率.

解 依题意:各专家的意见是相互独立的. 设 X 表示"7 位专家中提供正确意见的人数",则 $X \sim B(7, 0.8)$,作出正确决策实际上是至少有 4 个专家提供正确意见的概率

$$P\{X \geqslant 4\} = \sum_{k=4}^{7} C_7^k (0.8)^k (0.2)^{7-k} \approx 0.967$$

问题思考:(如何有效安排人力)某研究中心有同类型仪器 300 台,各仪器工作相互独立,而且发生故障的概率均为 0.01,通常一台仪器的故障由一人即可排除. 试问:(1) 为保证当仪器发生故障时不能及时排除的概率小于 0.01,至少要配多少个维修工人?(2) 若一人保修 20 台仪器,仪器发生故障时不能及时排除的概率是多少?(3) 若由 3 人共同负责维修 80 台仪器,仪器发生故障时不能及时排除的概率是多少?

3. 泊松(Poisson)分布

如果随机变量 X 的所有可能取值为 $0,1,2,\cdots$,并且

$$P\{X=k\} = \frac{\lambda^k}{k!}e^{-\lambda}, \quad k=0,1,2,\cdots$$

其中 $\lambda>0$ 为常数,则称随机变量 X 服从参数为 λ 的泊松分布,记作 $X\sim P(\lambda)$.

容易验证,
$$\frac{\lambda^k}{k!}e^{-\lambda} > 0, \quad k=0,1,2,\cdots$$
$$\sum_{k=0}^{\infty}\frac{\lambda^k}{k!}e^{-\lambda} = e^{-\lambda}\sum_{k=0}^{\infty}\frac{\lambda^k}{k!} = e^{-\lambda}\cdot e^{\lambda} = 1$$

历史上,泊松分布是作为二项分布的近似,于 1837 年由法国数学家泊松引入的. 泊松分布是概率论中最重要的离散分布之一. 在实际问题中许多现象都服从或近似服从泊松分布. 例如,电话客服中心每分钟的来电数. 接线员太少会导致客户长时间等待,从而引发客户强烈不满. 而另一个极端是,接线员数量足以应付高峰时段的需求,这就意味着他们大多数时候无所事事,致使电话客服中心运营低效. 如果利用泊松分布对需求进行分析,则可以找到一个折中的接线员数量,使得它在满足经济效益的同时,为客户提供满意的服务. 另外如一栋大厦内每天报废灯泡的数量,某印刷品一页上出现的印刷错误个数,某地区一段时间内迁入的昆虫数目等都服从泊松分布.

例 4 设每分钟通过某交叉路口的汽车流量 X 服从泊松分布,且已知在一分钟内恰有 1 辆车通过的概率和恰有 2 辆车通过的概率相等,求在一分钟内至少有 3 辆车通过的概率.

解 设 X 服从参数为 λ 的泊松分布,则 X 的分布律为
$$P\{X=k\} = \frac{\lambda^k}{k!}e^{-\lambda} > 0, \quad k=0,1,2,\cdots$$

又 $P\{X=1\}=P\{X=2\}$,即
$$\frac{\lambda^1}{1!}e^{-\lambda} = \frac{\lambda^2}{2!}e^{-\lambda}$$

解得 $\lambda=2$,所以在一分钟内至少有三辆车通过的概率为
$$\begin{aligned}P\{X\geqslant 3\} &= 1-P\{X=0\}-P\{X=1\}-P\{X=2\}\\ &= 1-\frac{2^0}{0!}e^{-2}-\frac{2^1}{1!}e^{-2}-\frac{2^2}{2!}e^{-2}\\ &= 1-5e^{-2}\end{aligned}$$

如果查泊松分布表,当 $\lambda=2$ 时,
$$P\{X=0\} = 0.135\,3, \quad P\{X=1\} = 0.270\,7$$
$$P\{X=2\} = 0.270\,7$$

从而
$$\begin{aligned}P\{X\geqslant 3\} &= 1-P\{X=0\}-P\{X=1\}-P\{X=2\}\\ &= 1-0.135\,3-0.270\,7-0.270\,7\\ &= 0.323\,3\end{aligned}$$

下面我们给出二项分布与泊松分布的关系定理.

泊松定理 设 $X_n(n=1,2,\cdots)$ 为随机变量序列,并且 $X_n\sim B(n,p_n)(n=1,2,\cdots)$. 如果 $\lim\limits_{n\to\infty}np_n=\lambda(\lambda>0$ 为常数$)$,则有
$$\lim_{n\to\infty}P\{X_n=k\} = \lim_{n\to\infty}C_n^k p_n^k(1-p_n)^{n-k} = \frac{\lambda^k}{k!}e^{-\lambda}, \quad k=0,1,2,\cdots$$

证明 设 $\lambda_n = np_n$，则 $p_n = \dfrac{\lambda_n}{n}$，从而对任意固定的非负整数 k，有

$$P\{X_n = k\} = C_n^k p_n^k (1-p_n)^{n-k}$$

$$= \frac{n(n-1)(n-2)\cdots(n-k+1)}{k!}\left(\frac{\lambda_n}{n}\right)^k \left(1-\frac{\lambda_n}{n}\right)^{n-k}$$

$$= \frac{\lambda_n^k}{k!}\left(1-\frac{1}{n}\right)\left(1-\frac{2}{n}\right)\cdots\left(1-\frac{k-1}{n}\right)\left(1-\frac{\lambda_n}{n}\right)^{n-k}$$

对于固定的 k，当 $n \to \infty$ 时，

$$\lim_{n\to\infty}\lambda_n^k = \lim_{n\to\infty}(np_n)^k = \lambda^k$$

$$\lim_{n\to\infty}\left(1-\frac{1}{n}\right)\left(1-\frac{2}{n}\right)\cdots\left(1-\frac{k-1}{n}\right) = 1$$

$$\lim_{n\to\infty}\left(1-\frac{\lambda_n}{n}\right)^n = e^{-\lambda}$$

$$\lim_{n\to\infty}\left(1-\frac{\lambda_n}{n}\right)^{-k} = 1$$

所以

$$\lim_{n\to\infty}P\{X_n = k\} = \lim_{n\to\infty}C_n^k p_n^k (1-p_n)^{n-k} = \frac{\lambda^k}{k!}e^{-\lambda}$$

由泊松定理知道，当 n 很大（由于 $\lim\limits_{n\to\infty} np_n = \lambda$，因此 p_n 必定较小）时，有下面的近似公式

$$P\{X_n = k\} = C_n^k p_n^k (1-p_n)^{n-k} \approx \frac{\lambda^k}{k!}e^{-\lambda}, \quad k = 0,1,2,\cdots,n \tag{2}$$

即二项分布可以用泊松分布近似表达．

在实际计算时，当 n 较大 p 相对较小而 np 比较适中（$n \geq 100, np \leq 10$）时，二项分布 $B(n,p)$ 就可以用泊松分布 $P(\lambda)$（$\lambda = np$）来近似代替．

例 5 设一批产品共 2 000 个，其中有 40 个次品，每次任取 1 个产品做放回抽样检查，求抽检的 100 个产品中次品数 X 的分布律．

解 由题意，产品的次品率为 $p = \dfrac{40}{2\,000} = 0.02$，从而 $X \sim B(100, 0.02)$，即

$$P\{X = k\} = C_{100}^k (0.02)^k (0.98)^{100-k}, \quad k = 0,1,2,\cdots,100$$

由于 $n = 100$ 较大而 $p = 0.02$ 相对较小，由泊松定理，X 近似服从泊松分布 $P(\lambda)$，其中 $\lambda = 2$，所以

$$P\{X = k\} \approx \frac{2^k}{k!}e^{-2}, \quad k = 0,1,2,\cdots,100$$

从表 2-2 中我们可以看出二项分布用泊松分布表达的近似程度．

表 2-2

次品数 X	二项分布 $B(100, 0.02)$	泊松分布 $P(2)$
0	0.132 6	0.135 3
1	0.270 7	0.270 7
2	0.273 4	0.270 7
3	0.182 3	0.180 4

续表

次品数 X	二项分布 $B(100,0.02)$	泊松分布 $P(2)$
4	0.090 2	0.090 2
5	0.035 3	0.036 1
6	0.011 4	0.012 0
7	0.003 1	0.003 4
8	0.000 7	0.000 9
9	0.000 2	0.000 2

例 6 在 400 mL 的水中随机游动着 200 个菌团,从中任取 1 mL 水,求其中所含菌团的个数不少于 3 的概率.

解 观察 1 个菌团,它落在取出的 1 mL 水中的概率为 $p=\dfrac{1}{400}=0.002\,5$,对 200 个菌团逐个进行类似的观察,相当于做 200 重伯努利试验.设任取的 1 mL 水中所含菌团的个数为 X,则 $X \sim B(200,0.002\,5)$,即 X 的分布律为

$$P\{X=k\} = C_{200}^{k}(0.002\,5)^{k}(0.997\,5)^{200-k}, \quad k=0,1,2,\cdots,200$$

从而,任取的 1 mL 水中所含菌团的个数不少于 3 的概率为

$$P\{X \geqslant 3\} = 1 - P\{X=0\} - P\{X=1\} - P\{X=2\}$$

由于 $n=200$ 较大,$p=0.002\,5$ 相对较小,由泊松定理,有

$$P\{X=k\} \approx \dfrac{\lambda^{k}}{k!}e^{-\lambda}, \quad k=0,1,2,\cdots,200$$

其中 $\lambda=200 \times 0.002\,5 = 0.5$. 查泊松分布表知,

$$P\{X=0\}=0.606\,5, \quad P\{X=1\}=0.303\,3, \quad P\{X=2\}=0.075\,8$$

所以

$$\begin{aligned}P\{X \geqslant 3\} &= 1 - P\{X=0\} - P\{X=1\} - P\{X=2\} \\ &= 1 - 0.606\,5 - 0.303\,3 - 0.075\,8 = 0.014\,4\end{aligned}$$

问题思考:(两种方案的优劣)设有 100 台同类型设备,各台工作相互独立,发生故障的概率都是 0.01,且某台设备发生故障时,一位维修工人即可排除. 今考虑两种配备维修工人方案:其一是由 5 人维护,每人承包 20 台;其二是由 4 人共同维护 100 台. 试比较两种方案的优劣.

4. 几何分布

设试验 E 只有两个对立的结果 A 与 $\bar{A}$,并且 $P(A)=p,P(\bar{A})=1-p$,其中 $0<p<1$. 将试验 E 独立重复地进行下去,直到 A 发生为止,用 X 表示所需要进行的试验次数,则 X 的所有可能取值为 $1,2,3,\cdots$. 由于事件 $\{X=k\}$ 表示在前 $k-1$ 次试验中 A 都不发生,而在第 k 次试验中 A 发生,所以

$$P\{X=k\} = (1-p)^{k-1}p, \quad k=1,2,3,\cdots \tag{3}$$

显然

$$P\{X=k\} \geqslant 0, \quad k=1,2,3,\cdots$$

$$\sum_{k=1}^{\infty} P\{X=k\} = \sum_{k=1}^{\infty}(1-p)^{k-1}p = p\sum_{i=0}^{\infty}(1-p)^i = p\frac{1}{1-(1-p)} = 1$$

即式(3)满足分布律的性质.

一般地,如果随机变量 X 的分布律由式(3)给出,则称 X 服从参数为 p 的**几何分布**,记作 $X \sim G(p)$. 几何分布的随机变量常常用来表示元件或者产品的寿命. 它有一个重要的性质,一般称这个性质为"无记忆性",因此人们又称几何分布随机变量"永远年轻".

例7 一段防洪大堤按照抗百年一遇洪水的标准设计,求在建成后的第5年,首次发生百年一遇大洪水的概率.

解 任何一年中发生百年一遇大洪水的概率都是 $p = \frac{1}{100} = 0.01$. 设在大堤建成后的第 X 年发生百年一遇大洪水,则 $X \sim G(p)$,从而

$$P\{X=5\} = (1-p)^4 p = 0.99^4 \times 0.01 = 0.009\,6$$

习题 2.2

1. 设随机变量 X 的分布律为

$$P\{X=k\} = \frac{k}{15}, k=1,2,3,4,5$$

试求:(1) $P\left\{\frac{1}{2} < X < \frac{5}{2}\right\}$;(2) $P\{1 \leqslant X \leqslant 3\}$;(3) $P\{X>3\}$.

2. 一个袋中装有 5 只球,编号为 1,2,3,4,5. 在袋中同时取 3 只,以 X 表示取中的 3 只球中的最大号码,写出随机变量 X 的分布律.

3. 设 X 为一离散型随机变量,其分布律为

X	-1	0	1
p_i	$1/2$	$1-2q$	q^2

试求:(1) q 值;(2) X 的分布函数.

4. 设 X 服从参数 $p = 0.2$ 的 0-1 分布,求随机变量 X 的分布函数,并作出其图形.

5. 某射手射击一个固定目标,每次命中率为 0.3,每命中一次记 2 分,否则扣 1 分,求两次射击后射手得分总数 X 的分布函数.

§2.3 连续型随机变量及其概率分布

【**课前导读**】非离散型随机变量的情形比较复杂,我们仅讨论其中最重要的一种——连续型随机变量.

2.3.1 连续型随机变量及其概率密度

若随机变量 X 在闭区间 $[2,5]$ 上等可能取值,并且在闭区间 $[2,5]$ 上取值的概率为 1,所以我们可以把 1 视为均匀地分布在 $[2,5]$ 的每一点上,称概率 1 在 $[2,5]$ 上的平均值 $\frac{1}{5-2} = \frac{1}{3}$ 为

随机变量 X 在 $[2,5]$ 上的概率密度. 而 X 取到 $[2,5]$ 以外的任一点的概率为 0, 即 X 在这些点上的概率密度为 0. 于是我们得到 X 的概率密度函数为

$$f(x) = \begin{cases} \dfrac{1}{3}, & 2 \leqslant x \leqslant 5 \\ 0, & \text{其他} \end{cases}$$

可以验证, 随机变量 X 的分布函数 $F(x)$ 恰好是概率密度函数 $f(x)$ 在 $(-\infty, x]$ 上的广义积分

$$F(x) = \int_{-\infty}^{x} f(t) \mathrm{d}t$$

一般地, 我们有下面的定义.

定义 1 设随机变量 X 的分布函数为 $F(x)$, 如果存在一个非负可积函数 $f(x)$, 使得对任意实数 x, 都有

$$F(x) = \int_{-\infty}^{x} f(t) \mathrm{d}t$$

则称 X 为连续型随机变量, 并称函数 $f(x)$ 为 X 的**概率密度函数**(或**分布密度函数**), 简称为**概率密度**(或**分布密度**), 常记作 $X \sim f(x)$.

由定义 1 以及微积分理论知, 连续型随机变量的分布函数是连续函数, 并且概率密度 $f(x)$ 具有下列性质:

(1) $f(x) \geqslant 0$;

(2) $\int_{-\infty}^{+\infty} f(x) \mathrm{d}x = 1$;

(3) 对于任意实数 $a, b (a < b)$, 有

$$P\{a < X \leqslant b\} = \int_{a}^{b} f(x) \mathrm{d}x$$

(4) 如果 $f(x)$ 在点 x 处连续, 则有

$$F'(x) = f(x)$$

需要指出的是, 满足性质 (1) 和性质 (2) 的函数一定可以作为某一连续型随机变量的概率密度函数.

在几何直观上, 概率密度曲线总是位于 x 轴上方, 并且介于它和 x 轴之间的面积为 1, 随机变量落在区间 (a,b) 的概率 $P\{a < X \leqslant b\}$ 等于区间 (a,b) 上曲线 $y = f(x)$ 以下的曲边梯形的面积 (见图 2-3).

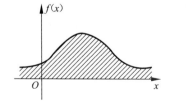
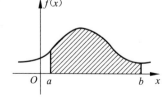

图 2-3

对于连续型随机变量 X, 它取任一实数 x 的概率都是 0, 即

$$P\{X = x\} = 0$$

事实上,设 $\Delta x > 0$,由于事件 $\{X=x\} \subset \{x-\Delta x < X \leqslant x\}$,因此
$$0 \leqslant P\{X=x\} \leqslant P\{x-\Delta x < X \leqslant x\} = F(x) - F(x-\Delta x)$$
令 $\Delta x \to 0$,由 $F(x)$ 的连续性,有 $P\{X=x\}=0$.

连续型随机变量的这一特性是它与离散型随机变量的最大差异. 这一特性也表明,概率为 0 的事件未必是不可能事件. 根据这一特性,在计算连续型随机变量落在某一区间的概率时,可以不必区分该区间是开区间,是闭区间,还是半开半闭区间.

例 1 已知随机变量 X 的概率密度为
$$f(x) = \begin{cases} ax^2, & 0 < x < 1 \\ 0, & \text{其他} \end{cases}$$

(1) 求常数 a;

(2) 求分布函数 $F(x)$;

(3) 求概率 $P\left\{\dfrac{1}{3} \leqslant X < \dfrac{1}{2}\right\}$.

解 (1) 由于 $\int_{-\infty}^{+\infty} f(x) \mathrm{d}x = 1$,即
$$\int_{-\infty}^{0} 0 \mathrm{d}x + \int_{0}^{1} ax^2 \mathrm{d}x + \int_{1}^{+\infty} 0 \mathrm{d}x = \int_{0}^{1} ax^2 \mathrm{d}x = 1$$

因此有 $\dfrac{a}{3} = 1, a = 3$.

(2) 因为 $F(x) = \int_{-\infty}^{x} f(t) \mathrm{d}t$,所以

当 $x < 0$ 时,$F(x) = \int_{-\infty}^{x} 0 \mathrm{d}t = 0$;

当 $0 \leqslant x < 1$ 时,$F(x) = \int_{-\infty}^{0} 0 \mathrm{d}t + \int_{0}^{x} 3t^2 \mathrm{d}t = x^3$;

当 $x \geqslant 1$ 时,$F(x) = \int_{-\infty}^{0} 0 \mathrm{d}t + \int_{0}^{1} 3t^2 \mathrm{d}t + \int_{1}^{x} 0 \mathrm{d}t = 1$.

综上所述,X 的分布函数为
$$F(x) = \begin{cases} 0, & x < 0 \\ x^3, & 0 \leqslant x < 1 \\ 1, & x \geqslant 1 \end{cases}$$

(3) $P\left\{\dfrac{1}{3} \leqslant X < \dfrac{1}{2}\right\} = \int_{\frac{1}{3}}^{\frac{1}{2}} f(x) \mathrm{d}x = \int_{\frac{1}{3}}^{\frac{1}{2}} 3x^2 \mathrm{d}x = \dfrac{1}{8} - \dfrac{1}{27} = \dfrac{19}{216}$.

例 2 设连续型随机变量 X 的分布函数为
$$F(x) = \begin{cases} a\mathrm{e}^x, & x < 0 \\ b, & 0 \leqslant x < 1 \\ 1 - a\mathrm{e}^{-(x-1)}, & x \geqslant 1 \end{cases}$$

(1) 求常数 a, b;

(2) 求 X 的概率密度;

(3) 求概率 $P\left\{X > \dfrac{1}{3}\right\}$.

解 (1) 由于连续型随机变量的分布函数 $F(x)$ 是连续的,因此在 $x=0$ 和 $x=1$ 两点,左极限与右极限相等且都等于函数值. 因

$$\lim_{x \to 0^-} F(x) = \lim_{x \to 0^-} ae^x = a, \quad \lim_{x \to 0^+} F(x) = \lim_{x \to 0^+} b = b$$

$$\lim_{x \to 1^-} F(x) = \lim_{x \to 1^-} b = b, \quad \lim_{x \to 1^+} F(x) = \lim_{x \to 1^+} [1 - ae^{-(x-1)}] = 1 - a$$

所以有 $a = b, b = 1 - a$,解得 $a = b = \dfrac{1}{2}$.

(2) 由于在概率密度 $f(x)$ 的连续点,$F'(x) = f(x)$,因此

当 $x < 0$ 时,$f(x) = \left(\dfrac{1}{2}e^x\right)' = \dfrac{1}{2}e^x$;

当 $0 \leqslant x \leqslant 1$ 时,$f(x) = \left(\dfrac{1}{2}\right)' = 0$;

当 $x > 1$ 时,$f(x) = \left[1 - \dfrac{1}{2}e^{-(x-1)}\right]' = \dfrac{1}{2}e^{-(x-1)}$.

由定义 1 知,改变概率密度在个别点的函数值不影响分布函数的取值,进而不影响概率的计算,所以

$$f(x) = \begin{cases} \dfrac{1}{2}e^x, & x < 0 \\ \dfrac{1}{2}e^{-(x-1)}, & x > 1 \\ 0, & 0 \leqslant x \leqslant 1 \end{cases}$$

(3) $P\left\{X > \dfrac{1}{3}\right\} = 1 - P\left\{X \leqslant \dfrac{1}{3}\right\} = 1 - F\left(\dfrac{1}{3}\right) = 1 - \dfrac{1}{2} = \dfrac{1}{2}$.

2.3.2 常见连续型随机变量的分布

1. 均匀分布

如果连续型随机变量 X 的概率密度为

$$f(x) = \begin{cases} \dfrac{1}{b-a}, & a < x < b \\ 0, & \text{其他} \end{cases}$$

则称 X 在区间 $[a,b]$ 上服从均匀分布,记作 $X \sim U[a,b]$. X 的分布函数为

$$F(x) = \begin{cases} 0, & x < a \\ \dfrac{x-a}{b-a}, & a \leqslant x < b \\ 1, & x \geqslant b \end{cases}$$

X 的概率密度和分布函数的图形如图 2-4 所示.

如果 $X \sim U[a,b]$,那么对于满足 $a \leqslant c < d \leqslant b$ 的任意实数 c,d,都有

$$P\{c \leqslant X \leqslant d\} = \int_c^d \dfrac{1}{b-a}\,dx = \dfrac{d-c}{b-a}$$

这说明随机变量 X 落在区间 $[a,b]$ 的任一子区间 $[c,d]$ 内的概率,只依赖于子区间 $[c,d]$ 的长度,而与子区间的位置无关,这正是均匀分布的概率意义. 如果试验中所定义的随机变量 X 仅在一个有限区间 $[a,b]$ 上取值,且在其内取值具有"等可能"性,则 $X \sim U[a,b]$.

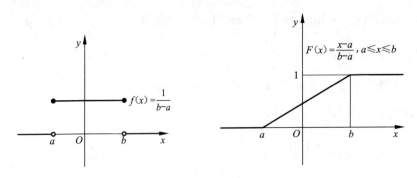

图 2-4

例 1 某机场每隔 20 min 向市区发一辆班车,假设乘客在相邻两辆班车间的 20 min 内的任一时刻到达候车处的可能性相等,求乘客候车时间在 5~10 min 的概率.

解 设乘客候车时间为 X(单位:分钟),由题意,X 在 $[0,20]$ 上等可能取值,即 X 服从 $[0,20]$ 上的均匀分布,X 的概率密度为

$$f(x) = \begin{cases} \dfrac{1}{20}, & 0 < x < 20 \\ 0, & \text{其他} \end{cases}$$

于是乘客等车的时间在 5~10 min 的概率为

$$P\{5 \leqslant X \leqslant 10\} = \int_5^{10} f(x) \mathrm{d}x = \int_5^{10} \frac{1}{20} \mathrm{d}x = 0.25$$

例 2 设随机变量 X 在 $[0,5]$ 上服从均匀分布,求关于 t 的方程 $4t^2 + 4Xt + X + 2 = 0$ 有实根的概率.

解 由题意,X 的概率密度为

$$f(x) = \begin{cases} \dfrac{1}{5}, & 0 < x < 5 \\ 0, & \text{其他} \end{cases}$$

设 A 表示事件"关于 t 的方程有实根",则 A 发生意味着方程的判别式

$$\Delta = (4X)^2 - 4 \times 4(X+2) \geqslant 0$$

亦即

$$X \geqslant 2 \text{ 或 } X \leqslant -1$$

所以关于 t 的方程有实根的概率为

$$P(A) = P\{(X \geqslant 2) \cup (X \leqslant -1)\} = P\{X \geqslant 2\} + P\{X \leqslant -1\}$$
$$= \int_2^{+\infty} f(x) \mathrm{d}x + \int_{-\infty}^{-1} f(x) \mathrm{d}x$$
$$= \int_2^5 \frac{1}{5} \mathrm{d}x = \frac{3}{5}$$

2. 指数分布

如果连续型随机变量 X 的概率密度为

$$f(x) = \begin{cases} \lambda e^{-\lambda x}, & x > 0 \\ 0, & x \leq 0 \end{cases}$$

其中 $\lambda > 0$ 为常数,则称 X 服从参数为 λ 的指数分布,记作 $X \sim E(\lambda)$. X 的分布函数为

$$F(x) = \begin{cases} 1 - e^{-\lambda x}, & x \geq 0 \\ 0, & x < 0 \end{cases}$$

X 的概率密度和分布函数的图形分别如图 2-5(a)、图 2-5(b)所示.

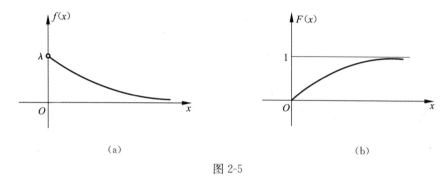

图 2-5

指数分布在实际问题中有着广泛的应用,例如电子元件的寿命,顾客要求某种服务(在售票处购票、到银行取款等)需要等待的时间等都可以认为服从指数分布.

指数分布与几何分布一样都具有无记忆性. 事实上,因为

$$\int_{k-1}^{k} \lambda e^{-\lambda x} dx = -e^{-\lambda x} \Big|_{k-1}^{k} = (1 - e^{-\lambda})(e^{-\lambda})^{k-1}, \quad k = 1, 2, 3, \cdots$$

即可把指数分布离散化为参数为 $1 - e^{-\lambda}$ 的几何分布.

容易知道,若 $X \sim E(\lambda)$,对于任意 $x > 0$,有 $P\{X > x\} = e^{-\lambda x}$.

例 3 某电子仪器装有 3 个同型号的电子元件,它们之间相互独立工作,已知其寿命(单位:小时)都服从参数为 $\dfrac{1}{600}$ 的指数分布.求在仪器使用的最初 200 h 内,至少有 1 只元件损坏的概率 α.

解 以 $X_i (i=1,2,3)$ 表示第 i 只元件的寿命,以 $A_i (i=1,2,3)$ 表示事件"在仪器使用的最初 200 h 内第 i 只元件损坏",则 $X_i (i=1,2,3)$ 的概率密度为

$$f(x) = \begin{cases} \dfrac{1}{600} e^{-\frac{x}{600}}, & x > 0 \\ 0, & x \leq 0 \end{cases}$$

所以

$$P(\bar{A}_i) = P\{X_i > 200\} = \int_{200}^{+\infty} f(x) dx = \int_{200}^{+\infty} \frac{1}{600} e^{-\frac{x}{600}} dx$$
$$= e^{-\frac{1}{3}} \quad (i = 1, 2, 3)$$

于是

$$\alpha = P(A_1 \cup A_2 \cup A_3) = 1 - P(\overline{A_1 \cup A_2 \cup A_3})$$

$$= 1 - P(\bar{A}_1\bar{A}_2\bar{A}_3) = 1 - P(\bar{A}_1)P(\bar{A}_2)P(\bar{A}_3)$$
$$= 1 - (\mathrm{e}^{-\frac{1}{3}})^3 = 1 - \mathrm{e}^{-1}$$
$$\approx 0.632$$

例4 某城市饮用水的日消耗量 X(单位:百万升)服从参数为 $\frac{1}{3}$ 的指数分布.

(1) 求饮用水的日消耗量不超过 900 万升的概率 α;

(2) 求该城市在夏季的 100 天中饮用水的日消耗量至少有 3 天突破 900 万升的概率 β.

解 随机变量 X 的概率密度为

$$f(x) = \begin{cases} \dfrac{1}{3}\mathrm{e}^{-\frac{x}{3}}, & x > 0 \\ 0, & x \leqslant 0 \end{cases}$$

(1) $\alpha = P\{X \leqslant 9\} = \int_{-\infty}^{9} f(x)\mathrm{d}x = \int_{0}^{9} \dfrac{1}{3}\mathrm{e}^{-\frac{x}{3}}\mathrm{d}x = 1 - \mathrm{e}^{-3}$
$$\approx 1 - 0.0498 = 0.9502$$

(2) 显然饮用水的日消耗量突破 900 万升的概率为 $p = \mathrm{e}^{-3} \approx 0.0498$. 设 Y 表示"夏季的 100 天中饮用水的日消耗量突破 900 万升的天数",则 $Y \sim B(100, 0.0498)$. 由于 $n = 100$ 较大而 $p = 0.0498$ 相对较小,由泊松定理,Y 近似服从 $\lambda = 100 \times 0.0498 \approx 5$ 的泊松分布. 查泊松分布表,有

$$\beta = P\{Y \geqslant 3\} = 1 - P\{Y = 0\} - P\{Y = 1\} - P\{Y = 2\}$$
$$\approx 1 - 0.0067 - 0.0337 - 0.0842$$
$$= 0.8754$$

3. 正态分布

正态分布是最常见的也是最重要的一种分布. 它常用于描述测量误差及射击命中点与靶心距离的偏差等现象. 另外,许多产品的物理量,如青砖的抗压强度、细纱的强力、螺丝的口径等随机变量,它们的分布都具有"中间大、两头小"的特点.

如果连续型随机变量 X 的概率密度为

$$f(x) = \dfrac{1}{\sqrt{2\pi}\sigma} \mathrm{e}^{-\frac{(x-\mu)^2}{2\sigma^2}}, \quad -\infty < x < +\infty$$

其中 $\mu, \sigma(\sigma > 0)$ 为常数,则称 X 服从参数为 μ, σ^2 的**正态分布**(或**高斯分布**),记作 $X \sim N(\mu, \sigma^2)$. X 的分布函数为

$$F(x) = \dfrac{1}{\sqrt{2\pi}\sigma} \int_{-\infty}^{x} \mathrm{e}^{-\frac{(t-\mu)^2}{2\sigma^2}} \mathrm{d}t, \quad -\infty < x < +\infty$$

X 的概率密度和分布函数的图形分别如图 2-6(a)、图 2-6(b)所示.

从图 2-6 可以看出,正态分布的概率密度曲线 $y = f(x)$ 关于直线 $x = \mu$ 对称,并在 $x = \mu$ 处取得最大值 $\dfrac{1}{\sqrt{2\pi}\sigma}$,在横坐标 $x = \mu \pm \sigma$ 处有拐点,以 x 轴为水平渐近线.

参数 μ 的值决定着 $f(x)$ 图形的位置. 当 σ 固定,μ 改变时,$f(x)$ 的图形沿着 x 轴平行移动. 参数 σ 决定着 $f(x)$ 图形的形状. 当 μ 固定,σ 改变时,由于 $y_{最大} = \dfrac{1}{\sqrt{2\pi}\sigma}$,因此当 σ 越小时

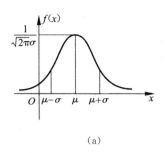
(a)

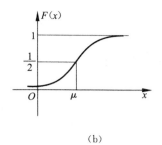
(b)

图 2-6

概率密度曲线在 $x=\mu$ 附近越陡峭，X 落在 $x=\mu$ 附近的概率越大；当 σ 越大时概率密度曲线在 $x=\mu$ 附近越平坦，X 落在 $x=\mu$ 附近的概率越小（见图 2-7）。这说明，σ 的大小反映了 X 取值的集中或分散程度。

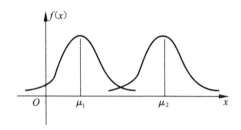
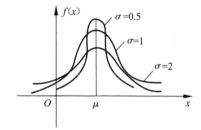

图 2-7

正态分布在概率论与数理统计中占有特殊重要的地位。一方面，实际问题中的很多随机变量都服从或近似服从正态分布，例如，学生的考试成绩，测量某零件长度的误差等。另一方面，正态分布在理论研究中也起着非常重要的作用，在第 5 章我们将做进一步的讨论。

4. 标准正态分布

设 $X \sim N(\mu, \sigma^2)$。如果 $\mu=0, \sigma=1$，则称 X 服从**标准正态分布**，记作 $X \sim N(0,1)$，它的概率密度函数与分布函数分别为

$$\varphi(x) = \frac{1}{\sqrt{2\pi}} e^{-\frac{x^2}{2}}, \quad -\infty < x < +\infty$$

$$\Phi(x) = \frac{1}{\sqrt{2\pi}} \int_{-\infty}^{x} e^{-\frac{t^2}{2}} dt, \quad -\infty < x < +\infty$$

它们的图形分别如图 2-8(a)、图 2-8(b) 所示。

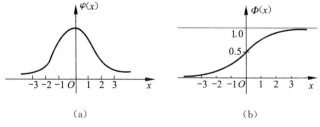

图 2-8

书后给出了 $x \geqslant 0$ 时标准正态分布的分布函数 $\Phi(x)$ 的函数值,以便查阅. 例如
$$\Phi(1.00) = 0.8413, \Phi(1.96) = 0.9750$$
当 $x < 0$ 时,由标准正态分布的概率密度 $\varphi(x)$ 图形的对称性易知
$$\Phi(-x) = 1 - \Phi(x)$$
据此可得
$$\Phi(-1.00) = 1 - \Phi(1) = 1 - 0.8413 = 0.1587$$
$$\Phi(-1.96) = 1 - \Phi(1.96) = 1 - 0.9750 = 0.0250$$

例 5 设 $X \sim N(0,1)$,计算下列概率.
(1) $P\{X \leqslant -1.24\}$;
(2) $P\{|X| \leqslant 2\}$;
(3) $P\{|X| > 1.96\}$.

解 (1) $P\{X \leqslant -1.24\} = \Phi(-1.24) = 1 - \Phi(1.24)$
$$= 1 - 0.8925 = 0.1075$$
(2) $P\{|X| \leqslant 2\} = P\{-2 \leqslant X \leqslant 2\} = \Phi(2) - \Phi(-2)$
$$= \Phi(2) - [1 - \Phi(2)] = 2\Phi(2) - 1$$
$$= 2 \times 0.9772 - 1 = 0.9544$$
(3) $P\{|X| > 1.96\} = 1 - P\{|X| \leqslant 1.96\} = 1 - [2\Phi(1.96) - 1]$
$$= 2 - 2\Phi(1.96) = 2 - 2 \times 0.9750 = 0.05$$

5. 一般正态分布与标准正态分布的关系

若 $X \sim N(\mu, \sigma^2)$,则
$$U = \frac{X - \mu}{\sigma} \sim N(0,1)$$

事实上,U 的分布函数为
$$F(u) = P\{U \leqslant u\} = P\{X \leqslant \mu + \sigma u\} = \int_{-\infty}^{\mu+\sigma u} \frac{1}{\sqrt{2\pi}\sigma} e^{-\frac{(x-\mu)^2}{2\sigma^2}} dx$$

令 $\frac{x-\mu}{\sigma} = t$,得
$$F(u) = \int_{-\infty}^{\mu+\sigma u} \frac{1}{\sqrt{2\pi}\sigma} e^{-\frac{(x-\mu)^2}{2\sigma^2}} dx = \int_{-\infty}^{u} \frac{1}{\sqrt{2\pi}} e^{-\frac{t^2}{2}} dt = \Phi(u)$$

可见 $U = \frac{X-\mu}{\sigma} \sim N(0,1)$.

于是,若 $X \sim N(\mu, \sigma^2)$,则它的分布函数 $F(x)$ 可以写成 $F(x) = P\{X \leqslant x\} = P\left\{\frac{X-\mu}{\sigma} \leqslant \frac{x-\mu}{\sigma}\right\} = P\left\{U \leqslant \frac{x-\mu}{\sigma}\right\} = \Phi\left(\frac{x-\mu}{\sigma}\right)$,从而对于任意实数 $a, b (a < b)$,X 落在区间 $(a, b]$ 的概率为
$$P\{a < X \leqslant b\} = F(b) - F(a) = \Phi\left(\frac{b-\mu}{\sigma}\right) - \Phi\left(\frac{a-\mu}{\sigma}\right)$$

对标准正态分布概率的计算,可以通过查附表解决.

例6 设随机变量 $X \sim N(1,4)$,计算下列概率.

(1) $P\{X>0\}$;

(2) $P\{|X-2|<1\}$.

解 (1) $P\{X>0\}=1-P\{X\leqslant 0\}=1-F(0)$
$$=1-\Phi\left(-\frac{1}{2}\right)=\Phi(0.5)=0.6915$$

(2) $P\{|X-2|<1\}=P\{1<X<3\}=F(3)-F(1)$
$$=\Phi(1)-\Phi(0)=0.8413-0.5000=0.3413$$

例7 (公共汽车的车门高度)据说公共汽车车门的高度是根据成年男子与车门碰头的机会在 0.01 以下的标准来设计的.根据资料统计,成年男子的身高 X 服从正态分布 $N(170,6^2)$,那么车门的高度应该是多少厘米?

解 设车门高度应为 a,那么 $P\{X\geqslant a\}\leqslant 0.01$,则
$$P\{X\geqslant a\}=1-P\{X<a\}=1-\Phi\left(\frac{a-170}{6}\right)\leqslant 0.01$$

从而
$$\Phi\left(\frac{a-170}{6}\right)\geqslant 0.99$$

查标准正态分布表,知
$$\frac{a-170}{6}\geqslant 2.33$$

故 $a\geqslant 183.98$

由此可知,车门的高度至少应为 183.98 cm.

3σ 准则:随机变量 $X \sim N(\mu,\sigma^2)$,则 X 落在区间 $(\mu-3\sigma,\mu+3\sigma)$ 内的概率为 0.9974,落在区间外的概率只有 0.0026. 也就是说,X 几乎不可能在区间之外取值.

6. 标准正态分布的上 α 分位点

设 $X \sim N(0,1)$,对于任意给定的 $\alpha(0<\alpha<1)$,如果 u_α 满足条件
$$P\{X>u_\alpha\}=\alpha$$
则称 u_α 为标准正态分布的上 α 分位点(或**分位数**)(见图 2-9).

因为 $P\{X\leqslant u_\alpha\}=1-P\{X>u_\alpha\}=1-\alpha$,所以
$$\Phi(u_\alpha)=1-\alpha$$

利用附表 2 可以查得 u_α 的值,例如,$\alpha=0.025$,$1-\alpha=0.975$,由于 $\Phi(1.96)=0.975$,因此 $u_{0.025}=1.96$. 类似地,$u_{0.05}=1.645$.

另外,由标准正态分布的概率密度 $\varphi(x)$ 图形的对称性,有
$$u_{1-\alpha}=-u_\alpha$$

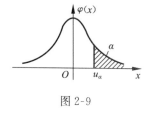

图 2-9

例8 已知随机变量 $X \sim N(0,1)$,求概率 $P\{|X|<u_{0.025}\}$.

解 $P\{|X|<u_{0.025}\}=P\{-u_{0.025}<X<u_{0.025}\}$
$$=2\Phi(u_{0.025})-1=2\Phi(1.96)-1$$
$$=2\times 0.975-1=0.95$$

习题 2.3

1. 设随机变量 X 的分布函数为
$$F(x)=\begin{cases} 0, & x\leqslant 0 \\ x^2, & 0<x\leqslant 1 \\ 1, & 1<x \end{cases}$$
求:(1)概率 $P\{0.3<X<0.7\}$;(2)X 的密度函数.

2. 某公共汽车站从上午 7 时起,每 15 min 来一班车,即 7:00,7:15,7:30,7:45 等时刻有汽车到达车站,如果乘客到达此站的时间 X 是 7:00 到 7:30 之间的均匀随机变量,试求他候车时间少于 5 min 的概率.

3. 已知某台机器生产的螺栓长度 X(单位:厘米)服从参数 $\mu=10.05, \sigma=0.06$ 的正态分布. 规定螺栓长度在 10.05 ± 0.12 内为合格品,试求螺栓为合格品的概率.

4. 某地区 18 岁的女青年的血压(收缩区,以 mm-Hg 计)服从 $N(110,12^2)$,在该地区任选一 18 岁女青年,测量她的血压 X. 求:
(1) $P\{X\leqslant 105\}, P\{100<X\leqslant 120\}$;
(2)确定最小的 x 使 $P\{X>x\}\leqslant 0.05$.

5. 某种型号的电子的寿命 X(以 h 计)具有以下的概率密度:
$$f(x)=\begin{cases} \dfrac{1\,000}{x^2}, & x>1\,000 \\ 0, & 其他 \end{cases}$$
现有一大批此种管子(设各电子管损坏与否相互独立).任取 5 只,问:其中至少有 2 只寿命大于 1 500 h 的概率是多少?

6. 设顾客在某银行的窗口等待服务的时间 X(以分计)服从指数分布,其概率密度为
$$F_X(x)=\begin{cases} \dfrac{1}{5}e^{-\frac{x}{5}}, & x>0 \\ 0, & 其他 \end{cases}$$
某顾客在窗口等待服务,若超过 10 min 他就离开.他一个月要到银行 5 次.以 Y 表示一个月内他未等到服务而离开窗口的次数,写出 Y 的分布律.并求 $P\{Y\geqslant 1\}$.

§2.4 随机变量函数的概率分布

【课前导读】设 X 为随机变量,$g(x)$ 为一元函数,且 X 的所有可能取值都落在 $g(x)$ 的定义域内,则 $Y=g(X)$ 也是一个随机变量,称为随机变量 X 的函数. 在这一节我们将讨论如何由随机变量 X 的概率分布求得 $Y=g(X)$ 的概率分布.

2.4.1 离散型随机变量函数的分布律

例 1 设随机变量 X 的分布律为

X	-1	0	1	2
P	0.2	0.3	0.1	0.4

求 $Y=(X-1)^2$ 的分布律.

解 随机变量 Y 的所有可能取值为 $0,1,4$,且 Y 取每个值的概率分别为

$$P\{Y=0\} = P\{(X-1)^2=0\} = P\{X=1\} = 0.1$$

$$P\{Y=1\} = P\{(X-1)^2=1\} = P\{X=0\} + P\{X=2\} = 0.7$$

$$P\{Y=4\} = P\{(X-1)^2=4\} = P\{X=-1\} = 0.2$$

所以随机变量 Y 的分布律为

Y	0	1	4
P	0.1	0.7	0.2

一般地,设离散型随机变量 X 的分布律为

$$P\{X=x_k\} = p_k, \quad k=1,2,\cdots$$

记 $y_k=g(x_k)(k=1,2,\cdots)$. 如果函数值 y_k 互不相等,$Y=g(X)$ 的分布律为

$$P\{Y=y_k\} = p_k, \quad k=1,2,\cdots$$

如果函数值 $y_k(k=1,2,\cdots)$ 中有相等的情形,把 Y 取这些相等的数值的概率相加,作为 Y 取该值的概率,便可得到 $Y=g(X)$ 的分布律.

2.4.2 连续型随机变量的函数的概率密度

例 2 设随机变量 X 的概率密度为

$$f_X(x) = \begin{cases} 2x, & 0<x<1 \\ 0, & 其他 \end{cases}$$

求随机变量 $Y=3X+1$ 的概率密度.

解 先求随机变量 Y 的分布函数 $F_Y(y)$

$$F_Y(y) = P\{Y \leqslant y\} = P\{3X+1 \leqslant y\}$$

$$P\left\{X \leqslant \frac{y-1}{3}\right\} = \int_{-\infty}^{\frac{y-1}{3}} f_X(x)\mathrm{d}x$$

当 $y<1$ 时,$\frac{y-1}{3}<0$,$F_Y(y) = \int_{-\infty}^{\frac{y-1}{3}} 0\mathrm{d}x = 0$;

当 $1 \leqslant y < 4$ 时,$0 \leqslant \frac{y-1}{3} < 1$,$F_Y(y) = \int_{-\infty}^{0} 0\mathrm{d}x + \int_{0}^{\frac{y-1}{3}} 2x\mathrm{d}x = \frac{(y-1)^2}{9}$;

当 $y \geqslant 4$ 时,$\frac{y-1}{3} \geqslant 1$,$F_Y(y) = \int_{-\infty}^{0} 0\mathrm{d}x + \int_{0}^{1} 2x\mathrm{d}x + \int_{1}^{\frac{y-1}{3}} 0\mathrm{d}x = 1.$

综上所述

$$F_Y(y) = \begin{cases} 0, & y<1 \\ \dfrac{(y-1)^2}{9}, & 1 \leqslant y < 4 \\ 1, & y \geqslant 4 \end{cases}$$

再由概率密度与分布函数的关系知,Y 的概率密度为

$$f_Y(y) = F_Y'(y) = \begin{cases} \dfrac{2(y-1)}{9}, & 1 < y < 4 \\ 0, & \text{其他} \end{cases}$$

例 3 设随机变量 $X \sim N(0,1)$,求 $Y = X^2$ 的概率密度.

解 设随机变量 Y 的分布函数和概率密度分别为 $F_Y(y), f_Y(y)$,则

$$F_Y(y) = P\{Y \leqslant y\} = P\{X^2 \leqslant y\}$$

当 $y < 0$ 时,$F_Y(y) = P\{X^2 \leqslant y\} = 0$;

当 $y \geqslant 0$ 时,$F_Y(y) = P\{X^2 \leqslant y\}$

$$= P\{-\sqrt{y} \geqslant X \leqslant \sqrt{y}\} = \int_{-\sqrt{y}}^{+\sqrt{y}} \varphi(x) \mathrm{d}x.$$

于是随机变量 Y 的概率密度为

$$f_Y(y) = F_Y'(y) = \begin{cases} \dfrac{1}{2\sqrt{y}}[\varphi(\sqrt{y}) + \varphi(-\sqrt{y})], & y > 0 \\ 0, & y \leqslant 0 \end{cases}$$

$$= \begin{cases} \dfrac{1}{\sqrt{2\pi}} y^{-\frac{1}{2}} \mathrm{e}^{-\frac{y}{2}}, & y > 0 \\ 0, & y \leqslant 0 \end{cases}$$

从上面两个例子中我们看到,求随机变量 $Y = g(X)$ 的概率密度,总是先求 $Y = g(X)$ 的分布函数,然后通过求导得到 $Y = g(X)$ 的概率密度,这种方法称为**分布函数法**. 在计算过程中,关键的一步是从"$Y = g(X) \leqslant y$"中解出 X 应满足的不等式. 下面我们就 $g(x)$ 是严格单调函数的情形给出一般的结果.

定理 1 设随机变量 X 的取值范围为 (a,b)(可以是无穷区间),其概率密度为 $f_X(x)$,函数 $y = g(x)$ 是处处可导的严格单调函数,它的反函数为 $x = h(y)$,则随机变量 $Y = g(X)$ 的概率密度为

$$f_Y(y) = \begin{cases} f_X[h(y)] \, | h'(y) |, & \alpha < y < \beta \\ 0, & \text{其他} \end{cases}$$

其中 $\alpha = \min\{g(a), g(b)\}, \beta = \max\{g(a), g(b)\}$.

证明 当 $g(x)$ 处处可导且严格单调增加时,它的反函数 $h(y)$ 在区间 (α, β) 内也处处可导且严格单调增加,即 $h'(y) > 0$. 所以当 $y < \alpha$ 时,有

$$F_Y(y) = P\{Y \leqslant y\} = 0$$

当 $y \geqslant \beta$ 时,有

$$F_Y(y) = P\{Y \leqslant y\} = 1$$

当 $\alpha \leqslant y < \beta$ 时,有

$$F_Y(y) = P\{Y \leqslant y\} = P\{g(X) \leqslant y\} = P\{X \leqslant h(y)\} = \int_{-\infty}^{h(y)} f_X(x) \mathrm{d}x$$

于是 $Y = g(X)$ 的概率密度为

$$f_Y(y) = F_Y'(y) = \begin{cases} f_X[h(y)] h'(y), & \alpha < y < \beta \\ 0, & \text{其他} \end{cases} \tag{1}$$

当 $g(x)$ 处处可导且严格单调减少时,它的反函数 $h(y)$ 在区间 (α,β) 内也处处可导且严格单调减少,即 $h'(y)<0$. 于是当 $\alpha<y<\beta$ 时,有

$$F_Y(y)=P\{Y\leqslant y\}=P\{g(X)\leqslant y\}=P\{X\geqslant h(y)\}$$
$$=1-P\{X\leqslant h(y)\}=1-\int_{-\infty}^{h(y)}f_X(x)\mathrm{d}x$$

从而 $Y=g(X)$ 的概率密度为

$$f_Y(y)=F_Y'(y)=\begin{cases}-f_X[h(y)]h'(y),&\alpha<y<\beta\\0,&\text{其他}\end{cases}\tag{2}$$

合并式(1)与式(2),$Y=g(X)$ 的概率密度由定理 1 给出.

作为定理 1 的应用,下面我们证明正态分布的随机变量的线性函数仍然服从正态分布.

例 4 设随机变量 $X\sim N(\mu,\sigma^2)$,证明:对任意实数 $a,b(a\neq 0)$,随机变量 $Y=aX+b\sim N(a\mu+b,(a\sigma)^2)$.

证明 由题意,随机变量 X 于 $(-\infty,+\infty)$ 内取值,$\alpha=-\infty,\beta=+\infty$. 函数 $y=ax+b$ 是处处可导的严格单调函数,其反函数 $x=h(y)=\dfrac{y-b}{a}$ 的导数为 $h'(y)=\dfrac{1}{a}$. $Y=aX+b$ 的概率密度为

$$f_Y(y)=\frac{1}{|a|}f_X\left(\frac{y-b}{a}\right)=\frac{1}{|a|}\frac{1}{\sqrt{2\pi}\sigma}\mathrm{e}^{-\frac{(\frac{y-b}{a}-\mu)^2}{2\sigma^2}}$$
$$=\frac{1}{\sqrt{2\pi}|a|\sigma}\mathrm{e}^{-\frac{[y-(a\mu+b)]^2}{2(a\sigma)^2}},\quad -\infty<y<+\infty$$

亦即随机变量 $Y=aX+b\sim N[a\mu+b,(a\sigma)^2]$.

习题 2.4

1. 设随机变量 X 的分布律为

X	-2	-1	0	1	3
p_i	1/5	1/6	1/5	1/15	11/30

求 $Y=X^2$ 的分布律.

2. 设随机变量 X 的概率密度为 $f_X(x)=\begin{cases}0,&x<0\\2x^3\mathrm{e}^{-x^2},&x\geqslant 0\end{cases}$,求 $Y=2X+3$ 的密度函数.

3. 设随机变量 X 的概率密度为 $f_X(x)=\begin{cases}\mathrm{e}^{-x},&x>0\\0,&\text{其他}\end{cases}$,求 $Y=\mathrm{e}^X$ 的概率密度.

4. 设随机变量 X 的概率密度为 $f_X(x)=\begin{cases}1-|x|,&-1<x<1\\0,&\text{其他}\end{cases}$,求随机变量 $Y=$

X^2+1 的分布函数与密度函数.

§2.5 数学期望

【课前导读】 在概率论和统计学中,数学期望(Mean)(或均值,亦简称期望)是试验中每次可能结果的概率乘以其结果的总和,是最基本的数学特征之一. 它反映随机变量平均取值的大小.

早些时候,法国有两个大数学家,一个叫作巴斯卡尔;一个叫作费马.

巴斯卡尔认识两个赌徒,这两个赌徒向他提出了一个问题. 他们说,他俩下赌金之后,约定谁先赢满 5 局,谁就获得全部赌金. 赌了半天,A 赢了 4 局,B 赢了 3 局,时间很晚了,他们都不想再赌下去了. 那么,这个钱应该怎么分?

是不是把钱分成 7 份,赢了 4 局的就拿 4 份,赢了 3 局的就拿 3 份呢? 或者,因为最早说的是满 5 局,而谁也没达到,所以就一人分一半呢? 这两种分法都不对. 正确的答案是:赢了 4 局的拿这个钱的 3/4,赢了 3 局的拿这个钱的 1/4. 为什么呢? 假定他们俩再赌一局,或者 A 赢,或者 B 赢. 若是 A 赢满了 5 局,钱应该全归他;A 如果输了,即 A、B 各赢 4 局,这个钱应该对半分. 现在,A 赢、输的可能性都是 1/2,所以,他拿的钱应该是 $1/2 \times 1 + 1/2 \times 1/2 = 3/4$,当然,B 就应该得 1/4. 通过这次讨论,开始形成了概率论当中一个重要的概念——数学期望.

上述问题中,数学期望是一个平均值,就是对将来不确定的钱进行计算,这就要用 A 赢输的概率 1/2 去乘上他可能得到的钱,再把它们加起来.

经以上分析,我们可以给出离散型随机变量数学期望的一般定义.

2.5.1 离散型随机变量的数学期望

定义 1 设 X 为离散型随机变量,其分布律为 $P\{X=x_k\}=p_k(k=1,2,\cdots)$,若级数 $\sum_{k=1}^{\infty} x_k p_k$ 绝对收敛,则称此级数和为随机变量 X 的**数学期望**,简称**期望**或**均值**,记为 $E(X)$,即

$$E(X) = \sum_{k=1}^{\infty} x_k p_k$$

例 1 某人从 n 把钥匙中任取一把去试房门,打不开则除去,另取一把再试直至房门打开. 已知钥匙中只有一把能够把房门打开,求试开次数的数学期望.

解 设试开次数为 X,则分布律为

$$P\{X=k\} = \frac{1}{n}, \quad k=1,2,\cdots,n$$

从而

$$E(X) = \sum_{k=1}^{n} k \cdot \frac{1}{n} = \frac{1}{n} \cdot \frac{n(n+1)}{2} = \frac{n+1}{2}$$

可以证明:若随机变量 $X \sim B(n,p)$,则 $E(X) = np$.

若随机变量 $X \sim P(\lambda)$,则 $E(X) = \lambda$.

例 2 街上偶见有人摆个地摊,他拿了 8 个白、8 个黑的围棋子,放在一个签袋里. 规定

说:凡愿摸彩者,每人交一元钱作"手续费",然后一次从袋中摸出5个棋子,赌主按地面上铺着的一张"摸子中彩表"给"彩金".

摸到	彩金
5个白	20元
4个白	2元
3个白	纪念品(约价5角)
其他	共乐一次

解 设 X 表示获得的奖金数,则 X 的分布律为
$$E(X) = 20 \times 0.012\,8 + 2 \times 0.128\,2 + 0.5 \times 0.358\,9 = 0.691\,9$$
也就是出一元钱的"手续费"而获得的奖金数平均为 0.691 9 元.

现在按摸 100 次统计,赌主"手续费"收入共 100 元,他可能需要付出的连纪念品在内的"彩金"是 $0.691\,9 \times 100 = 69.19$ 元,赌主可望净赚 30 元. 我想看了以上的分析,读者们一定不会再怀着好奇和侥幸的心理,用自己的钱,去填塞"摸彩"赌主那永远填不满的腰包吧!

问题思考:(求职面试的决策)设想你在求职过程中得到了三个公司发给你的面试通知. 为简单记,假设三个公司都有三个不同的空缺职位:一般的,好的,极好的. 其工资分别为年薪 3 万元,6 万元,8 万元. 估计得到这些职位的概率分别是 0.4,0.3,0.2,且有 0.1 的概率将得不到任何职务. 由于每家公司都要求你在面试结束时表明接收或者拒绝所提供的职位,那么你应该遵循什么策略来应答呢?

我们可以类似地给出连续型随机变量数学期望的定义,只要把分布律中的概率 p_k 改为概率密度 $f(x)$,将求和改为求积分即可. 因此,我们有下面的定义.

2.5.2 连续型随机变量的数学期望

定义 2 设 X 为连续型随机变量,其概率密度为 $f(x)$,若广义积分 $\int_{-\infty}^{+\infty} xf(x)\mathrm{d}x$ 绝对收敛,则称广义积分 $\int_{-\infty}^{+\infty} xf(x)\mathrm{d}x$ 的值为连续型随机变量 X 的**数学期望**或**均值**,记为 $E(X)$,即

$$E(X) = \int_{-\infty}^{+\infty} xf(x)\mathrm{d}x$$

例 3 设随机变量 X 的概率密度为
$$f(x) = \begin{cases} 2x, & 0 < x < 1 \\ 0, & \text{其他} \end{cases}$$
求 $E(X)$.

解 依题意,得
$$E(X) = \int_{-\infty}^{+\infty} xf(x)\mathrm{d}x = \int_0^1 x \cdot 2x\mathrm{d}x = \frac{2}{3}$$

例 4 设随机变量 X 服从区间 (a,b) 内的均匀分布,求 $E(X)$.

解 依题意,X 的概率密度为
$$f(x) = \begin{cases} \dfrac{1}{b-a}, & a < x < b \\ 0, & \text{其他} \end{cases}$$

因此
$$E(X) = \int_{-\infty}^{+\infty} xf(x)dx = \int_a^b x \cdot \frac{1}{b-a}dx = \frac{a+b}{2}$$

可以证明:当随机变量 X 服从 λ 为参数的指数分布时,$E(X) = \frac{1}{\lambda}$.

当随机变量 X 服从正态分布 $N(\mu,\sigma^2)$ 时,$E(X) = \mu$.

2.5.3 随机变量函数的数学期望

定理 1 设随机变量 Y 是随机变量 X 的函数,$Y = g(X)$(其中 g 为一元连续函数).

(1) X 是离散型随机变量,概率分布律为
$$P\{X = x_k\} = p_k, \quad k = 1,2,\cdots$$

则当无穷级数 $\sum_{k=1}^{\infty} g(x_k) p_k$ 绝对收敛时,随机变量 Y 的数学期望为

$$E(Y) = E[g(X)] = \sum_{k=1}^{\infty} g(x_k) p_k$$

(2) X 是连续型随机变量,其概率密度为 $f(x)$,则当广义积分 $\int_{-\infty}^{+\infty} g(x)f(x)dx$ 绝对收敛时,随机变量 Y 的数学期望为

$$E(Y) = E[g(X)] = \int_{-\infty}^{+\infty} g(x)f(x)dx$$

这一定理的重要意义在于,求随机变量 $Y = g(X)$ 的数学期望时,只需利用 X 的分布律或概率密度就可以了,无须求 Y 的分布,这给我们计算随机变量函数的数学期望提供了极大的方便.

例 5 设离散型随机变量 X 的分布律为

X	-1	0	1	2
P	0.1	0.3	0.4	0.2

求随机变量 $Y = 3X^2 - 2$ 的数学期望.

解 依题意,可得,
$$E(Y) = [3 \times (-1)^2 - 2] \times 0.1 + (3 \times 0^2 - 2) \times 0.3 +$$
$$(3 \times 1^2 - 2) \times 0.4 + (3 \times 2^2 - 2) \times 0.2$$
$$= 1.9$$

例 6 随机变量 $X \sim N(0,1)$,求 $Y = X^2$ 的数学期望.

解 依题意,可得
$$E(Y) = E(X^2) = \int_{-\infty}^{+\infty} x^2 f(x)dx$$
$$= \int_{-\infty}^{+\infty} x^2 \frac{1}{\sqrt{2\pi}} e^{-\frac{x^2}{2}} dx$$
$$= -\frac{1}{\sqrt{2\pi}} \int_{-\infty}^{+\infty} x d\left(e^{-\frac{x^2}{2}}\right)$$

$$= -\frac{1}{\sqrt{2\pi}} \left(x e^{-\frac{x^2}{2}} \Big|_{-\infty}^{+\infty} - \int_{-\infty}^{+\infty} e^{-\frac{x^2}{2}} dx \right)$$

$$= \frac{1}{\sqrt{2\pi}} \int_{-\infty}^{+\infty} e^{-\frac{x^2}{2}} dx = 1$$

2.5.4 数学期望的性质

设 C 为常数,随机变量 X,Y 的数学期望都存在. 关于数学期望有如下性质成立:

性质 1 $E(C)=C$.

性质 2 $E(CX)=CE(X)$.

性质 3 $E(X+Y)=E(X)+E(Y)$.

性质 4 如果随机变量 X 和 Y 相互独立,则 $E(XY)=E(X)E(Y)$.

这里只就连续型随机变量的情形对性质 3 和性质 4 给出证明,对于离散型随机变量情况,请读者自行完成.

证明 设二维连续型随机变量 (X,Y) 的概率密度为 $f(x,y)$, (X,Y) 关于 X 和关于 Y 的边缘概率密度为 $f_X(x)$ 和 $f_Y(y)$,则有

$$E(X+Y) = \int_{-\infty}^{+\infty}\int_{-\infty}^{+\infty}(x+y)f(x,y)dxdy$$

$$= \int_{-\infty}^{+\infty}\int_{-\infty}^{+\infty} xf(x,y)dxdy + \int_{-\infty}^{+\infty}\int_{-\infty}^{+\infty} yf(x,y)dxdy$$

$$= \int_{-\infty}^{+\infty} x\left[\int_{-\infty}^{+\infty} f(x,y)dy\right]dx + \int_{-\infty}^{+\infty} y\left[\int_{-\infty}^{+\infty} f(x,y)dx\right]dy$$

$$= \int_{-\infty}^{+\infty} xf_X(x)dx + \int_{-\infty}^{+\infty} yf_Y(y)dy$$

$$= E(X)+E(Y)$$

如果 X 和 Y 相互独立,则 $f(x,y)=f_X(x)f_Y(y)$,有

$$E(XY) = \int_{-\infty}^{+\infty}\int_{-\infty}^{+\infty} xyf(x,y)dxdy$$

$$= \int_{-\infty}^{+\infty}\int_{-\infty}^{+\infty} xyf_X(x)f_Y(y)dxdy$$

$$= \int_{-\infty}^{+\infty} xf_X(x)dx \cdot \int_{-\infty}^{+\infty} yf_Y(y)dy$$

$$= E(X)E(Y)$$

例 7 设随机变量 X 和 Y 相互独立,且各自的概率密度为

$$f_X(x) = \begin{cases} 3e^{-3x}, & x>0 \\ 0, & \text{其他} \end{cases}, \quad f_Y(y) = \begin{cases} 4e^{-4y}, & y>0 \\ 0, & \text{其他} \end{cases}$$

求 $E(XY)$.

解 由性质 3 得

$$E(XY) = E(X)E(Y)$$

$$= \int_{-\infty}^{+\infty} xf_X(x)dx \cdot \int_{-\infty}^{+\infty} yf_Y(y)dy$$

$$= \int_0^{+\infty} 3xe^{-3x}dx \cdot \int_0^{+\infty} 4ye^{-4y}dy$$

$$= \frac{1}{3} \times \frac{1}{4} = \frac{1}{12}$$

问题思考：(最少进货量)设某商品每周的需求量 $X \sim U(10,30)$，而经销商进货量为区间 $(10,30)$ 中某一个整数，商店每销售一件商品可获利 500 元. 若供大于求，则削价处理，每处理一件商品亏损 100 元；若供不应求，则可从外部调剂供应，此时每件商品仅获利 300 元. 为使商店所获利润期望值不少于 9 280 元，试确定最少进货量.

习题 2.5

1. 设随机变量 X 的分布律为

X	-2	0	2
p_i	0.4	0.3	0.3

求 $E(X), E(X^2), E(3X^2+5)$.

2. 设连续性随机变量 X 的概率密度为 $f(x) = \begin{cases} kx^a, & 0 < x < 1 \\ 0, & \text{其他} \end{cases}$，其中 $k, a > 0$，又已知 $E(X) = 0.75$，求 k, a 的值.

3. 设随机变量 X 的概率密度为 $f(x) = \begin{cases} 1 - |1-x|, & 0 < x < 2 \\ 0, & \text{其他} \end{cases}$，求 $E(X)$.

4. 一工厂生产的某种设备的寿命 X（以年计）服从指数分布，概率密度为 $f(x) = \begin{cases} \frac{1}{4} e^{-\frac{x}{4}}, & x > 0 \\ 0, & x \leqslant 0 \end{cases}$，工厂规定，出售的设备若在售出一年之内损坏可予以调换. 若工厂售出一台设备盈利 100 元，调换一台设备厂方需花 300 元. 试求厂方出售一台设备净盈利的数学期望.

5. 设随机变量 X 的概率密度为 $f(x) = \begin{cases} e^{-x}, & x > 0 \\ 0, & x \leqslant 0 \end{cases}$，求：

(1) $Y = 2X$ 的数学期望；(2) $Y = e^{-2X}$ 的数学期望.

§2.6 方 差

【课前导读】 随机变量的数学期望是对随机变量取值水平的综合评价，而随机变量取值的稳定性是判断随机现象性质的另一个十分重要的指标. 本节将引进另一个数字特征——方差，用它来度量随机变量取值在其均值附近的平均偏离程度.

2.6.1 方差及其计算公式

数学期望体现了随机变量所有可能取值的平均值，是随机变量最重要的数字特征之一. 但在许多问题中只知道这一点是不够的，还需要知道与其数学期望之间的偏离程度. 在概率论

$$D\Big(\sum_{i=1}^n X_i\Big) = \sum_{i=1}^n D(X_i) = n\sigma^2$$

于是 $E(\overline{X}) = \mu, D(\overline{X}) = \dfrac{1}{n^2} D\Big(\sum_{i=1}^n X_i\Big) = \dfrac{\sigma^2}{n}$.

若用 $X_1, X_2, \cdots, X_n$ 表示对物体重量的 n 次重复测量的误差,而 σ^2 为误差大小的度量,公式 $D(\overline{X}) = \dfrac{\sigma^2}{n}$ 表明 n 次重复测量的平均误差是单次测量误差的 $\dfrac{1}{n}$,也就是说,重复测量的平均精度要比单次测量的精度高.

问题思考:(生产规模的确定)一生产企业生产某产品的日产量可以是 600,700,800 和 900 件,根据历史资料知这种产品的日需求量为 600,700,800,900 件的概率分别为 0.1,0.4,0.3,0.2,各种规模生产时的获利 $X_i(i=1,2,3,4)$ 如下表(利润单位:百元).根据期望利润最大的原则确定应采用哪种规模生产.

产量＼日需求量	600	700	800	900
600	X_1	9	9	9
700	8.4	9.6	9.6	9.6
800	7.8	9	10.2	10.2
900	7.2	8.4	9.6	11.2

附:几种常用的概率分布表

分布	参数	分布律或概率密度	数学期望	方差
两点分布	$0 < p < 1$	$P\{X=k\} = p^k(1-p)^{1-k}, k=0,1$	p	$p(1-p)$
二项分布	$n \geq 1$ $0 < p < 1$	$P\{X=k\} = C_n^k p^k (1-p)^{n-k}, k=0,1,\cdots,n$	np	$np(1-p)$
泊松分布	$\lambda > 0$	$P\{X=k\} = \dfrac{\lambda^k e^{-\lambda}}{k!}, k=0,1,2,\cdots$	λ	λ
几何分布	$0 < p < 1$	$P\{X=k\} = (1-p)^{k-1} p, k=1,2,\cdots$	$\dfrac{1}{p}$	$\dfrac{1-p}{p^2}$
均匀分布	$a < b$	$f(x) = \begin{cases} \dfrac{1}{b-a}, & a < x < b \\ 0, & \text{其他} \end{cases}$	$\dfrac{a+b}{2}$	$\dfrac{(b-a)^2}{12}$
指数分布	$\theta > 0$	$f(x) = \begin{cases} \lambda e^{-\lambda x}, & x > 0 \\ 0, & x \leq 0 \end{cases}$	θ	θ^2
正态分布	$\mu(\sigma > 0)$	$f(x) = \dfrac{1}{\sqrt{2\pi}\sigma} e^{-\frac{(x-\mu)^2}{2\sigma^2}}$	μ	σ^2

习题 2.6

1. 设随机变量 X 服从 0—1 分布,其分布律为
$$P\{X=0\} = 1-p, P\{X=1\} = p$$
求 $E(X), D(X)$.

2. 设随机变量 X 的概率分布为

X	-1	0	2	3
P	$\frac{1}{8}$	$\frac{1}{4}$	$\frac{3}{8}$	$\frac{1}{4}$

求 $D(X)$.

3. 设随机变量 X 的密度函数为 $f(x)=\begin{cases}2x, & 0<x<1\\ 0, & \text{其他}\end{cases}$. 求 X 的方差 $D(X)$.

4. 设随机变量 X 的密度函数为 $f(x)=\begin{cases}x, & 0\leqslant x<1\\ 2-x, & 1\leqslant x<2, \\ 0, & \text{其他}\end{cases}$ 求 $E(X^2)$ 及 X 的方差 $D(X)$.

5. 一批零件中有 9 个合格品与 3 个次品,在安装机器时,从这批零件中任取一个,如果取出的是次品就不放回去,求在取得合格品以前,已经取出的次品数的数学期望和方差.

总复习题二

1. 同时抛掷 2 枚硬币,以 X 表示出现正面的枚数,求 X 的分布律.

2. 一口袋中有 6 个球,依次标有数字 3,6,6,9,9,9,从口袋中任取一球,设随机变量 X 为取到的球上标有的数字,求 X 的分布律以及分布函数.

3. 一袋子中有 5 个白色乒乓球,编号分别 1,2,3,4,5,从中随机地取 3 个,以 X 表示取出的 3 个球中最大号码,写出 X 的分布律以及分布函数.

4. 已知随机变量 X 的分布函数为

$$F(x)=\begin{cases}0, & x<0\\ \dfrac{x^2}{4}, & 0\leqslant x<2\\ 1, & 2\leqslant x\end{cases}$$

求概率 $P\{1<X\leqslant 2\}$.

5. 设离散型随机变量 X 的分布律为

(1) $P\{X=i\}=a(1/4)^i, i=1,2,3$;

(2) $P\{X=i\}=a(1/4)^i, i=1,2,\cdots$.

分别求出上述各式中的 a.

6. 已知连续型随机变量 X 的分布函数为

$$F(x)=\begin{cases}0, & x<0\\ ax+b, & 0\leqslant x<\pi\\ 1, & x\geqslant \pi\end{cases}$$

求常数 a 和 b.

7. 已知连续型随机变量 X 的概率密度为

$$f(x) = \frac{k}{1+x^2}, \quad -\infty < x < +\infty$$

求常数 k 和概率 $P\{-1<X<1\}$.

8. 已知连续型随机变量 X 的概率密度为

$$f(x) = \begin{cases} x, & 0 \leqslant x < 1 \\ 2-x, & 1 \leqslant x < 2 \\ 0, & 其他 \end{cases}$$

求 X 的分布函数.

9. 连续不断地掷一枚均匀的硬币,问:至少掷多少次才能使正面至少出现一次的概率不少于 0.99？

10. 设每分钟通过某交叉路口的汽车流量 X 服从泊松分布,且已知在一分钟内无车辆通过与恰有一辆车通过的概率相同,求在一分钟内至少有两辆车通过的概率.

11. 设每次射击不命中目标的概率为 0.001,共射击 1 000 次,若 X 表示命中目标的次数,

(1) 求随机变量 X 的分布律；

(2) 计算至少有两次命中目标的概率.

12. 设随机变量 X 的密度函数为 $f(x) = A e^{-|x|}, -\infty < x < +\infty$.

(1) 求常数 A；

(2) 求 X 的分布函数；

(3) 求 $P\{0<X<1\}$.

13. 证明:函数 $f(x) = \begin{cases} \dfrac{x}{c} e^{-\frac{x^2}{2c}}, & x \geqslant 0 \\ 0, & x < 0 \end{cases}$ (c 为正常数)是某个随机变量 X 的密度函数.

14. 设随机变量 X 的概率密度为 $f(x) = \begin{cases} \dfrac{20\,000}{(x+100)^3}, & x > 0 \\ 0, & 其他 \end{cases}$,求:

(1) X 的分布函数；

(2) $P\{X \geqslant 200\}$.

15. 某种显像管的寿命 X(单位:h)的概率密度为 $f(x) = \begin{cases} k e^{-3x}, & x > 0 \\ 0, & x \leqslant 0 \end{cases}$.求:

(1) 常数 k 的值；

(2) 寿命小于 1 000 h 的概率.

16. 设 $X \sim N(0,1)$,求:

(1) $P\{X \leqslant 1.96\}$；

(2) $P\{X \leqslant -1.96\}$；

(3) $P\{X > 1.96\}$；

(4) $P\{-1 < X \leqslant 2\}$；

(5) $P\{|X| \leqslant 1.96\}$.

17. 设 $X \sim N(1.5, 4)$. 求:
(1) $P\{X \leqslant 3.5\}$;
(2) $P\{X \leqslant -4\}$;
(3) $P\{X > 2\}$;
(4) $P\{|X| < 3\}$.

18. 设随机变量 X 服从参数为 $\lambda = 1$ 的泊松分布,随机变量 $Y = \begin{cases} 0, & X \leqslant 1 \\ 1, & X > 1 \end{cases}$,求随机变量 Y 的分布律.

19. 设随机变量 X 的概率密度为
$$f(x) = \begin{cases} 2x, & 0 < x < 1 \\ 0, & \text{其他} \end{cases}$$
对 X 独立重复观察三次,求至少有两次观察值不大于 0.5 的概率.

20. 已知电源电压 X 服从正态分布 $N(220, 25^2)$,在电源电压处于 $X \leqslant 200$ V,$200 < X \leqslant 240$ V,$X > 240$ V 三种情况下,某电子元件损坏的概率分别为 0.1,0.01,0.2.
(1) 求该电子元件损坏的概率 α;
(2) 已知该电子元件损坏,求电压在 $200 \sim 240$ V 的概率 β.

21. 假设自动生产线加工的某种零件的内径服从正态分布 $N(11, 1)$,内径小于 10 或大于 12 为不合格品,其余为合格品,销售每件合格品获利,销售每件不合格品则亏损,若销售利润 Y 与销售零件的内径 X 有下列关系
$$Y = \begin{cases} -1, & X < 10 \\ 20, & 10 \leqslant X \leqslant 12 \\ -5, & X > 12 \end{cases}$$
求 Y 的分布律.

22. 已知随机变量 X 的分布律为

X	-1	0	1	2	2.5
P	0.2	0.1	0.1	0.3	0.3

求 $Y = X^2$ 的分布律.

23. 设随机变量 X 服从 $[0, 1]$ 上的均匀分布,求 $Y = X^2$ 的概率密度.

24. 在下列句子中随机取一个单词,以 X 表示取到的单词所包含的字母的个数,写出 X 的分布律,即求 $E(X)$.
"THE GIRL PUT ON HER BEAUTIFL RED HAT"

25. 某商场计划于 5 月 1 日在户外搞一次促销活动,统计资料表明,如果在商场内搞促销活动,可获得经济效益 3 万元;在商场外搞促销活动,如果不遇到雨天可获得经济效益 12 万元,遇到雨天则带来经济损失 5 万元;若前一天的天气预报称活动当日有雨的概率为 40%,则商场应如何选择促销方案.

26. 一批产品中有 16 个合格品和 4 个废品. 装配仪器时,从这批零件中任取一个,如果取出的是废品,则扔掉后重新任取一个. 求在取到合格品前已经扔掉的废品数的数学期望.

27. 一台设备由三大部件构成,在设备运转的过程中各部件需要维护的概率分别为 0.1, 0.2, 0.3. 假设各部件的状态都是相互独立的,以 X 表示同时需要调整的部件数,求 $E(X)$.

28. 据统计,一位 60 岁的健康者(一般体检未发生病症),在 5 年内仍然活着或自杀的概率为 $p(0<p<1,p$ 为已知),在 5 年之内非自杀死亡的概率为 $1-p$,保险公司开办 5 年人寿保险,条件是参加者需交纳人寿保险费用 a 元(a 已知),若在 5 年内死亡,公司赔偿 b 元$(b>a)$,应如何确定 b 才能使公司可期望获益?若有 m 人参加保险,公司可期望从中受益多少?

29. 已知投资某一项目的收益率 X 是一随机变量,其分布律为

X	1%	2%	3%	4%	5%	6%
P	0.1	0.1	0.2	0.3	0.2	0.1

一位投资者在该项目上投资了 10 万元,求他预期获得多少收益.

30. 已知随机变量 X 的概率密度为 $f(x)=\begin{cases} x, & 0\leqslant x<1 \\ 2-x, & 1\leqslant x<a \\ 0, & 其他 \end{cases}$

求:(1) 常数 a;(2) $E(X)$.

31. 一工厂生产的某种设备的寿命 X(以年计)服从指数分布,概率密度为

$$f(x)=\begin{cases} \frac{1}{4}e^{-x/4}, & x>0 \\ 0, & x\leqslant 0 \end{cases}$$

工厂规定,出售的设备若在一年之内损坏可予以调换.若工厂售出一台设备盈利 100 元,调换一台设备厂方需花费 300 元.试求厂方出售一台设备净盈利的数学期望.

32. 设随机变量 X 的分布律为

X	-1	0	1
P	0.5	0.2	c

求:(1) 常数 c;(2) $E(X)$;(3) $E(X^2)$.

33. 设电压(以 V 计)$X\sim N(0,9)$,将电压施加于检波器,其输出电压为 $Y=5X^2$,求输出电压 Y 的均值.

34. 设随机变量 X 的概率密度为

$$f(x)=\begin{cases} \frac{3}{8}x^2, & 0<x<2 \\ 0, & 其他 \end{cases}$$

求:(1) $E(X)$;(2) $D(X)$.

35. 已知随机变量 X 的分布律为

X	-1	0	1
P	0.4	0.3	0.3

求 $D(X)$.

数学家简介——

伯努利家族

在科学史上,父子科学家、兄弟科学家并不鲜见,然而,在一个家族跨世纪的几代人中,众多父子兄弟都是科学家的较为罕见,其中,瑞士的伯努利家族最为突出.

伯努利家族3代人中产生了8位科学家,出类拔萃的至少有3位;而在他们一代又一代的众多子孙中,至少有一半相继成为杰出人物.伯努利家族的后裔有不少于120位被人们系统地追溯过,他们在数学、科学、技术、工程乃至法律、管理、文学、艺术等方面享有名望,有的甚至声名显赫.最不可思议的是这个家族中有两代人,他们中的大多数数学家,并非有意选择数学为职业,然而却忘情地沉溺于数学之中,有人调侃他们就像酒鬼碰到了烈酒.

老尼古拉斯·伯努利(Nicolaus Bernoulli,1623—1708)生于巴塞尔,受过良好教育,曾在当地政府和司法部门任高级职务.他有3个有成就的儿子.其中长子雅各布(Jocob,1654—1705年)和第三个儿子约翰(Johann,1667—1748)成为著名的数学家,第二个儿子小尼古拉斯(Nicolaus I,1662—1716)在成为彼得堡科学院数学界的一员之前,是伯尔尼的第一个法律学教授.

第3章 二维随机变量及其数字特征

"当我们预报对了,没有人会记得;
当我们预报错了,没有人会忘记."

这是纽约气象所用于自嘲的一幅大标语.作为自然系统的气象尚有不测风云,作为人造系统的经济更是变幻莫测.

人类自古以来就采取各种方法进行预测."月晕而风,础润而雨",便是根据先兆进行预测的著名案例.诸葛亮更是一位神机妙算的预测专家.当代经济发展错综复杂,用于经济预测的方法有 200 种之多.以因果分析为特征的计量经济模型为例,首先以数学形式描述经济变量之间的相互关系;其次收集有关经济数据估计模型参数;再次进行模型的各种统计检验;最后将模型用于经济预测.有了科学预测,便可做到心中有数,未雨绸缪,立于不败之地.

在第 2 章中,我们讨论了一维随机变量及其数字特征,在实际问题中,有些随机试验的结果需要同时用两个或更多个随机变量来描述,而且这些随机变量往往并非是彼此孤立的,要研究这些随机变量以及它们之间的关系,我们需要将它们作为一个整体来考虑,为此我们引进多维随机变量的概念,并着重讨论二维随机变量.

本章的主要内容有:二维随机变量的分布函数以及边缘分布函数,二维离散型随机变量的分布律、边缘分布律及条件分布律,二维连续型随机变量的概率密度、边缘概率密度及条件概率密度,随机变量的独立性以及二元随机变量函数的分布等.

§3.1 二维随机变量及其分布函数

【课前导读】 在很多实际问题中,有些随机试验要用两个随机变量才能描述,如炮弹着落点的位置必须用两个坐标 X 和 Y 描述,再如乘坐火车位置必须用 X 和 Y 描述.

定义 1 设随机试验 E 的样本空间为 Ω,X 和 Y 是定义在 Ω 上的随机变量,则称它们构成的向量(X,Y)为**二维随机变量**或**二维随机向量**,称二元函数
$$F(x,y) = P\{(X \leqslant x) \bigcap (Y \leqslant y)\} = P\{X \leqslant x, Y \leqslant y\}$$
为二维随机变量(X,Y)的分布函数,或称为随机变量 X 和 Y 的联合分布函数,其中 x 和 y 为任意实数.

如果将二维随机变量(X,Y)视为 xOy 平面上随机点的坐标,则分布函数 $F(x,y)$ 在点(x,y)处的函数值就是随机点落在以点(x,y)为顶点且位于该点左下方的无界矩形域(见图 3-1)内的概率.

二维随机变量(X,Y)的分布函数 $F(x,y)$ 具有下列性质:

性质 1 $F(x,y)$对每个变量都是单调不减函数,即对固定的 x,当 $y_1 < y_2$ 时,有

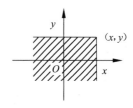

图 3-1

$$F(x, y_1) \leqslant F(x, y_2)$$

对固定的 y,当 $x_1 < x_2$ 时,有

$$F(x_1, y) \leqslant F(x_2, y)$$

性质 2 $0 \leqslant F(x,y) \leqslant 1$,并且

$$F(-\infty, -\infty) = \lim_{\substack{x \to -\infty \\ y \to -\infty}} F(x,y) = 0$$

$$F(+\infty, +\infty) = \lim_{\substack{x \to +\infty \\ y \to +\infty}} F(x,y) = 1$$

对固定的 x,有 $F(x, -\infty) = \lim_{y \to -\infty} F(x,y) = 0$;

对固定的 y,有 $F(-\infty, y) = \lim_{x \to -\infty} F(x,y) = 0$.

性质 3 $F(x,y)$ 关于 x 右连续,关于 y 右连续,即有

$$F(x,y) = F(x+0, y); \quad F(x,y) = F(x, y+0)$$

性质 4 对于任意的 $x_1 < x_2, y_1 < y_2$,有

$$P\{x_1 < X \leqslant x_2, y_1 < Y \leqslant y_2\} = F(x_2, y_2) - F(x_1, y_2) - F(x_2, y_1) + F(x_1, y_1)$$

需要指出的是:如果一个二元函数具有上述四条性质,则该函数一定可以作为某个二维随机变量 (X, Y) 的分布函数.

习题 3.1

1. 设 (X, Y) 的联合分布律为

Y \ X	-1	2
-1	$\frac{5}{20}$	$\frac{3}{20}$
1	$\frac{2}{20}$	$\frac{3}{20}$
2	$\frac{6}{20}$	$\frac{1}{20}$

则 $P\{X+Y=0\} = (\quad)$.

A. $\frac{5}{20}$ B. $\frac{2}{20}$ C. $\frac{1}{20}$ D. 1

2. 设 (X, Y) 的分布律为

Y \ X	-1	0	1
-1	0.1	0.2	0.3
1	0.15	0	0.25

则 $P\{X+Y=1\} = $ _____.

3. 设二维随机变量 (X, Y) 的分布函数为 $F(x,y)$,试用 $F(x,y)$ 表示下列概率,求:

(1) $P\{a < X \leqslant b, Y \leqslant c\}$,其中 a, b, c 为常数;

(2) $P\{X \leqslant x, Y < +\infty\}$.

4. 设二维随机变量 (X,Y) 的分布函数为
$$F(x,y) = A\left(B + \arctan \frac{x}{2}\right)\left(C + \arctan \frac{y}{3}\right)$$
求常数 A、B、C；

5. 已知 (X,Y) 的分布函数为
$$F(x,y) = \begin{cases} c(1-e^{-2x})(1-e^{-y}) & x,y > 0 \\ 0 & \text{其他} \end{cases}$$
试求常数 c.

§3.2 二维离散型随机变量

【课前导读】 随机变量分两类，一类是离散型随机变量；另一类是连续型随机变量. 同样，二维随机变量也分为离散型和连续型随机变量. 这一节着重介绍二维离散型随机变量.

定义 1 若二维随机变量 (X,Y) 的所有可能取值为有限对或可列无限多对，则称 (X,Y) 为**二维离散型随机变量**.

显然，当且仅当 X 和 Y 都是离散型随机变量时，(X,Y) 为二维离散型随机变量.

定义 2 设二维离散型随机变量 (X,Y) 的所有可能取值为 $(x_i, y_j)(i,j=1,2,\cdots)$，并且
$$P\{X = x_i, Y = y_j\} = p_{ij} \quad (i,j = 1,2,\cdots) \tag{1}$$
则称式(1)为二维离散型随机变量 (X,Y) 的**概率分布律**，简称为**分布律**，也称为随机变量 X 和 Y 的**联合分布律**.

容易验证，(X,Y) 的分布律满足下列性质：

(1) $p_{ij} \geqslant 0 (i,j=1,2,\cdots)$；

(2) $\sum_i \sum_j p_{ij} = 1 \ (i,j=1,2,\cdots)$.

二维随机变量 (X,Y) 的分布律可以用表 3-1 来表示，称为**联合概率分布表**.

表 3-1

X \ Y	y_1	y_2	$\cdots$	y_j	$\cdots$
x_1	p_{11}	p_{12}	$\cdots$	p_{1j}	$\cdots$
x_2	p_{21}	p_{22}	$\cdots$	p_{2j}	$\cdots$
$\cdots$	$\cdots$	$\cdots$	$\cdots$	$\cdots$	$\cdots$
x_i	p_{i1}	p_{i2}	$\cdots$	p_{ij}	$\cdots$
$\cdots$	$\cdots$	$\cdots$	$\cdots$	$\cdots$	$\cdots$

例 1 箱子中装有 10 件产品，其中 4 件是次品，6 件是正品，不放回地从箱子中任取两次产品，每次一个. 定义随机变量
$$X = \begin{cases} 0, \text{第一次取到的是次品} \\ 1, \text{第一次取到的是正品} \end{cases}, \quad Y = \begin{cases} 0, \text{第二次取到的是次品} \\ 1, \text{第二次取到的是正品} \end{cases}$$

求(X,Y)的分布律以及分布函数.

解 由于

$$P\{X=0,Y=0\} = P\{X=0\}P\{Y=0 \mid X=0\} = \frac{4}{10} \times \frac{3}{9} = \frac{2}{15}$$

$$P\{X=0,Y=1\} = P\{X=0\}P\{Y=1 \mid X=0\} = \frac{4}{10} \times \frac{6}{9} = \frac{4}{15}$$

$$P\{X=1,Y=0\} = P\{X=1\}P\{Y=0 \mid X=1\} = \frac{6}{10} \times \frac{4}{9} = \frac{4}{15}$$

$$P\{X=1,Y=1\} = P\{X=1\}P\{Y=1 \mid X=1\} = \frac{6}{10} \times \frac{5}{9} = \frac{5}{15}$$

因此(X,Y)的分布律为

X \ Y	0	1
0	$\frac{2}{15}$	$\frac{4}{15}$
1	$\frac{4}{15}$	$\frac{5}{15}$

由分布函数的定义,知(X,Y)的分布函数为

$$F(x,y) = \begin{cases} 0, & x<0 \text{ 或 } y<0 \\ \frac{2}{15}, & 0 \leqslant x<1, 0 \leqslant y<1 \\ \frac{6}{15}, & 0 \leqslant x<1, y \geqslant 1 \text{ 或 } x \geqslant 1, 0 \leqslant y<1 \\ 1, & x \geqslant 1, y \geqslant 1 \end{cases}$$

习题 3.2

1. 一袋装有 5 个大小形状相同的球,其中 3 个为黑色,2 个为白色. 每次从袋中任取一球,共取两次. 定义 X,Y 如下:

$$X = \begin{cases} 1, \text{第一次取出黑球} \\ 0, \text{第一次取出白球} \end{cases}, \quad Y = \begin{cases} 1, \text{第二次取出黑球} \\ 0, \text{第二次取出白球} \end{cases}$$

考虑两种抽样方式:(1)有放回抽样;(2)无放回抽样,试分别求出(X,Y)的分布律.

2. 盒子里有 2 个黑球、2 个红球、2 个白球,在其中任取 2 个球,以 X 表示取得黑球的个数,以 Y 表示取得红球的个数,试写出(X,Y)的分布律,并求出事件$\{X+Y \leqslant 1\}$的概率.

3. 一个口袋中有 3 个球,依次标有数字 1,2,2,从中任取一个,不放回袋中,再任取一个,设每次取球时,各球被取到的可能性相等. 以 X、Y 分别记第一次和第二次取到的球上标有的数字,求(X,Y)的联合分布律.

4. 设随机变量 X 在 1,2,3 中等可能地取值,Y 在 $1 \sim X$ 中等可能地取整数值,求(X,Y)的联合分布律及 $F(2,2)$.

5. (X,Y)的联合分布律为

Y \ X	-1	0
1	$\dfrac{1}{4}$	$\dfrac{1}{4}$
2	$\dfrac{1}{6}$	k

求:(1)常数 k;

(2)分布函数 $F(x,y)$.

§3.3 二维连续型随机变量

【课前导读】 与二维离散型随机变量对应的是二维连续型随机变量,在实际问题中,二维连续型随机变量概率密度函数如何应用?分布函数如何去求?这是这节课要解决的重点问题.

3.3.1 二维连续型随机变量的概率密度

定义1 设二维随机变量 (X,Y) 的分布函数为 $F(x,y)$,如果存在非负函数 $f(x,y)$,使得对于任意的实数 x,y 都有

$$F(x,y) = \int_{-\infty}^{x} \int_{-\infty}^{y} f(s,t) \mathrm{d}t \mathrm{d}s$$

则称 (X,Y) 为**二维连续型随机变量**,并称非负函数 $f(x,y)$ 为 (X,Y) 的**概率密度**或称 $f(x,y)$ 为 X 和 Y 的**联合概率密度**.

容易验证,$f(x,y)$ 满足下列性质:

(1) $f(x,y) \geqslant 0$;

(2) $\int_{-\infty}^{+\infty} \int_{-\infty}^{+\infty} f(x,y) \mathrm{d}x \mathrm{d}y = 1$;

(3) 设 D 为 xOy 平面上的一个区域,有

$$P\{(X,Y) \in D\} = \iint_{D} f(x,y) \mathrm{d}x \mathrm{d}y$$

(4) 如果 $f(x,y)$ 在点 (x,y) 处连续,则有

$$f(x,y) = \frac{\partial^2 F(x,y)}{\partial x \partial y}$$

在几何上,性质(1)和性质(2)表明:概率密度所代表的曲面位于 xOy 平面的上方,并且介于它和 xOy 平面之间的体积为1;性质(3)表明:随机点 (X,Y) 落在区域平面 D 内的概率 $P\{(X,Y) \in D\}$ 等于以 D 为底,以曲面 $z = f(x,y)$ 为顶的曲顶柱体的体积.

还需要指出的是,可以证明,满足性质(1)和性质(2)的二元函数 $f(x,y)$ 一定能够作为某二维随机变量 (X,Y) 的概率密度.

例1 已知二维随机变量 (X,Y) 的概率密度为

$$f(x,y) = \begin{cases} cxy, & 0 < x < 1, 0 < y < 1 \\ 0, & \text{其他} \end{cases}$$

求:(1) 常数 c 的值;(2) $P\{X \leqslant Y\}$;(3) $F(x,y)$.

解 （1）由 $\int_{-\infty}^{+\infty}\int_{-\infty}^{+\infty} f(x,y)\mathrm{d}x\mathrm{d}y = \int_0^1\int_0^1 cxy\mathrm{d}x\mathrm{d}y$

$$= c\int_0^1 x\left(\int_0^1 y\mathrm{d}y\right)\mathrm{d}x$$

$$= c\int_0^1 \frac{1}{2}x\mathrm{d}x = \frac{c}{4} = 1$$

得 $c=4$；

(2) 记 $D=\{(x,y)|0<x<1, 0<y<1\}$，$G=\{(x,y)|x\leqslant y\}$（见图 3-2 中阴影部分），因 $f(x,y)$ 仅在区域 $D\cap G=\{(x,y)|0<x<1, x\leqslant y<1\}$ 内取非零值，由性质(3)，有

$$P\{X\leqslant Y\} = \iint_{x\leqslant y} f(x,y)\mathrm{d}x\mathrm{d}y$$

$$= \iint_{D\cap G} 4xy\mathrm{d}x\mathrm{d}y$$

$$= 4\int_0^1 x\mathrm{d}x\int_x^1 y\mathrm{d}y = \frac{1}{2}$$

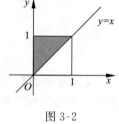

图 3-2

(3) 由分布函数的定义，$F(x,y) = \int_{-\infty}^x \int_{-\infty}^y f(s,t)\mathrm{d}s\mathrm{d}t$.

当 $x<0$ 或 $y<0$ 时，$F(x,y)=0$；

当 $0\leqslant x<1, 0\leqslant y<1$ 时，

$$F(x,y) = \int_{-\infty}^x \int_{-\infty}^y f(s,t)\mathrm{d}s\,\mathrm{d}t$$

$$= \int_0^x \left(\int_0^y 4st\mathrm{d}t\right)\mathrm{d}s = x^2 y^2$$

当 $0\leqslant x<1, y\geqslant 1$ 时，

$$F(x,y) = \int_0^x \left(\int_0^1 4st\mathrm{d}t\right)\mathrm{d}s = x^2$$

当 $x\geqslant 1, 0\leqslant y<1$ 时，

$$F(x,y) = \int_0^1 \left(\int_0^y 4st\mathrm{d}t\right)\mathrm{d}s = y^2$$

当 $x\geqslant 1, y\geqslant 1$ 时，$F(x,y) = \int_0^1 \left(\int_0^1 4st\mathrm{d}t\right)\mathrm{d}s = 1$

因此，$$F(x,y) = \begin{cases} 0, & x<0 \text{ 或 } y<0 \\ x^2 y^2, & 0\leqslant x<1, 0\leqslant y<1 \\ x^2, & 0\leqslant x<1, y\geqslant 1 \\ y^2, & x\geqslant 1, 0\leqslant y<1 \\ 1, & x\geqslant 1, y\geqslant 1 \end{cases}$$

3.3.2 二维均匀分布

设 G 为 xOy 平面上的有界区域，其面积为 S_G，如果二维连续型随机变量 (X,Y) 的概率密度为

$$f(x,y) = \begin{cases} \dfrac{1}{S_G}, & (x,y) \in G \\ 0, & \text{其他} \end{cases}$$

则称(X,Y)服从区域G上的**均匀分布**.

若(X,Y)在区域G上服从均匀分布,则对于任一平面区域D,有

$$P\{(X,Y) \in D\} = \iint_D f(x,y)\mathrm{d}x\mathrm{d}y = \iint_{D \cap G} \frac{1}{S_G}\mathrm{d}x\mathrm{d}y = \frac{1}{S_G}\iint_{D \cap G}\mathrm{d}x\mathrm{d}y = \frac{S_{D \cap G}}{S_G}$$

其中$S_{D \cap G}$为平面区域D与G的公共部分的面积.

特别地,对于G内任何子区域D,有

$$P\{(X,Y) \in D\} = \frac{S_D}{S_G}$$

其中S_D为区域D的面积.这表明G上二维均匀分布的随机变量(X,Y)落在G内任意子区域D内的概率与D的面积成正比,而与D的形状及位置无关.这恰好与平面上的几何概型相吻合,即若在平面有界区域G内任取一点,用(X,Y)表示该点的坐标,则(X,Y)服从区域G上二维均匀分布.

3.3.3 二维正态分布

如果二维随机变量(X,Y)的概率密度为

$$f(x,y) = \frac{1}{2\pi\sigma_1\sigma_2\sqrt{1-\rho^2}}\exp\left\{-\frac{1}{2(1-\rho^2)}\left[\frac{(x-\mu_1)^2}{\sigma_1^2} - 2\rho\frac{(x-\mu_1)(y-\mu_2)}{\sigma_1\sigma_2} + \frac{(y-\mu_2)^2}{\sigma_2^2}\right]\right\}$$

$$-\infty < x < +\infty, -\infty < y < +\infty$$

其中$\mu_1,\mu_2,\sigma_1,\sigma_2,\rho$均为常数,且$\sigma_1 > 0, \sigma_2 > 0, |\rho| < 1$,则称$(X,Y)$服从参数为$\mu_1,\mu_2,\sigma_1,\sigma_2,\rho$的二维正态分布,记作$(X,Y) \sim N(\mu_1,\mu_2,\sigma_1^2,\sigma_2^2,\rho)$.

例 2 设(X,Y)的概率密度为

$$f(x,y) = \frac{1}{2\pi\sigma^2}\exp\left\{-\frac{1}{2\pi\sigma^2}(x^2+y^2)\right\} \quad -\infty < x < +\infty, -\infty < y < +\infty$$

求概率$P\{(X,Y) \in G\}$,其中$G = \{(x,y) \mid x^2 + y^2 \leqslant \sigma^2\}$.

解 依题意,有

$$P\{(X,Y) \in G\} = \iint_G f(x,y)\mathrm{d}x\mathrm{d}y = \iint_{x^2+y^2 \leqslant \sigma^2} f(x,y)\mathrm{d}x\mathrm{d}y$$

$$= \int_0^{2\pi}\mathrm{d}\theta \int_0^{\sigma} \frac{1}{2\pi\sigma^2}\exp\left\{-\frac{r^2}{2\sigma^2}\right\}r\mathrm{d}r$$

$$= -\exp\left\{-\frac{r^2}{2\sigma^2}\right\}\Big|_0^{\sigma} = 1 - \mathrm{e}^{-\frac{1}{2}}$$

如果二维正态分布(X,Y)服从二维正态分布$N(\mu_1,\mu_2,\sigma_1^2,\sigma_2^2,\rho)$,则$(X,Y)$关于$X$和关于$Y$的边缘分布(下节介绍)都是一维正态分布,且$X \sim N(\mu_1,\sigma_1^2), Y \sim (\mu_2,\sigma_2^2)$,并且$(X,Y)$的分布与参数$\rho$有关.对于不同的$\rho$,有不同的二维正态分布,但$(X,Y)$关于$X$和关于$Y$的边缘分布都与$\rho$无关.这一事实表明,仅仅根据$(X,Y)$关于$X$和关于$Y$的边缘分布,一般不能确定随机变量$X$和$Y$的联合分布.

习题 3.3

1. 设二维随机变量 (X,Y) 具有的概率密度函数
$$f(x,y)=\begin{cases} 2\mathrm{e}^{-(2x+y)}, & x>0, y>0 \\ 0, & \text{其他} \end{cases}$$
求：(1) 分布函数 $F(x,y)$；
(2) 概率 $P\{Y\leqslant X\}$.

2. 设 (X,Y) 的分布函数为 $F(x,y)=\begin{cases} x^2(1-\mathrm{e}^{-y}), & 0<x<1, y>0 \\ 1-\mathrm{e}^{-y}, & x\geqslant 1, y>0 \\ 0, & \text{其他} \end{cases}$，求 (X,Y) 的概率密度函数 $f(x,y)$.

3. 设随机变量 (X,Y) 的概率密度为
$$f(x,y)=\begin{cases} k(6-x-y), & 0<x<2, 2<y<4 \\ 0, & \text{其他} \end{cases}$$
试求：(1) 常数 k；
(2) $P\{X<1, Y<3\}$；
(3) $P\{X<1.5\}$；
(4) $P\{X+Y\leqslant 4\}$.

4. 设二维随机变量 (X,Y) 在区域 G 上服从均匀分布，其中 G 是曲线 $y=x^2$ 和直线 $y=x$ 所围成的区域，试求：
(1) (X,Y) 的联合概率密度 $f(x,y)$；
(2) $P\{Y<X\}$.

5. 设二维随机变量 (X,Y) 服从 $D=\{(x,y)|0\leqslant x\leqslant 1, 0\leqslant y\leqslant x\}$ 上的均匀分布，试求：
(1) (X,Y) 的概率密度；
(2) $P\{X+Y\leqslant 1\}$；
(3) $P\{Y\leqslant X^2\}$.

§3.4 边缘分布

【课前导读】 二维随机变量 (X,Y) 的分布函数 $F(x,y)$ 描述了 X,Y 这两个随机变量组成的整体统计规律，那么当有一个随机变量趋近于正无穷，另一个随机变量不变时，分布函数 $F(x,y)$ 又怎样变化呢？

3.4.1 边缘分布函数

二维随机变量 (X,Y) 作为一个整体，具有分布函数 $F(x,y)$，由于 X 和 Y 都是随机变量，因此各自也具有分布函数. 我们把 X 的分布函数记作 $F_X(x)$，称之为二维随机变量 (X,Y) 关于 X 的边缘分布函数；把 Y 的分布函数记作 $F_Y(y)$，称之为二维随机变量 (X,Y) 关于 Y 的边

缘分布函数.

边缘分布函数 $F_X(x)$ 和 $F_Y(y)$ 可以由 (X,Y) 的分布函数 $F(x,y)$ 来确定,事实上

$$F_X(x) = P\{X \leqslant x\} = P\{X \leqslant x, Y < +\infty\} = F(x, +\infty)$$

即

$$F_X(x) = F(x, +\infty) = \lim_{y \to +\infty} F(x,y)$$

类似地,有

$$F_Y(y) = F(+\infty, y) = \lim_{x \to +\infty} F(x,y)$$

例1 已知二维随机变量 (X,Y) 的分布函数为

$$F(x,y) = A(B + \arctan x)(C + \arctan y) \quad (-\infty < x, y < +\infty)$$

确定常数 A, B, C,并求关于 X 和 Y 的边缘分布函数.

解 由分布函数的性质,有

$$\lim_{\substack{x \to +\infty \\ y \to +\infty}} F(x,y) = \lim_{\substack{x \to +\infty \\ y \to +\infty}} A(B + \arctan x)(C + \arctan y) = A\left(B + \frac{\pi}{2}\right)\left(C + \frac{\pi}{2}\right) = 1$$

$$\lim_{x \to -\infty} F(x,y) = \lim_{x \to -\infty} A(B + \arctan x)(C + \arctan y)$$

$$= A\left(B - \frac{\pi}{2}\right)(C + \arctan y) = 0$$

$$\lim_{y \to -\infty} F(x,y) = \lim_{y \to -\infty} A(B + \arctan x)(C + \arctan y)$$

$$= A(B + \arctan x)\left(C - \frac{\pi}{2}\right) = 0$$

解得

$$A = \frac{1}{\pi^2}, \quad B = \frac{\pi}{2}, \quad C = \frac{\pi}{2}$$

从而 (X,Y) 的分布函数为

$$F(x,y) = \frac{1}{\pi^2}\left(\frac{\pi}{2} + \arctan x\right)\left(\frac{\pi}{2} + \arctan y\right)$$

于是,两个边缘分布函数分别为

$$F_X(x) = F(x, +\infty) = \lim_{y \to +\infty} F(x,y) = \frac{1}{\pi}\left(\frac{\pi}{2} + \arctan x\right)$$

$$F_Y(y) = F(+\infty, y) = \lim_{x \to +\infty} F(x,y) = \frac{1}{\pi}\left(\frac{\pi}{2} + \arctan y\right)$$

3.4.2 二维离散型随机变量的边缘分布律

下面我们讨论随机变量 X 和 Y 各自的分布律.

对于固定的 $i(i=1,2,\cdots)$,由于

$$P\{X = x_i\} = P\{X = x_i, Y < +\infty\} = P\left\{X = x_i, \bigcup_j \{Y = y_j\}\right\}$$

$$= P\left\{\bigcup_j \{X = x_i, Y = y_j\}\right\}$$

并且事件$\{X=x_i, Y=y_j\}(i,j=1,2,\cdots)$两两互不相容，因此

$$P\{X=x_i\} = P\left\{\bigcup_j \{X=x_i, Y=y_j\}\right\} = \sum_j P\{X=x_i, Y=y_j\} = \sum_j p_{ij}$$

记 $\sum_j p_{ij} = p_i$，则有

$$P\{X=x_i\} = p_i \quad (i=1,2,\cdots)$$

称为二维随机变量(X,Y)关于 X 的边缘分布律.

类似地，二维随机变量(X,Y)关于 Y 的边缘分布律为

$$P\{Y=y_j\} = \sum_i p_{ij} = p_j \quad (j=1,2,\cdots)$$

二维随机变量(X,Y)关于 X 和关于 Y 的边缘分布律也可以放在联合概率分布表中，形成表 3-2，仍称为联合概率分布表.

表 3-2

X \ Y	y_1	y_2	...	y_j	...	$P\{X=x_i\}$
x_1	p_{11}	p_{12}	...	p_{1j}	...	$\sum_j p_{1j}$
x_2	p_{21}	p_{22}	...	p_{2j}	...	$\sum_j p_{2j}$
...	...	...	...	...	...	...
x_i	p_{i1}	p_{i2}	...	p_{ij}	...	$\sum_j p_{ij}$
...	...	...	...	...	...	...
$P\{Y=y_j\}$	$\sum_i p_{i1}$	$\sum_i p_{i2}$	...	$\sum_i p_{ij}$	...	1

例 2 已知(X,Y)的分布律为

X \ Y	0	1
0	$\frac{1}{10}$	$\frac{3}{10}$
1	$\frac{3}{10}$	$\frac{3}{10}$

求(X,Y)关于 X 和关于 Y 的边缘分布律.

解 由题意

$$P\{X=0\} = P\{X=0, Y=0\} + P\{X=0, Y=1\} = \frac{1}{10} + \frac{3}{10} = \frac{2}{5}$$

同理

$$P\{X=1\} = P\{X=1, Y=0\} + P\{X=1, Y=1\} = \frac{3}{10} + \frac{3}{10} = \frac{3}{5}$$

$$P\{Y=0\} = P\{X=0, Y=0\} + P\{X=1, Y=0\} = \frac{1}{10} + \frac{3}{10} = \frac{2}{5}$$

$$P\{Y=1\} = P\{X=0, Y=1\} + P\{X=1, Y=1\} = \frac{3}{10} + \frac{3}{10} = \frac{3}{5}$$

因此,关于 X 和关于 Y 的边缘分布律分别为

X	0	1
P	$\frac{2}{5}$	$\frac{3}{5}$

Y	0	1
P	$\frac{2}{5}$	$\frac{3}{5}$

3.4.3 二维连续型随机变量的边缘概率密度

设二维连续型随机变量 (X,Y) 的概率密度为 $f(x,y)$,因为

$$F_X(x) = F(x, +\infty) = \int_{+\infty}^{x} \left[\int_{-\infty}^{+\infty} f(s,t) \mathrm{d}t \right] \mathrm{d}s$$

所以 X 是连续型随机变量,其概率密度为

$$f_X(x) = \int_{-\infty}^{+\infty} f(x,y) \mathrm{d}y$$

同理,Y 是连续型随机变量,其概率密度为

$$f_Y(y) = \int_{-\infty}^{+\infty} f(x,y) \mathrm{d}x$$

我们分别称 $f_X(x), f_Y(y)$ 为二维随机变量 (X,Y) 关于 X 和关于 Y 的**边缘概率密度**.

例 3 已知二维随机变量 (X,Y) 的概率密度为

$$f(x,y) = \begin{cases} 12\mathrm{e}^{-(3x+4y)}, & x>0, y>0 \\ 0, & 其他 \end{cases}$$

求关于 X 和关于 Y 的边缘概率密度.

解 由边缘概率密度的定义,有

$$f_X(x) = \int_{-\infty}^{+\infty} f(x,y) \mathrm{d}y = \begin{cases} \int_0^{+\infty} 12\mathrm{e}^{-(3x+4y)} \mathrm{d}y, & x>0 \\ 0, & x \leqslant 0 \end{cases}$$

$$= \begin{cases} -3 \int_0^{+\infty} \mathrm{e}^{-(3x+4y)} \mathrm{d}(-3x-4y), & x>0 \\ 0, & x \leqslant 0 \end{cases}$$

$$= \begin{cases} 3\mathrm{e}^{-3x}, & x>0 \\ 0, & x \leqslant 0 \end{cases}$$

关于 Y 的边缘概率密度为

$$f_Y(y) = \int_{-\infty}^{+\infty} f(x,y) \mathrm{d}x = \begin{cases} \int_0^{+\infty} 12\mathrm{e}^{-(3x+4y)} \mathrm{d}x, & y>0 \\ 0, & y \leqslant 0 \end{cases}$$

$$= \begin{cases} -4 \int_0^{+\infty} \mathrm{e}^{-(3x+4y)} \mathrm{d}(-3x-4y), & y>0 \\ 0, & y \leqslant 0 \end{cases}$$

$$= \begin{cases} 4e^{-4y}, & y > 0 \\ 0, & y \leqslant 0 \end{cases}$$

习题 3.4

1. 设二维连续型随机变量 (X,Y) 的联合概率密度为 $f(x,y)$，则关于 X 的边缘概率密度 $f_X(x) = ($ $)$.

  A. $\int_{-\infty}^{+\infty} f(x,y)dx$ B. $\int_{-\infty}^{+\infty} f(x,y)dy$

  C. $\int_{0}^{+\infty} f(x,y)dx$ D. $\int_{0}^{+\infty} f(x,y)dy$

2. 设二维离散型随机变量 (X,Y) 具有概率分布律

X \ Y	3	6	9	12	15	18
1	0.01	0.03	0.02	0.01	0.05	0.06
2	0.02	0.02	0.01	0.05	0.03	0.07
3	0.05	0.04	0.03	0.01	0.02	0.03
4	0.03	0.09	0.06	0.15	0.09	0.02

求 X 的边缘分布律和 Y 的边缘分布律.

3. 设随机变量 (X,Y) 的分布律为

Y \ X	0	1	2
0	$\frac{1}{12}$	$\frac{1}{6}$	$\frac{1}{24}$
1	$\frac{1}{4}$	$\frac{1}{4}$	$\frac{1}{40}$
2	$\frac{1}{8}$	$\frac{1}{20}$	0
3	$\frac{1}{120}$	0	0

求：(1) 概率 $P\{X = Y\}$；

  (2) $Z = X + Y$ 的分布律.

4. 设 D 是由曲线 $y = x^2$ 和 $y = \sqrt{x}$ 围成的平面区域，(X,Y) 在 D 上服从均匀分布. 试求：(1) (X,Y) 的联合密度函数；

  (2) (X,Y) 的边缘密度函数；

  (3) $P\{Y < X\}$.

5. 设随机变量 (X,Y) 的概率密度为 $f(x,y) = \dfrac{1}{2\pi} e^{-\frac{1}{2}(x^2+y^2)}(1 + x^3 y)$，试求关于 X 和关

于 Y 的边缘概率密度.

6. 设随机变量 (X,Y) 的分布函数为
$$F(x,y) = \frac{1}{\pi^2}\left(\arctan x + \frac{\pi}{2}\right)\left(\arctan y + \frac{\pi}{2}\right)(-\infty < x < +\infty, -\infty < y < +\infty)$$
求 $F_X(x), F_Y(y)$.

§3.5 随机变量的独立性

【课前导读】 二维随机变量 (X,Y) 中的两个随机变量 X 和 Y 之间存在相互联系,因而一个随机变量的取值可能会影响到另一个随机变量取值的概率.下面利用两个事件的独立性的概念引出两个随机变量相互独立的概念,随机变量的独立性是概率统计中十分重要的概念.

我们有下面的定义.

定义 1 设二维随机变量 (X,Y) 的分布函数以及关于 X 和关于 Y 的边缘分布函数分别为 $F(x,y), F_X(x)$ 和 $F_Y(y)$,如果对于任意实数 x 和 y,都有
$$F(x,y) = F_X(x)F_Y(y)$$
则称随机变量 X 和 Y **相互独立**.

如果 X 和 Y 都是二维离散型随机变量,且 (X,Y) 的分布律和边缘分布律分别为
$$P\{X = x_i, Y = y_j\} = p_{ij}, \quad i,j = 1,2,\cdots$$
$$P\{X = x_i\} = p_{i\cdot}, \quad i = 1,2,\cdots$$
$$P\{Y = y_j\} = p_{\cdot j}, \quad j = 1,2,\cdots$$
则随机变量 X 和 Y 相互独立的充分必要条件为:对于 (X,Y) 的所有可能取值 (x_i, y_j),都有
$$P\{X = x_i, Y = y_j\} = P\{X = x_i\}P\{Y = y_j\}, \quad i,j = 1,2,\cdots$$
即对 i,j 的所有取值都有 $P_{ij} = p_{i\cdot}p_{\cdot j}$.

如果 (X,Y) 为二维连续型随机变量,其概率密度和边缘概率密度分别为 $f(x,y), f_X(x)$ 和 $f_Y(y)$,则随机变量 X 和 Y 相互独立的充分必要条件为:对于任意实数 x,y,都有
$$f(x,y) = f_X(x)f_Y(y)$$

例 1 设二维随机变量 (X,Y) 的分布律如下

X \ Y	0	1
0	$\frac{1}{4}$	$\frac{1}{8}$
1	$\frac{1}{8}$	$\frac{1}{2}$

求 (X,Y) 关于 X 和关于 Y 的边缘分布律并判断 X 和 Y 是否相互独立.

解 (X,Y) 关于 X 和关于 Y 的边缘分布律分别为

X	0	1
P	$\frac{3}{8}$	$\frac{5}{8}$

Y	0	1
P	$\frac{3}{8}$	$\frac{5}{8}$

由于
$$P\{X=0,Y=0\} \neq P\{X=0\}P\{Y=0\} = \frac{3}{8} \times \frac{3}{8} = \frac{9}{64}$$
因此 X 和 Y 不是相互独立的.

例 2 已知二维随机变量 (X,Y) 的概率密度为
$$f(x,y) = \begin{cases} 24(1-x)y, & 0<x<1, 0<y<x \\ 0, & \text{其他} \end{cases}$$
判断 X 和 Y 是否相互独立.

解 首先求出 X,Y 的边缘概率密度 $f_X(x)$ 和 $f_Y(y)$.

$$f_X(x) = \int_{-\infty}^{+\infty} f(x,y)\mathrm{d}y = \begin{cases} \int_0^x 24(1-x)y\mathrm{d}y, & 0<x<1 \\ 0, & \text{其他} \end{cases}$$

$$= \begin{cases} 12(1-x)x^2, & 0<x<1 \\ 0, & \text{其他} \end{cases}$$

$$f_Y(y) = \int_{-\infty}^{+\infty} f(x,y)\mathrm{d}x = \begin{cases} \int_y^1 24(1-x)y\mathrm{d}x, & 0<y<1 \\ 0, & \text{其他} \end{cases}$$

$$= \begin{cases} 12y(y^2-2y+1), & 0<y<1 \\ 0, & \text{其他} \end{cases}$$

显然有
$$f(x,y) \neq f_X(x)f_Y(y)$$
即 X 和 Y 不是相互独立的.

习题 3.5

1. 设二维随机变量 (X,Y) 的分布为

Y \ X	-1	0	2
$-1/2$	2/20	1/20	2/20
1	2/20	1/20	2/20
1/2	4/20	2/20	4/20

问: X 与 Y 相互独立吗?

2. 设两个独立的随机变量 X 与 Y 的分布律为

X	1	3
P_X	0.3	0.7

Y	2	4
P_Y	0.6	0.4

求随机变量 (X,Y) 的分布律.

3. 设 (X,Y) 是二维离散型随机变量,X 与 Y 的联合分布律为

X \ Y	0	1
0	$\frac{4}{25}$	$\frac{6}{25}$
1	$\frac{6}{25}$	$\frac{9}{25}$

试求:(1) X 与 Y 的边缘分布律;

(2) X 与 Y 是否独立?

4. 设 (X,Y) 的概率密度为 $f(x,y) = \begin{cases} 8xy, 0 \leqslant x \leqslant y \leqslant 1 \\ 0, \quad \text{其他} \end{cases}$,问:$X$ 与 Y 是否独立?

5. 设 (X,Y) 的概率密度为 $f(x,y) = \begin{cases} \frac{1}{\pi}, x^2 + y^2 \leqslant 1 \\ 0, \quad \text{其他} \end{cases}$,问:$X$ 与 Y 是否独立?

§3.6 协方差与相关系数

【课前导读】 描述单个随机变量取值的平均值与偏离程度的两个数字特征——数学期望和方差.对于二维随机变量,不仅要考虑单个随机变量自身的统计规律性,还要考虑两个随机变量相互联系的统计规律性.因此,还需要反映两个随机变量之间关系的数字特征——协方差和相关系数.

3.6.1 协方差

在上节方差性质的证明中,我们看到,如果两个随机变量 X 与 Y 相互独立,则有
$$E\{[X-E(X)][Y-E(Y)]\} = 0$$
这表明,当 $E\{[X-E(X)][Y-E(Y)]\} \neq 0$ 时,X 与 Y 不独立,因而存在一定的关系,我们可以把这个作为描述 X 和 Y 之间相互关系的一个数字特征,有下面的定义:

定义 1 设随机变量 X 与 Y 数学期望 $E(X)$ 和 $E(Y)$ 都存在,如果随机变量 $[X-E(X)] \cdot [Y-E(Y)]$ 的数学期望存在,则称之为随机变量 X 和 Y 的协方差,记作 $\text{Cov}(X,Y)$:
$$\text{Cov}(X,Y) = E\{[X-E(X)][Y-E(Y)]\}$$
利用数学期望的性质,容易得到协方差的另一计算公式
$$\text{Cov}(X,Y) = E(XY) - E(X)E(Y)$$

容易验证协方差有如下性质：

性质 1 $\text{Cov}(X,Y)=\text{Cov}(Y,X)$.

性质 2 $\text{Cov}(X,X)=D(X)$.

性质 3 $\text{Cov}(aX,bY)=ab\text{Cov}(X,Y)$, 其中 a,b 为常数.

性质 4 $\text{Cov}(X+Y,Z)=\text{Cov}(X,Z)+\text{Cov}(Y,Z)$.

事实上

$$\begin{aligned}\text{Cov}(X+Y,Z) &= E[(X+Y)Z] - E(X+Y)E(Z) \\ &= E(XZ)+E(YZ)-E(X)E(Z)-E(Y)E(Z) \\ &= [E(XZ)-E(X)E(Z)]+[E(YZ)-E(Y)E(Z)] \\ &= \text{Cov}(X,Z)+\text{Cov}(Y,Z)\end{aligned}$$

由此容易得到计算方差的一般公式

$$D(X+Y) = D(X)+D(Y)+2\text{Cov}(X,Y)$$

或一般地

$$D\left(\sum_{i=1}^{n} a_i X_i\right) = \sum_{i=1}^{n} a_i^2 D(X_i) + 2\sum_{i<j} a_i a_j \text{Cov}(X_i, X_j)$$

其中 $a_i(i=1,2,\cdots,n)$ 为常数.

例 1 蒙特摩特(Montmort)配对问题

n 个人将自己的帽子放在一起，充分混合后每人随机地取出一顶，求选中自己帽子人数的均值和方差.

解 令 X 表示选中自己帽子的人数，设

$$X_i = \begin{cases} 1, & \text{第 } i \text{ 人选中自己的帽子} \\ 0, & \text{其他} \end{cases}$$

$i=1,2,\cdots,n$, 则有

$$X = X_1 + X_2 + \cdots + X_n$$

易知

$$P\{X_i = 1\} = \frac{1}{n}, \quad P\{X_i = 0\} = \frac{n-1}{n}$$

所以

$$E(X_i) = \frac{1}{n}, \quad D(X_i) = \frac{n-1}{n^2}, \quad i=1,2,\cdots,n$$

因此

$$E(X) = E(X_1) + E(X_2) + \cdots + E(X_n) = 1$$

注意到

$$X_i X_j = \begin{cases} 1, & \text{第 } i \text{ 人与第 } j \text{ 人都选中自己的帽子} \\ 0, & \text{其他} \end{cases}$$

$i \neq j$, 于是

$$\begin{aligned}E(X_i X_j) &= P\{X_i=1, X_j=1\} \\ &= P\{X_i=1\}P\{X_j=1 \mid X_i=1\} = \frac{1}{n(n-1)}\end{aligned}$$

$$\mathrm{Cov}(X_i, X_j) = E(X_i X_j) - E(X_i)E(X_j) = \frac{1}{n^2(n-1)}$$

从而

$$D(X) = \sum_{i=1}^{n} D(X_i) + 2\sum_{i<j} \mathrm{Cov}(X_i, X_j)$$
$$= \frac{n-1}{n} + 2C_n^2 \frac{1}{n^2(n-1)}$$
$$= 1$$

引入协方差的目的在于度量随机变量之间关系的强弱,但协方差有量纲,其数值受 X 和 Y 本身量纲的影响,为了克服这一缺点,我们对随机变量进行标准化.

称 $X^* = \dfrac{X-E(X)}{\sqrt{D(X)}}$ 为随机变量 X 的**标准化随机变量**,不难验证 $E(X^*)=0, D(X^*)=1$.

例如,$X \sim N(\mu, \sigma^2)(\sigma>0)$,由 $E(X)=\mu, D(X)=\sigma^2$,有 $X^* = \dfrac{X-\mu}{\sigma} \sim N(0,1)$.

下面我们对 X 和 Y 的标准化随机变量求协方差,有

$$\mathrm{Cov}(X^*, Y^*) = E(X^* Y^*) - E(X^*)E(Y^*) = E(X^* Y^*)$$
$$= E\left[\frac{X-E(X)}{\sqrt{D(X)}} \cdot \frac{Y-E(Y)}{\sqrt{D(Y)}}\right]$$
$$= \frac{E\{[X-E(X)][Y-E(Y)]\}}{\sqrt{D(X)}\sqrt{D(Y)}}$$
$$= \frac{\mathrm{Cov}(X,Y)}{\sqrt{D(X)}\sqrt{D(Y)}}$$

上式表明,可以利用标准差对协方差进行修正,从而我们可以得到一个能更好地度量随机变量之间关系强弱的数字特征——相关系数.

3.6.2 相关系数

定义 2 设随机变量 X 和 Y 的方差都存在且不为零,X 和 Y 的协方差 $\mathrm{Cov}(X,Y)$ 也存在,则称 $\dfrac{\mathrm{Cov}(X,Y)}{\sqrt{DX}\sqrt{DY}}$ 为随机变量 X 和 Y 的**相关系数**,记作 ρ_{XY},即

$$\rho_{XY} = \frac{\mathrm{Cov}(X,Y)}{\sqrt{DX}\sqrt{DY}}$$

如果 $\rho_{XY}=0$,则称 X 和 Y 不相关;如果 $\rho_{XY}>0$,则称 X 和 Y 正相关. 特别地,如果 $\rho_{XY}=1$,则称 X 和 Y 完全正相关;如果 $\rho_{XY}<0$,则称 X 和 Y 负相关. 特别地,如果 $\rho_{XY}=-1$,则称 X 和 Y 完全负相关.

容易验证 X 和 Y 的相关系数 ρ_{XY} 有如下性质:

性质 1 $|\rho_{XY}| \leqslant 1$.

性质 2 $|\rho_{XY}|=1$ 的充分必要条件是:存在常数 a,b 使得 $P\{Y=aX+b\}=1$.

由此可见,相关系数定量地刻画了 X 和 Y 的相关程度:$|\rho_{XY}|$ 越大,X 和 Y 的相关程度越大,$\rho_{XY}=0$ 时相关程度最低. 需要说明的是:X 和 Y 相关的含义是指 X 和 Y 存在某种程度的线性关系,因此,若 X 和 Y 不相关,只能说明 X 与 Y 之间不存在线性关系,但并不排除 X 和 Y

之间存在其他关系.

对于随机变量 X 与 Y,容易验证下列事实是等价的:

(1) $\mathrm{Cov}(X,Y)=0$;

(2) X 和 Y 不相关;

(3) $E(XY)=E(X)E(Y)$;

(4) $D(X+Y)=D(X)+D(Y)$.

例 2 将一颗均匀的骰子重复投掷 n 次,随机变量 X 表示出现点数小于 3 的次数,Y 表示出现点数不小于 3 的次数.

(1) 证明:X 与 Y 不相互独立;

(2) 证明:$X+Y$ 和 $X-Y$ 不相关;

(3) 求 $3X+Y$ 和 $X-3Y$ 的相关系数.

证明 由于

$$X \sim B\left(n, \frac{1}{3}\right), \quad E(X)=\frac{n}{3}, \quad D(X)=\frac{2n}{9}$$

$$Y=n-X \sim B\left(n, \frac{2}{3}\right), \quad E(Y)=\frac{2n}{3}, \quad D(Y)=\frac{2n}{9}$$

(1) $$\mathrm{Cov}(X,Y)=\mathrm{Cov}(X,n-X)=-D(X)=-\frac{2n}{9} \neq 0$$

因此 X 和 Y 不相互独立;

(2) $$\mathrm{Cov}(X+Y,X-Y)=\mathrm{Cov}(X,X)-\mathrm{Cov}(Y,Y)$$
$$=D(X)-D(Y)=0$$

因此,$X+Y$ 和 $X-Y$ 不相关;

(3) $$D(3X+Y)=9D(X)+6\mathrm{Cov}(X,Y)+D(Y)=\frac{8n}{9}$$

$$D(X-3Y)=D(X)-6\mathrm{Cov}(X,Y)+9D(Y)=\frac{32n}{9}$$

$$\mathrm{Cov}(3X+Y,X-3Y)=3D(X)-8\mathrm{Cov}(X,Y)-3D(Y)=\frac{16n}{9}$$

于是,$3X+Y$ 和 $X-3Y$ 的相关系数为

$$\rho=\frac{\mathrm{Cov}(3X+Y,X-3Y)}{\sqrt{D(3X+Y)} \cdot \sqrt{D(X-3Y)}}=1$$

注意:(1) 随机变量的独立性和不相关性都是随机变量之间的联系"薄弱"的一种反映."不相关"是一个比"独立"更弱的一个概念.不过对于最常用的正态分布来说,不相关性和独立性是一致的.

(2) 二维随机变量 $(X,Y) \sim N(\mu_1,\mu_2,\sigma_1^2,\sigma_2^2,\rho)$,则随机变量 X 和 Y 相互独立的充分必要条件是参数 $\rho=0$.且由于 $\rho=\rho_{XY}$,因此 X 与 Y 相互独立的充分必要条件是 X 与 Y 不相关.因此,二维正态随机变量 (X,Y) 的分布完全由 X 和 Y 的数学期望、方差以及 X 与 Y 的相关系数所确定.

为了更好地描述随机变量的特征,除了前面介绍过的数学期望、方差、协方差和相关系数等概念之外,我们介绍一种在理论和应用中都起到重要作用的数学特征——矩.

3.6.3 原点矩与中心矩

设 X 是随机变量,关于矩有如下定义:

定义 3 设 X 为随机变量,如果 X^k 的数学期望存在,则称之为随机变量 X 的 k 阶原点矩,记作 μ_k,即

$$\mu_k = E(X^k), \quad k = 1, 2, \cdots$$

定义 4 设 X 为随机变量,如果随机变量 $[X-E(X)]^k$ 的数学期望存在,则称之为随机变量 X 的 k 阶中心矩,记为 v_k,即

$$v_k = E\{[X-E(X)]^k\}, \quad k = 1, 2, \cdots$$

显然,随机变量 X 数学期望 $E(X)$ 即为一阶原点矩,方差 $D(X)$ 即为二阶中心矩.

习题 3.6

1. 设 (X,Y) 是二维离散型随机变量,X 与 Y 的联合分布律为

X \ Y	−1	0	2
0	0.1	0.2	0
1	0.3	0.05	0.1
2	0.15	0	0.1

求 $\text{Cov}(X,Y)$.

2. 已知 X 服从 $N(1,9)$,Y 服从 $N(0,16)$,且 $\rho_{XY} = -0.5$,设 $Z = \dfrac{X}{3} - \dfrac{Y}{2}$,求 $D(Z)$ 和 ρ_{XZ}.

3. 已知随机变量 X 和 Y 的分布律分别为

X	−1	0	1
P	$\dfrac{1}{4}$	$\dfrac{1}{2}$	$\dfrac{1}{4}$

Y	0	1
P	$\dfrac{1}{2}$	$\dfrac{1}{2}$

且 $P\{XY=0\} = 1$,

求:(1) X 和 Y 的联合分布律;

(2) $\text{Cov}(X,Y)$.

4. 设 (X,Y) 的联合分布律为

X \ Y	−2	−1	1	2
1	0	0.25	0.25	0
4	0.25	0	0	0.25

判断 X 与 Y 的相关性和独立性.

5. 设 (X,Y) 的概率密度为 $f(x,y) = \begin{cases} Ax^2y, & 0 \leqslant x \leqslant 1, 0 \leqslant y \leqslant 1. \\ 0, & \text{其他} \end{cases}$

求:(1)常数 A;

(2) $E(X)$;

(3) (X,Y) 的协方差和相关系数.

§3.7 切比雪夫不等式及大数定律

【课前导读】 在概率的统计定义中,曾提到事件发生的频率具有稳定性,即随着试验次数的增多,事件发生的频率稳定于事件发生的概率. 这类稳定性是在对随机变量进行大量重复试验的条件下呈现出来的,历史上把这种试验次数很大时出现的规律称为"大数定律".

随机现象的统计规律性是在相同条件下进行大量重复试验时呈现出来的. 例如,在概率的统计定义中,曾提到事件发生的频率具有稳定性,即事件发生的频率趋于事件发生的概率,其中所指的是:当试验的次数无限增大时,事件发生的频率趋于事件发生的概率,其中所指的是:当试验的次数无限增大时,事件发生的频率在某种收敛意义下逼近某一定数(事件发生的概率). 这就是最早的一个大数定律. 一般的大数定律讨论 n 个随机变量的平均值的稳定性. 大数定律对上述情况从理论的高度进行了论证. 本章后面两节主要介绍大数定律与中心极限定理.

首先我们介绍证明大数定律的重要工具——**切比雪夫(Chebyshev)不等式**.

3.7.1 切比雪夫不等式

定理 1 切比雪夫不等式 设随机变量 X 数学期望 $E(X)$ 和方差 $D(X)$ 都存在,则对任意给定的正数 ε,成立

$$P\{|X-E(X)| \geqslant \varepsilon\} \leqslant \frac{D(X)}{\varepsilon^2}$$

其称为**切比雪夫不等式**,它的等价形式为

$$P\{|X-E(X)| < \varepsilon\} \geqslant 1 - \frac{D(X)}{\varepsilon^2}$$

证明 只对 X 是连续型随机变量情形给予证明.

设 X 的密度函数为 $f(x)$,则有

$$\begin{aligned} P\{|X-E(X)| \geqslant \varepsilon\} &= \int_{|X-E(X)| \geqslant \varepsilon} f(x) \mathrm{d}x \\ &\leqslant \int_{|X-E(X)| \geqslant \varepsilon} \frac{[X-E(X)]^2}{\varepsilon^2} f(x) \mathrm{d}x \\ &\leqslant \frac{1}{\varepsilon^2} \int_{-\infty}^{+\infty} [X-E(X)]^2 f(x) \mathrm{d}x \\ &= \frac{D(X)}{\varepsilon^2} \end{aligned}$$

切比雪夫不等式直观的概率意义在于:随机变量 X 与它的均值 $E(X)$ 的距离大于等于 ε 的概率不超过 $\frac{1}{\varepsilon^2} D(X)$. 在随机变量 X 分布未知的情况下,利用切比雪夫不等式可以给出随机

事件 $\{|X-E(X)|<\varepsilon\}$ 的概率的一种估计. 例如当 $\varepsilon=3\sqrt{D(X)}$ 时,有

$$P\{|X-E(X)|<3\sqrt{D(X)}\}\geqslant \frac{8}{9}=0.889$$

也就是说,随机变量 X 落在以 $E(X)$ 为中心,以 $3\sqrt{D(X)}$ 为半径的邻域内的概率很大,而落在该邻域之外的概率很小. 当 $\sqrt{D(X)}$ 较小时,随机变量 X 的取值集中在 $E(X)$ 附近,而这正是方差这个数字特征的意义所在.

例 1 已知随机变量 X 和 Y 的数学期望、方差以及相关系数分别为 $E(X)=E(Y)=2$, $D(X)=1, D(Y)=4, \rho_{XY}=0.5$,用切比雪夫不等式估计概率 $P\{|X-Y|\geqslant 6\}$.

解 由于

$$E(X-Y)=E(X)-E(Y)=0$$
$$\mathrm{Cov}(X,Y)=\rho_{XY}\sqrt{D(X)}\sqrt{D(Y)}=1$$
$$D(X-Y)=D(X)+D(Y)-2\mathrm{Cov}(X,Y)=5-2=3$$

由切比雪夫不等式,有

$$P\{|X-Y|\geqslant 6\}=P\{|(X-Y)-E(X-Y)|\geqslant 6\}\leqslant \frac{D(X-Y)}{6^2}$$
$$=\frac{3}{36}=\frac{1}{12}=0.0833$$

例 2 假设某电站供电网有 10 000 盏电灯,夜晚每一盏灯开灯的概率都是 0.7,并且每一盏灯开、关时间彼此独立,试用切比雪夫不等式估计夜晚同时开灯的盏数在 6 800~7 200 的概率.

解 令 X 表示夜晚同时开灯的盏数,则 $X\sim B(n,p), n=10\,000, p=0.7$,所以

$$E(X)=np=7\,000, \quad D(X)=np(1-p)=2\,100$$

由切比雪夫不等式,有

$$P\{6\,800<X<7\,200\}=P\{|X-7\,000|<200\}\geqslant 1-\frac{2\,100}{200^2}=0.9475$$

在例 2 中,如果用二项分布直接计算,这个概率近似为 0.999 99. 可见切比雪夫不等式的估计精确度不高. 切比雪夫不等式的意义在于它的理论价值,它是证明大数定律的重要工具.

3.7.2 依概率收敛

在微积分中,收敛性及极限是一个基本而重要的概念,数列 $\{a_n\}$ 收敛到 a 是指对任意 $\varepsilon>0$,总存在正整数 N,对任意的 $n>N$ 时,恒有

$$|a_n-a|<\varepsilon$$

在概率论中,我们研究的对象是随机变量,要考虑随机变量序列的收敛性. 如果我们以定义数列的极限完全相同的方式来定义随机变量序列的收敛性,那么随机变量序列 $\{X_n\}(n\geqslant 1)$ 收敛到一个随机变量 X 是指对任意 $\varepsilon>0$,总存在正整数 N,对任意的 $n>N$ 时,恒有 $|X_n-X|<\varepsilon$. 但由于 X_n, X 均为随机变量,于是 $|X_n-X|$ 也是随机变量,要求一个随机变量取值小于给定足够小的 ε 未免太苛刻了,而且对概率论中问题的进一步研究意义并不大. 为此,我们需要对上述定义进行修正,以适合随机变量本身的特性. 我们并不要求 $n>N$ 时,$|X_n-X|<\varepsilon$ 恒成立,只要求 n 足够大时,出现 $|X_n-X|\geqslant \varepsilon$ 的概率可以任意小. 于是有下列的定义.

定义 1 设 $X_1, X_2, \cdots, X_n, \cdots$ 是一个随机变量序列，X 是一个随机变量，如果对于任意给定的正数 ε，恒有

$$\lim_{n\to\infty} P\{|X_n - X| > \varepsilon\} = 0 \quad \text{或} \quad \lim_{n\to\infty} P\{|X_n - X| \leqslant \varepsilon\} = 1$$

则称随机变量序列 $X_1, X_2, \cdots, X_n, \cdots$ **依概率收敛于** X，记作

$$X_n \xrightarrow{P} X$$

3.7.3 大数定律

在第一章，我们曾指出，如果一个事件 A 的概率为 p，那么大量重复试验中事件 A 发生的频率将逐渐稳定到 p，这只是一种直观的说法. 下面的定理给出这一说法的严格数学表述.

定理 2 伯努利大数定律 设 n_A 是 n 重伯努利试验中事件 A 发生的次数，$p(0<p<1)$ 是事件 A 在一次试验中发生的概率，则对任意给定的正数 ε，有

$$\lim_{n\to\infty} \left\{ \left| \frac{n_A}{n} - p \right| < \varepsilon \right\} = 1$$

证明 由于 n_A 是 n 重伯努利试验中事件 A 发生的次数，因此 $n_A \sim B(n, p)$，进而

$$E(n_A) = np, \quad D(n_A) = np(1-p)$$

$$E\left(\frac{n_A}{n}\right) = \frac{E(n_A)}{n} = p, \quad D\left(\frac{n_A}{n}\right) = \frac{D(n_A)}{n^2} = \frac{p(1-p)}{n}$$

根据切比雪夫不等式，对任意给定的 $\varepsilon > 0$，有

$$P\left\{ \left| \frac{n_A}{n} - E\left(\frac{n_A}{n}\right) \right| < \varepsilon \right\} \geqslant 1 - \frac{D\left(\frac{n_A}{n}\right)}{\varepsilon^2}$$

即

$$1 - \frac{p(1-p)}{n\varepsilon^2} \leqslant P\left\{ \left| \frac{n_A}{n} - p \right| < \varepsilon \right\} \leqslant 1$$

令 $n \to \infty$，则有

$$\lim_{n\to\infty} P\left\{ \left| \frac{n_A}{n} - p \right| < \varepsilon \right\} = 1$$

注：(1) 伯努利定理是最早的一个大数定理，它表明：当重复试验次数 n 充分大时，事件 A 发生的频率 $\frac{n_A}{n}$ 与其概率 p 能任意接近的可能性很大（概率趋近于 1），这为实际应用中用频率近似代替概率提供了理论依据.

(2) 如果事件 A 发生的概率很小，则由伯努利定理知，事件 A 发生的频率也是很小的，或者说事件 A 很少发生，即"概率很小的随机事件在个别试验中几乎不会发生". 这一原理称为"小概率原理"，它的实际应用很广泛. 但应注意到，小概率事件与不可能事件是有区别的. 在多次试验中，小概率事件也可能发生.

定理 3 切比雪夫大数定律 设 $X_1, X_2, \cdots, X_n, \cdots$ 是相互独立的随机变量序列，其数学期望与方差都存在，且方差一致有界，即存在正数 M，对任意 $k(k=1, 2, \cdots)$，有

$$D(X_k) \leqslant M$$

则对任意给定的正数 ε，恒有

$$\lim_{n\to\infty}P\left\{\left|\frac{1}{n}\sum_{k=1}^{n}X_k-\frac{1}{n}\sum_{k=1}^{n}E(X_k)\right|<\varepsilon\right\}=1$$

证明　因为

$$E\left(\frac{1}{n}\sum_{k=1}^{n}X_k\right)=\frac{1}{n}\sum_{k=1}^{n}E(X_k),\quad D\left(\frac{1}{n}\sum_{k=1}^{n}X_k\right)=\frac{1}{n^2}\sum_{k=1}^{n}D(X_k)$$

由切比雪夫不等式,有

$$P\left\{\left|\frac{1}{n}\sum_{k=1}^{n}X_k-\frac{1}{n}\sum_{k=1}^{n}E(X_k)\right|<\varepsilon\right\}\geqslant 1-\frac{\sum_{k=1}^{n}D(X_k)}{n^2\varepsilon^2}$$

由于方差一致有界,因此

$$\sum_{k=1}^{n}D(X_k)\leqslant nM$$

从而得

$$1-\frac{M}{n\varepsilon^2}\leqslant P\left\{\left|\frac{1}{n}\sum_{k=1}^{n}X_k-\frac{1}{n}\sum_{k=1}^{n}E(X_k)\right|<\varepsilon\right\}\leqslant 1$$

令 $n\to\infty$,则有

$$\lim_{n\to\infty}P\left\{\left|\frac{1}{n}\sum_{k=1}^{n}X_k-\frac{1}{n}\sum_{k=1}^{n}E(X_k)\right|<\varepsilon\right\}=1$$

推论 1　设随机变量 $X_1,X_2,\cdots,X_n,\cdots$ 相互独立且服从相同的分布,具有数学期望 $E(X_k)=\mu(k=1,2,\cdots)$ 和方差 $D(X_k)=\sigma^2(k=1,2,\cdots)$,则对任意给定的正数 ε,有

$$\lim_{n\to\infty}P\left\{\left|\frac{1}{n}\sum_{k=1}^{n}X_k-\mu\right|<\varepsilon\right\}=1$$

切比雪夫大数定律是在 1866 年由俄国数学家切比雪夫提出并证明的,它是大数定律的一个相当普遍的结论,许多大数定律的古典结果是它的特例,伯努利大数定律就可以看作它的推论.

事实上,在伯努利大数定律中,令

$$X_k=\begin{cases}1,&\text{在第 }k\text{ 次试验中事件 }A\text{ 发生}\\0,&\text{在第 }k\text{ 次试验中事件 }A\text{ 不发生}\end{cases}(k=1,2,\cdots)$$

则 $X_k\sim B(1,p)(k=1,2,\cdots)$,$\sum_{k=1}^{n}X_k=n_A$,$\frac{1}{n}\sum_{k=1}^{n}X_k=\frac{n_A}{n}$,$\frac{1}{n}\sum_{k=1}^{n}E(X_k)=p$,并且 $X_1,X_2,\cdots,X_n,\cdots$ 满足切比雪夫大数定律的条件,于是由切比雪夫大数定律可证明伯努利大数定律.

以上两个大数定律都是以切比雪夫不等式为基础来证明的,所以要求随机变量的方差存在.但是进一步的研究表明,方差存在这个条件并不是必要的.下面介绍的辛钦大数定律就表明了这一点.

定理 4　辛钦(Khintchine)大数定律　设随机变量序列 $X_1,X_2,\cdots,X_n,\cdots$ 相互独立且服从相同的分布,具有数学期望 $E(X_k)=\mu,k=1,2,\cdots$,则对任意给定的正数 ε,有

$$\lim_{n\to\infty}P\left\{\left|\frac{1}{n}\sum_{k=1}^{n}X_k-\mu\right|<\varepsilon\right\}=1$$

证明略.

使用依概率收敛的概念,伯努利大数定律表明:n 重伯努利试验中事件 A 发生的频率依概

率收敛于事件 A 发生的概率,它以严格的数学形式阐述了频率具有稳定性的客观规律. 辛钦大数定律表明: n 个独立同分布的随机变量的算术平均值依概率收敛于随机变量的数学期望,这为实际问题中算术平均值的应用提供了理论依据.

例 3 已知 $X_1, X_2, \cdots, X_n$ 相互独立且都服从参数为 2 的指数分布,求当 $n \to \infty$ 时, $Y_n = \dfrac{1}{n} \sum\limits_{k=1}^{n} X_k^2$ 依概率收敛的极限.

解 显然 $E(X_k) = \dfrac{1}{2}, D(X_k) = \dfrac{1}{4}$,所以

$$E(X_k^2) = E^2(X_k) + D(X_k) = \dfrac{1}{4} + \dfrac{1}{4} = \dfrac{1}{2}, \quad k = 1, 2, \cdots$$

由辛钦大数定律,有

$$Y_n = \dfrac{1}{n} \sum_{k=1}^{n} X_k^2 \xrightarrow{P} E(X_k^2) = \dfrac{1}{2}$$

最后需要指出的是:不同的大数定律应满足的条件是不同的,切比雪夫大数定律中虽然只要求 $X_1, X_2, \cdots, X_n, \cdots$ 相互独立而不要求具有相同的分布,但对于方差的要求是一致有界的;伯努利大数定律则要求 $X_1, X_2, \cdots, X_n, \cdots$ 不仅独立同分布,而且要求同时服从同参数的 0—1 分布;辛钦大数定律并不要求 X_k 的方差存在,但要求 $X_1, X_2, \cdots, X_n, \cdots$ 独立同分布. 各大数定律都要求 X_k 的数学期望存在,如服从柯西分布,密度函数均为 $f(x) = \dfrac{1}{\pi(1+x^2)}$ 的相互独立随机变量序列,由于数学期望不存在,因而不满足大数定律.

习题 3.7

1. 设随机变量 X 的方差为 2,则根据切比雪夫不等式有估计 $P\{|X - E(X)| \geqslant 2\} \leqslant$ ( ).

   A. 0　　　　　　B. 1　　　　　　C. 0.2　　　　　　D. 0.5

2. 设 $\{X_n\}$ 是独立同分布的随机变量序列,在( )条件下,$\{X_n\}$ 不服从切比雪夫大数定律.

   A. X_n 的概率分布为 $P\{X_n = k\} = \dfrac{e^{-1}}{k!} (k = 0, 1, \cdots)$

   B. X_n 服从 $[a, b] (a < b)$ 上的均匀分布

   C. X_n 的密度函数为 $f(x) = \dfrac{1}{\pi(1+x^2)} (x \in \mathbf{R})$

   D. X_n 的密度函数为 $f(x) = \begin{cases} \dfrac{3}{x^4}, & x \geqslant 1 \\ 0, & x < 1 \end{cases}$

3. 设随机变量 X 的期望 $E(X)$,方差 $D(X)$ 都存在,则对 $\forall \varepsilon > 0$,下列各式中正确的是( ).

   A. $P\{|X - E(X)| < \varepsilon\} \geqslant \dfrac{D(X)}{\varepsilon^2}$　　　　B. $P\{|X - E(X)| \geqslant \varepsilon\} \geqslant 1 - \dfrac{D(X)}{\varepsilon^2}$

C. $P\{|X-E(X)|\geq \varepsilon\}\leq \dfrac{D(X)}{\varepsilon^2}$ \qquad D. $P\{|X-E(X)|<\varepsilon\}\leq 1-\dfrac{D(X)}{\varepsilon^2}$

4. 设 $X_1,X_2,\cdots,X_9$ 相互独立，$E(X_i)=1,D(X_i)=1(i=1,2,\cdots,9)$．试利用切比雪夫不等式估算概率

(1) $P\left\{\left|\sum\limits_{i=1}^{9}X_i-9\right|<\varepsilon\right\}$；\qquad (2) $P\left\{\left|\dfrac{1}{9}\sum\limits_{i=1}^{9}X_i-1\right|<\varepsilon\right\}$．

5. 将一枚均匀的硬币抛 800 次，利用切比雪夫不等式估计正面朝上的次数在 350 次与 450 次间的概率．

§3.8 中心极限定理

【课前导读】 在实际问题中，许多随机现象是由大量相互独立的随机因素综合影响所成的，其中每一个因素在总的影响中所起的作用是微小的．这类随机变量一般都服从或近似服从正态分布．以一门大炮的射程为例，影响大炮的射程的随机因素包括：大炮炮身结构导致的误差，炮弹及炮弹内炸药质量导致的误差，瞄准时的误差，受风速、风向的干扰造成的误差等．其中每一种误差造成的影响中所起的作用是微小的，并且可以看作相互独立的，人们关心的是这众多误差因素对大炮射程所造成的总的影响．因此，需要讨论大量独立随机变量和的问题．

上节大数定律实际上告诉我们：当 n 趋向于无穷时，独立同分布的随机变量序列的算术平均值 $\dfrac{1}{n}\sum\limits_{k=1}^{n}X_k$ 依概率收敛于 X_k 的数学期望 μ，即对任意给定的 $\varepsilon>0$，有 $P\left\{\left|\dfrac{1}{n}\sum\limits_{k=1}^{n}X_k-\mu\right|\geq\varepsilon\right\}\to 0$．那么，对固定的 $\varepsilon>0$，n 充分大时，事件 $\left\{\left|\dfrac{1}{n}\sum\limits_{k=1}^{n}X_k-\mu\right|\geq\varepsilon\right\}$ 的概率究竟有多大，大数定律并没有给出答案，本节的中心极限定理将给出更加"精细"的结论．

中心极限定理是棣莫弗—拉普拉斯在 18 世纪首先提出的，至今其内容已经非常丰富．这些定理在很一般的条件下证明了：无论随机变量 $X_i(i=1,2,\cdots)$ 服从什么分布，n 个随机变量的和 $\sum\limits_{i=1}^{n}X_i$ 在 $n\to\infty$ 时的极限分布是正态分布．利用这些结论，数理统计中许多复杂随机变量的分布可以用正态分布近似，而正态分布有许多完美的理论，从而可以获得既实用又简单的统计分析．下面我们仅介绍其中两个最基本的结论．

3.8.1 列维—林德伯格(Levy-Lindberg)中心极限定理

定理1 列维—林德伯格中心极限定理 设随机变量 $X_i(i=1,2,\cdots)$ 相互独立且服从相同的分布，具有数学期望 $E(X_k)=\mu$ 和方差 $D(X_k)=\sigma^2>0(k=1,2,\cdots)$，则对任意实数 x，有

$$\lim_{n\to\infty}P\left\{\dfrac{\sum\limits_{k=1}^{n}X_k-n\mu}{\sqrt{n}\sigma}\leq x\right\}=\dfrac{1}{\sqrt{2\pi}}\int_{-\infty}^{x}\mathrm{e}^{-\frac{t^2}{2}}\mathrm{d}t=\Phi(x)$$

证明略．

注意：(1) 这个定理的证明是 20 世纪 20 年代由列维(Levy)和林德伯格(Lindberg)给出的，定理表明：当 n 充分大时，n 个具有期望和方差的独立同分布的随机变量之和近似服从正

态分布. 虽然在一般情况下,我们很难求出 $\sum_{i=1}^{n} X_i$ 的分布的确切形式,但当 n 充分大时,可求出其近似分布. 由定理的结论,有 $\dfrac{\sum_{i=1}^{n} X_i - n\mu}{\sigma \sqrt{n}} \sim N(0,1)$,即 $\dfrac{\frac{1}{n}\sum_{i=1}^{n} X_i - \mu}{\sigma/\sqrt{n}} \sim N(0,1)$,于是

$$\overline{X} = \frac{1}{n}\sum_{i=1}^{n} X_i \sim N(\mu, \sigma^2/n)$$

(2) 此定理又可表述为:均值为 μ,方差为 σ^2 的独立同分布的随机变量 $X_1, X_2, \cdots, X_n, \cdots$ 的算术平方值 $\overline{X}$,当 n 充分大时近似地服从均值为 μ,方差为 σ^2/n 的正态分布. 这一结果是数理统计中大样本统计推断的理论基础.

下面的定理是独立同分布的中心极限定理的一种特殊情况.

3.8.2 棣莫弗—拉普拉斯(De Moivre-Laplace)中心极限定理

定理 2 棣莫弗—拉普拉斯中心极限定理

设随机变量 Y_n 服从参数为 $n, p(0<p<1)$ 的二项分布,则对任意实数 x,恒有

$$\lim_{n \to \infty} P\left\{ \frac{Y_n - np}{\sqrt{np(1-p)}} \leqslant x \right\} = \frac{1}{\sqrt{2\pi}} \int_{-\infty}^{x} e^{-\frac{t^2}{2}} dt = \Phi(x)$$

证明 设随机变量 $X_1, X_2, \cdots, X_n, \cdots$ 相互独立,且都服从 $B(1, p)(0<p<1)$,则由二项分布的可加性,知 $Y_n = \sum_{k=1}^{n} X_k$.

由于

$$E(X_k) = p, \quad D(X_k) = p(1-p), \quad k = 1, 2, \cdots$$

根据独立同分布的中心极限定理可知,对任意实数 x,恒有

$$\lim_{n \to \infty} P\left\{ \frac{\sum_{k=1}^{n} X_k - np}{\sqrt{np(1-p)}} \leqslant x \right\} = \frac{1}{\sqrt{2\pi}} \int_{-\infty}^{x} e^{-\frac{t^2}{2}} dt = \Phi(x)$$

亦即

$$\lim_{n \to \infty} P\left\{ \frac{Y_n - np}{\sqrt{np(1-p)}} \leqslant x \right\} = \frac{1}{\sqrt{2\pi}} \int_{-\infty}^{x} e^{-\frac{t^2}{2}} dt = \Phi(x)$$

表明正态分布是二项分布的极限分布,当 n 充分大时,可以利用该定理近似计算二项分布的概率.

注意:因为二项分布 $B(n, p)$ 可分解为 n 个相互独立、服从统一分布 $B(1, p)$ 的 n 个随机变量的和,故定理 2 的结论对服从参数为 (n, p) 的二项分布也成立,即正态分布是二项分布的近似.

例 1 某车间有 150 台同类型的机器,每台出现故障的概率都是 0.02,假设各台机器的工作状态相互独立,求机器出现故障的台数不少于 2 的概率.

解 以 X 表示机器出现故障的台数,依题意,$X \sim B(150, 0.02)$,且

$$E(X) = 3, \quad D(X) = 2.94, \quad \sqrt{D(X)} = 1.715$$

由棣莫弗—拉普拉斯中心极限定理,有

$$P\{X \geqslant 2\} = 1 - P\{X < 2\} = 1 - \left\{ \frac{X-3}{1.715} \leqslant \frac{2-3}{1.715} \right\}$$

$$\approx 1-\Phi(-0.583\ 1)\approx 0.721$$

例2 一生产线生产的产品成箱包装,每箱的重量是一个随机变量,平均每箱重 50 kg,标准差 5 kg. 若用最大载重量为 5 t 的卡车承运,利用中心极限定理说明每辆车最多可装多少箱,才能保证不超载的概率大于 0.977.

解 设每辆车最多可装 n 箱,记 $X_i(i=1,2,\cdots,n)$ 为装运的第 i 箱的重量(kg),则 $X_1, X_2,\cdots,X_n$ 相互独立且分布相同,且

$$E(X_i)=50,\quad D(X_i)=25,\quad i=1,2,\cdots,n$$

于是 n 箱的总重量为

$$T_n=X_1+X_2+\cdots+X_n$$

由独立同分布的中心极限定理,有

$$P\{T_n\leqslant 5\ 000\}=P\left\{\frac{\sum_{i=1}^n X_i-50n}{\sqrt{25n}}\leqslant\frac{5\ 000-50n}{\sqrt{25n}}\right\}$$

$$\approx\Phi\left(\frac{5\ 000-50n}{\sqrt{25n}}\right)$$

由题意,令

$$\Phi\left(\frac{5\ 000-50n}{\sqrt{25n}}\right)>0.977=\Phi(2)$$

有 $\dfrac{5\ 000-50n}{\sqrt{25n}}>2$,解得 $n<98.02$,即每辆车最多可装 98 箱.

习题 3.8

1. 某储蓄所每天大约有 100 笔业务,每笔业务都是相互独立的. 设第 i 笔业务发生的净现金额(单位:万元)是随机变量 X_i,且已知 $E(X_i)=D(X_i)=0.5(i=1,2,\cdots,100)$,假定每笔业务发生的净现金额都是独立同分布的,近似计算这个储蓄所每天总的净现金额不超过 60 万元的概率. (参考数据 $\Phi(1.414)=0.921, \Phi(1)=0.841\ 3$)

2. 计算机在进行加法运算时,对每个加数取整. 设每个加数的取整误差是相互独立的,它们都在 $(-0.5,0.5)$ 内服从均匀分布. 问:最多有多少个数相加会使误差总和的绝对值小于 10 的概率不小于 0.9?(参考数据 $\Phi(1.645)=0.95, \Phi(1.6)=0.945\ 2$)

3. 某地区 18 岁女青年的血压(收缩压:以 mm-Hg 计)服从 $X\sim N(110,12^2)$,在该地任选一名 18 岁女青年,测量她的血压 X,已知 $\Phi(0.42)=0.662\ 8,\Phi(0.83)=0.796\ 7,\Phi(1.65)=0.95$,求:

(1) $P\{X\leqslant 105\}, P\{100<X\leqslant 120\}$;

(2)确定最小的 x,使 $P\{X>x\}\leqslant 0.05$.

4. 设 $X_1,X_2,\cdots,X_{20}$ 相互独立且都服从均匀分布 $U[0,1]$,即 $Y=\sum_{i=1}^{20}X_i$,求:

(1) $P\{Y\leqslant 9.1\}$;

(2) $P\{8.5 < Y < 11.7\}$.

5. 一家保险公司有 10 000 个人参加人寿保险,每人每年付 12 元保险金,在一年内每个人死亡的概率为 0.006,死亡时,家属可从保险公司领取 1 000 元,问:保险公司亏本的概率有多少?保险公司一年的利率不少于 80 000 元的概率是多少?

总复习题三

1. 将两封信随机放入编号为 1,2,3,4 的四个邮筒内.以随机变量 $X_i(i=1,2,3,4)$ 表示第 i 个邮筒内信的数目.求 (X_1, X_2) 的分布律.

2. 甲、乙两人独立进行两次射击,假设甲的命中率为 0.2,乙的命中率为 0.5,以 X 和 Y 分别表示甲和乙的命中次数,求 (X,Y) 的分布律.

3. 盒子里装有 3 只黑球、2 只红球、2 只白球,在其中任意取 4 只球,用 X 表示取到黑球的只数,以 Y 表示取到红球的只数.
求:(1) (X,Y) 的分布律;(2) $P\{X>Y\}$,$P\{X=2Y\}$,$P\{X+Y=3\}$,$P\{X<3-Y\}$.

4. 已知随机变量 (X,Y) 的概率密度为
$$f(x,y) = \begin{cases} k(6-x-y), & 0 \leqslant x \leqslant 2, \ 2 \leqslant y \leqslant 4 \\ 0, & \text{其他} \end{cases}$$
求:(1) 常数 k;(2) $P\{X<1,Y<3\}$;(3) $P\left\{X \geqslant \dfrac{3}{2}\right\}$;(4) $P\{X+Y>4\}$.

5. 将两个不同的球任意放入编号为 1,2,3 的三个盒中,假设每球放入各盒都是等可能的.以随机变量 X 表示空盒的个数,以随机变量 Y 表示有球盒的最小编号.
求:(1) (X,Y) 的分布律;(2) 关于 X 的边缘分布律;(3) 关于 Y 的边缘分布律.

6. 设随机变量 X 在 1,2,3,4 四个数字中等可能地取值,随机变量 Y 在 1~X 中等可能地随机取一整数值.
求:(1) (X,Y) 的分布律;(2) 关于 X 的边缘分布律;(3) 关于 Y 的边缘分布律.

7. 已知二维随机变量 (X,Y) 的分布函数为
$$F(x,y) = \begin{cases} 1-e^{-x}-e^{-y}+e^{-(x+y)}, & x>0, y>0 \\ 0, & \text{其他} \end{cases}$$
求关于 X 和关于 Y 的边缘分布函数 $F_X(x)$ 和 $F_Y(y)$.

8. 已知二维随机变量 (X,Y) 的概率密度为
$$f(x,y) = \begin{cases} 8xy, & 0 \leqslant x \leqslant y \leqslant 1 \\ 0, & \text{其他} \end{cases}$$
求:(1) 关于 X 的边缘概率密度;(2) 关于 Y 的边缘概率密度.

9. 已知二维随机变量 (X,Y) 在以原点为圆心,R 为半径的圆上服从均分分布,求 (X,Y) 的概率密度.

10. 已知二维随机变量 (X,Y) 在区域 $D=\{(x,y)|0 \leqslant x \leqslant 2, 0 \leqslant y \leqslant 1\}$ 上均匀分布,求:(1) 关于 X 的边缘概率密度;(2) 关于 Y 的边缘概率密度;(3) $P\left\{X<\dfrac{3}{2}, Y>\dfrac{1}{2}\right\}$;(4) $P\{Y<X^2\}$.

11. 将某一医药公司 9 月份和 8 月份收到的青霉素针剂的订货单数分别记为 (X,Y) 的分

布律为

Y\X	51	52	53	54	55
51	0.06	0.05	0.05	0.01	0.01
52	0.07	0.05	0.01	0.01	0.01
53	0.05	0.10	0.10	0.05	0.05
54	0.05	0.02	0.01	0.01	0.03
55	0.05	0.06	0.05	0.01	0.03

求:(1) 关于 X 的边缘分布律;(2) 关于 Y 的边缘分布律.

12. 设 (X,Y) 是二维离散型随机变量, X 和 Y 的边缘分布律如下:

X	-1	0	1
P	$\frac{1}{4}$	$\frac{1}{2}$	$\frac{1}{4}$

Y	0	1
P	$\frac{1}{2}$	$\frac{1}{2}$

判断 X 和 Y 是否相互独立.

13. 在一个箱子中装有 12 只开关,其中 2 只是次品,在其中取两次,每次任取一只,考虑两种试验:(1) 放回抽样;(2) 不放回抽样. 定义随机变量 X,Y 如下:

$$X = \begin{cases} 0, & \text{若第一次取出的是正品} \\ 1, & \text{若第一次取出的是次品} \end{cases}, \quad Y = \begin{cases} 0, & \text{若第二次取出的是正品} \\ 1, & \text{若第二次取出的是次品} \end{cases}$$

分别就(1)(2)两种情况,求关于 X 的边缘分布律,关于 Y 的边缘分布律,并判断 X 与 Y 是否相互独立.

14. 已知随机变量 X 与 Y 相互独立且服从同一分布,其分布律为

X	0	1	2
P	0.4	0.3	0.3

求二维随机变量 (X,Y) 的分布律.

15. 已知二维随机变量 (X,Y) 的概率密度为

$$f(x,y) = \begin{cases} x^2 + \frac{1}{3}xy, & 0 \leqslant x \leqslant 1, 0 \leqslant y \leqslant 2 \\ 0, & \text{其他} \end{cases}$$

求:(1) 关于 X 的边缘概率密度;(2) 关于 Y 的边缘概率密度;(3) 判断 X 和 Y 是否相互独立.

16. 已知二维随机变量 (X,Y) 的概率密度为

$$f(x,y) = \begin{cases} cxy^2, & 0 < x < 1, 0 < y < 1 \\ 0, & \text{其他} \end{cases}$$

求:(1) 关于 X 的边缘概率密度;(2) 关于 Y 的边缘概率密度;(3) 判断 X 和 Y 是否相互独立.

17. 已知二维随机变量 (X,Y) 的概率密度为

$$f(x,y) = \begin{cases} c(3x^2 + xy), & 0 < x < 1, 0 < y < 2 \\ 0, & \text{其他} \end{cases}$$

判断 X 和 Y 是否相互独立.

18. 设随机变量 X,Y 相互独立, X 服从 $(0,0.2)$ 内的均匀分布, Y 服从参数为 5 的指数分布, 求: (1) (X,Y) 的概率密度 $f(x,y)$; (2) $P\{-1<X\leqslant 0.1, Y\leqslant 1\}$.

19. 设两个相互独立的随机变量 X 与 Y 的分布律为

X	1	3
P	0.3	0.7

Y	2	4
P	0.6	0.4

求随机变量 $Z=X+Y$ 的分布律.

20. 设随机变量 X 与 Y 相互独立, 且 $X\sim U(0,1), Y\sim U(0,1)$, 求 $Z=X+Y$ 的概率密度.

21. 设随机变量 (X,Y) 的概率密度为

$$f(x,y)=\begin{cases}3x, & 0<x<1, 0<y<x\\ 0, & \text{其他}\end{cases}$$

求 $Z=X-Y$ 的概率密度.

22. 设随机变量 (X,Y) 的概率密度为

$$f(x,y)=\begin{cases}8xy, & 0<x\leqslant y, 0<y\leqslant 1\\ 0, & \text{其他}\end{cases}$$

求 $Z=XY$ 的概率密度.

23. 二维随机变量 (X,Y) 的分布律为

X \ Y	0	1
-1	0.25	0
0	0	0.5
1	0.25	0

求: (1) $E(X)$; (2) $D(X)$; (3) $\text{Cov}(X,Y)$; (4) 判断 X 和 Y 是否相互独立; (5) 判断 X 和 Y 是否相关.

24. 设二维随机变量 (X,Y) 的概率密度为

$$f(x,y)=\begin{cases}6, & 0<x^2<y<x<1\\ 0, & \text{其他}\end{cases}$$

(1) 求 $\text{Cov}(X,Y)$; (2) 判断 X 和 Y 是否相互独立; (3) 判断 X 和 Y 是否相关.

25. 已知二维随机变量 (X,Y) 的概率密度为

$$f(x,y)=\begin{cases}\dfrac{1}{8}(x+y), & 0<x\leqslant 2, 0\leqslant y\leqslant 2\\ 0, & \text{其他}\end{cases}$$

求: (1) $E(X)$; (2) $E(Y)$; (3) $\text{Cov}(X,Y)$ 和 ρ_{XY}; (4) $D(X+Y)$.

26. 设随机变量 X 和 Y 相互独立, 且 $E(X)=E(Y)=1, D(X)=2, D(Y)=3$, 求 $D(XY)$.

27. 设 $D(X)=25, D(Y)=36, \rho_{XY}=\dfrac{1}{6}$, 求: (1) $D(X+Y)$; (2) $D(X-Y)$.

28. 从某厂产品中任取 200 件, 检查结果发现其中有 4 件废品. 我们能否相信该产品的废品率不超过 0.005?

29. 一学校有 10 000 名住校学生,每人都以 70% 的概率去图书馆自习,试问:图书馆至少应设多少个座位,才能以 99% 的概率保证在图书馆上自习的同学都有座位?

数学家简介——

高　斯

　　高斯(Johann Carl Friedrich Gauss,1777—1855)生于不伦瑞克,卒于哥廷根,德国著名数学家、物理学家、天文学家、大地测量学家. 高斯被认为是最重要的数学家之一,并拥有"数学王子"的美誉.

　　高斯被认为是人类有史以来"最伟大的四位数学家之一"(阿基米德、牛顿、高斯、欧拉). 人们还称赞高斯是"人类的骄傲". 天才、早熟、高产、创造力不衰……人类智力领域的所有褒奖之词对于高斯都不过分.

　　高斯开辟了许多新的数学领域,从最抽象的代数论到内蕴几何学,都留下了他的足迹. 在研究风格、方法乃至所取得的具体成就方面,他一直是 18 世纪和 19 世纪之交的中坚人物. 如果我们把 18 世纪的数学家想象为一系列的高山峻岭,那么最后一座令人肃然起敬的巅峰就是高斯;如果把 19 世纪的数学家想象为一条条江河,那么其源头就是高斯.

第 4 章 数理统计的概念

从本章开始,我们将讨论另一主题:数理统计.数理统计是研究统计工作的一般原理和方法的数学学科,它以概率论为基础,研究如何合理地获取数据资料,并根据试验和观察得到的数据,对随机现象的客观规律性作出合理的推断.

本章介绍数理统计的基本概念,包括总体与样本、经验分布函数、统计量与抽样分布,并着重介绍三种常用的统计分布:χ^2 分布、t 分布和 F 分布.

§4.1 总体与样本

【课前导读】在数理统计中,理解总体和样本的概念,掌握二者之间的关系,进而区分总体是离散型随机变量或是连续型随机变量的样本.

4.1.1 总体

在数理统计中,我们把所研究对象的全体称为**总体**,总体中的每个元素称为**个体**.例如,研究某班学生的身高时,该班全体学生构成总体,其中每个学生都是一个个体;又如,考察某兵工厂生产炮弹的射程,该厂生产的所有炮弹构成总体,其中每个炮弹就是一个个体.

在具体问题的讨论中,我们关心的往往是研究对象的某一数量指标(例如学生的身高),它是一个随机变量,因此,总体又是指刻画研究对象某一数量指标的随机变量 X.当研究的指标不止一个时,可将其分成几个总体来研究.今后,凡是提到总体就是指一个随机变量.随机变量的分布函数以及分布律(离散型)或概率密度(连续型)也称为总体的分布函数以及分布律或概率密度,并统称为**总体的分布**.

总体中所包含的个体总数叫作**总体容量**.如果总体的容量是有限的,则称为有限总体;否则称为无限总体.在实际应用中,有时需要把容量很大的有限总体当作无限总体来研究.

4.1.2 随机样本

在数理统计中,总体 X 的分布通常是未知的,或者在形式上是已知的但含有未知参数.那么为了获得总体的分布信息,从理论上讲,需要对总体 X 中的所有个体进行观察测试,但这往往是做不到的.例如,由于测试炮弹的射程试验具有破坏性,一旦我们获得每个炮弹的射程数据,这批炮弹也就全部报废了,因此我们不可能对所有个体逐一加以观察测试,而是从总体 X 中随机抽取若干个个体进行观察测试.从总体中抽取若干个个体的过程叫作**抽样**,抽取的若干个个体称为**样本**,样本中所含个体的数量称为**样本容量**.

抽取样本是为了研究总体的性质,为了保证所抽取的样本在总体中具有代表性,抽样方法必须满足以下两个条件.

(1) 代表性:抽取的样本与所考察的总体具有相同的分布.

(2) 独立性：每次抽取是相互独立的，即每次抽取的结果既不影响其他各次抽取的结果，也不受其他各次抽取结果的影响.

这种最常用的抽样方法称为**简单随机抽样**，由此得到的样本称为**简单随机样本**.

对于有限总体而言，有放回抽样可以得到简单随机样本，但有放回抽样使用起来不方便. 在实际应用中，当总体容量 N 很大而样本容量 n 较小时（一般当 $N \geqslant 10n$ 时），可将不放回抽样近似当作放回抽样来处理. 对于无限总体而言，抽取一个个体不会影响它的分布，因此，通常采取不放回抽样得到简单随机样本. 以后我们所涉及的抽样和样本都是指简单随机抽样和简单随机样本.

从总体 X 中抽取一个个体，就是对总体 X 进行一次随机试验. 重复做 n 次试验后，得到了总体的一组数据 $(x_1, x_2, \cdots, x_n)$，称为一个样本观测值. 由于抽样的随机性和独立性，每个 $x_i (i=1,2,\cdots,n)$ 可以看作某个随机变量 $X_i (i=1,2,\cdots,n)$ 的观测值，而 $X_i (i=1,2,\cdots,n)$ 相互独立且与总体 X 具有相同的分布. 习惯上称 n 维随机变量 $(X_1, X_2, \cdots, X_n)$ 为来自总体 X 的简单随机样本.

定义 1 设总体 X 的分布函数为 $F(x)$，若随机变量 $X_1, X_2, \cdots, X_n$ 相互独立，且都与总体 X 具有相同的分布函数，则称 $X_1, X_2, \cdots, X_n$ 是来自总体 X 的**简单随机样本**，简称为**样本**，n 称为样本容量. 在对总体 X 进行一次具体的抽样并做观测之后，得到样本 $X_1, X_2, \cdots, X_n$ 的确切数值 $x_1, x_2, \cdots, x_n$，称为样本观测值，简称为**样本值**.

若总体 X 的分布函数为 $F(x)$，$X_1, X_2, \cdots, X_n$ 是总体 X 的容量为 n 的样本，则由样本的定义知，$X_1, X_2, \cdots, X_n$ 的联合分布函数为

$$F(x_1, x_2, \cdots, x_n) = \prod_{i=1}^{n} F(x_i) \tag{4.1.1}$$

若总体 X 是离散型随机变量，其分布律为 $p_i = P\{X = x_i\} (i=1,2,\cdots)$，则 $X_1, X_2, \cdots, X_n$ 的联合分布律为

$$P\{X_1 = x_1, X_2 = x_2, \cdots, X_n = x_n\} = \prod_{i=1}^{n} P[X_i = x_i] = \prod_{i=1}^{n} p_i \tag{4.1.2}$$

若总体 X 是连续型随机变量，其概率密度为 $f(x)$，则 $X_1, X_2, \cdots, X_n$ 的联合概率密度为

$$f(x_1, x_2, \cdots, x_n) = \prod_{i=1}^{n} f(x_i) \tag{4.1.3}$$

例 1 设总体 X 服从正态分布 $N(\mu, \sigma^2)$，其概率密度为

$$f(x) = \frac{1}{\sqrt{2\pi}\sigma} e^{-\frac{(x-\mu)^2}{2\sigma^2}}, \quad -\infty < x < +\infty$$

则样本 $X_1, X_2, \cdots, X_n$ 的联合概率密度为

$$f(x_1, x_2, \cdots, x_n) = \prod_{i=1}^{n} \frac{1}{\sigma\sqrt{2\pi}} \exp\left\{-\frac{1}{2}\left(\frac{x_i - \mu}{\sigma}\right)^2\right\}$$

$$= \left(\frac{1}{\sigma\sqrt{2\pi}}\right)^n \exp\left\{-\frac{1}{2\sigma^2}\sum_{i=1}^{n}(x_i - \mu)^2\right\}$$

$$-\infty < x_i < +\infty, \quad i = 1, 2, \cdots, n$$

例 2 设总体 $X \sim B(N, p)$，$X_1, X_2, \cdots, X_n$ 为来自总体 X 的样本，求 $X_1, X_2, \cdots, X_n$ 的联合分布律.

解 $X_1, X_2, \cdots, X_n$ 相互独立，并且 $X_i \sim B(N, p), i = 1, 2, \cdots, n$. 因此，$X_i$ 的分布律为
$$P\{X_i = x_i\} = C_N^{x_i} p^{x_i} (1-p)^{N-x_i}, \quad x_i = 0, 1, 2, \cdots, N, i = 1, 2, \cdots, n$$
所以 $X_1, X_2, \cdots, X_n$ 的联合分布律为
$$P\{X_1 = x_1, X_2 = x_2, \cdots, X_n = x_n\} = \prod_{i=1}^{n} P\{X_i = x_i\}$$
$$= \left(\prod_{i=1}^{n} C_N^{x_i}\right) p^{\sum_{i=1}^{n} x_i} (1-p)^{nN - \sum_{i=1}^{n} x_i} \cdot x_i = 0, 1, 2, \cdots, N; i = 1, 2, \cdots, n$$

习题 4.1

1. 设总体 $X \sim B(1, p), X_1, X_2, \cdots, X_n$ 为其中一个简单随机样本，求样本 $(X_1, X_2, \cdots, X_n)$ 的分布律.

2. 设总体 $X \sim E(\lambda), X_1, X_2, \cdots, X_n$ 为其中一个简单随机样本，求样本 $(X_1, X_2, \cdots, X_n)$ 的联合密度函数.

§4.2 统 计 量

【课前导读】 在实际应用中，人们对总体 X 的分布是毫无所知的. 借助于总体 X 的样本 $X_1, X_2, \cdots, X_n$，对总体 X 的未知分布进行合理的推断，这类问题统称为**统计推断问题**.

在利用样本对总体进行推断时，常常借助于样本的适当函数. 利用这些函数所反映的总体分布的信息来对总体的所属类型，或者对总体中所含的未知参数作出统计推断. 通常把这样的函数称为统计量.

4.2.1 统计量的定义

定义 1.1 设 $X_1, X_2, \cdots, X_n$ 是来自总体 X 的一个样本，$x_1, x_2, \cdots, x_n$ 是样本值，$g(X_1, X_2, \cdots, X_n)$ 是 $X_1, X_2, \cdots, X_n$ 的函数. 如果 $g(X_1, X_2, \cdots, X_n)$ 中不含未知参数，则称 $g(X_1, X_2, \cdots, X_n)$ 为**统计量**，而 $g(x_1, x_2, \cdots, x_n)$ 称为**统计量的观测值**.

例 1 设总体 $X \sim B(1, p), P\{x = 1\} = p, P\{x = 0\} = 1 - p$，其中 $p > 0$ 为未知参数，$X_1, X_2, \cdots, X_n$ 为来自总体 X 的一个样本，指出下列函数哪些是统计量，哪些不是统计量.

(1) $X_1 + X_2$；(2) $\max_{1 \leqslant i \leqslant n}\{X_i\}$；(3) $X_n + 2p$；(4) $(X_n - X_1)^2$.

解 据统计量定义，统计量必须满足两个条件：①它是样本 $X_1, X_2, \cdots, X_n$ 的函数；②它不含未知参数.

在(1)~(4)中，它们都是样本 $X_1, X_2, \cdots, X_n$ 的函数，但(3)含未知参数 p，所以(1),(2)及(4)中的函数都是统计量，(3)中的函数不是统计量.

4.2.2 常用统计量

下面介绍几种常用的统计量，设 $X_1, X_2, \cdots, X_n$ 是来自总体 X 的一个样本，$x_1, x_2, \cdots, x_n$ 是相应的样本值.

1. 样本均值

称
$$\overline{X} = \frac{1}{n}\sum_{i=1}^{n} X_i \tag{4.2.1}$$

为**样本均值**,它的观测值为
$$\overline{x} = \frac{1}{n}\sum_{i=1}^{n} x_i$$

若总体 X 具有均值 $E(X)=\mu$ 和方差 $D(X)=\sigma^2>0$,则
$$E(X_i) = \mu, \quad D(X_i) = \sigma^2, \quad i = 1,2,\cdots,n$$

有 $E(\overline{X})=\mu, D(\overline{X})=\frac{\sigma^2}{n}$. 即样本均值的数学期望等于总体的均值,样本均值的方差等于总体方差的 $\frac{1}{n}$ 倍.

2. 样本方差

称
$$S_0^2 = \frac{1}{n}\sum_{i=1}^{n}(X_i - \overline{X})^2 \tag{4.2.2}$$

为**未修正样本方差**,而称
$$S^2 = \frac{n}{n-1}S_0^2 = \frac{1}{n-1}\sum_{i=1}^{n}(X_i - \overline{X})^2 = \frac{1}{n-1}\Big(\sum_{i=1}^{n}X_i^2 - n\overline{X}^2\Big) \tag{4.2.3}$$

为**修正样本方差**,它们的观测值分别为
$$s_0^2 = \frac{1}{n}\sum_{i=1}^{n}(x_i - \overline{x})^2$$
$$s^2 = \frac{1}{n-1}\sum_{i=1}^{n}(x_i - \overline{x})^2 = \frac{1}{n-1}\Big(\sum_{i=1}^{n}x_i^2 - n\overline{x}^2\Big)$$

若总体 X 具有数学期望 $E(X)=\mu$ 和方差 $D(X)=\sigma^2>0$,则
$$\begin{aligned}
E(S^2) &= E\Big[\frac{1}{n-1}\sum_{i=1}^{n}(X_i - \overline{X})^2\Big] \\
&= E\Big[\frac{1}{n-1}\Big(\sum_{i=1}^{n}X_i^2 - n\overline{X}^2\Big)\Big] \\
&= \frac{1}{n-1}\Big[\sum_{i=1}^{n}E(X_i^2) - nE(\overline{X}^2)\Big] \\
&= \frac{1}{n-1}\Big(\sum_{i=1}^{n}(D(X_i) + (E(X_i))^2) - n(D(\overline{X}) + (E(\overline{X}))^2)\Big) \\
&= \frac{1}{n-1}\Big(n\sigma^2 + n\mu^2 - n\frac{\sigma^2}{n} - n\mu^2\Big) \\
&= \sigma^2
\end{aligned}$$

可见 $E(S^2)=\sigma^2, E(S_0^2)\neq\sigma^2$,即修正样本方差的数学期望等于总体方差,而未修正样本方差的数学期望不等于总体的方差. 因此,在数理统计中主要使用修正样本方差,并简称为**样本方差**.

3. 样本标准差

称
$$S = \sqrt{S^2} = \sqrt{\frac{1}{n-1}\sum_{i=1}^{n}(X_i - \overline{X})^2} \tag{4.2.4}$$

为**样本标准差**，其观测值为

$$s = \sqrt{s^2} = \sqrt{\frac{1}{n-1}\sum_{i=1}^{n}(x_i - \overline{x})^2}$$

例 2 在对总体 X 抽取容量为 n 的样本进行检测时，得到 m 个互不相同的样本观测值 $x_1, x_2, \cdots, x_m$，它们出现的频率分别为 $f_1, f_2, \cdots, f_m$。求样本均值、样本方差和样本标准差的观测值.

解 设 $x_1, x_2, \cdots, x_m$ 出现的频数分别为 $n_1, n_2, \cdots, n_m$，显然有

$$n_1 + n_2 + \cdots + n_m = n$$

所以

$$\overline{x} = \frac{1}{n}\sum_{i=1}^{n}x_i = \frac{1}{n}\sum_{i=1}^{m}n_i x_i = \sum_{i=1}^{m}\frac{n_i}{n}x_i = \sum_{i=1}^{m}f_i x_i$$

$$s^2 = \frac{1}{n-1}\sum_{i=1}^{m}n_i(x_i - \overline{x})^2 = \frac{n}{n-1}\sum_{i=1}^{m}\frac{n_i}{n}(x_i - \overline{x})^2$$

$$= \frac{n}{n-1}\sum_{i=1}^{m}f_i(x_i - \overline{x})^2$$

$$s = \sqrt{s^2} = \sqrt{\frac{n}{n-1}\sum_{i=1}^{m}f_i(x_i - \overline{x})^2}$$

例 3 设总体 X 服从参数为 λ 的指数分布，即 $X \sim E(\lambda)$，样本 $X_1, X_2, \cdots, X_n$ 来自总体 X，求 $E(\overline{X}), E(S^2)$.

解 由于 $X \sim E(\lambda)$，因此

$$E(X) = \frac{1}{\lambda}, \quad D(X) = \frac{1}{\lambda^2}$$

由前面的讨论，有

$$E(\overline{X}) = E(X) = \frac{1}{\lambda}$$

$$E(S^2) = D(X) = \frac{1}{\lambda^2}$$

4. 样本 k 阶原点矩

称
$$A_k = \frac{1}{n}\sum_{i=1}^{n}X_i^k, \quad k = 1, 2, \cdots \tag{4.2.5}$$

为**样本 k 阶原点矩**，它的观测值为

$$a_k = \frac{1}{n}\sum_{i=1}^{n}x_i^k, \quad k = 1, 2, \cdots$$

显然，样本一阶原点矩就是样本均值. 即 $A_1 = \overline{X}$.

5. 样本 k 阶中心矩

称
$$B_k = \frac{1}{n}\sum_{i=1}^{n}(X_i - \overline{X})^k, \quad 1,2,\cdots \tag{4.2.6}$$

为样本 k 阶中心矩,它的观测值为

$$b_k = \frac{1}{n}\sum_{i=1}^{n}(x_i - \overline{x})^k, \quad 1,2,\cdots$$

显然,样本二阶中心矩就是未修正样本方差,即 $B_2 = S_0^2$.

4.2.3 正态总体的两个常用统计量的分布

统计量是一个随机变量,它的分布通常称为**抽样分布**.

定理 1 设 $X_1, X_2, \cdots, X_n$ 是来自正态总体 $X \sim N(\mu, \sigma^2)$ 的样本,$\overline{X}$ 为样本均值,则有

$$\overline{X} \sim N\left(\mu, \frac{\sigma^2}{n}\right) \tag{4.2.7}$$

$$U = \frac{\overline{X} - \mu}{\sigma/\sqrt{n}} \sim N(0,1)$$

证明 由于 $X_1, X_2, \cdots, X_n$ 相互独立并且 $X_i \sim N(\mu, \sigma^2)(i=1,2,\cdots,n)$,因此 $\overline{X} = \frac{1}{n}\sum_{i=1}^{n} X_i$ 也服从正态分布,而 $E(\overline{X}) = \mu, D(\overline{X}) = \frac{\sigma^2}{n}$,所以 $\overline{X} \sim N\left(\mu, \frac{\sigma^2}{n}\right)$. 将 $\overline{X}$ 标准化,有

$$U = \frac{\overline{X} - \mu}{\sigma/\sqrt{n}} \sim N(0,1)$$

例 4 在总体 $N(80, 20^2)$ 中随机抽取一容量为 100 的样本,求样本均值 $\overline{X}$ 与总体均值之差的绝对值大于 3 的概率.

解 由定理 1 知

$$U = \frac{\overline{X} - 80}{20/10} = \frac{\overline{X} - 80}{2} \sim N(0,1)$$

于是

$$\begin{aligned}
P\{|\overline{X} - 80| > 3\} &= P\left\{\left|\frac{\overline{X} - 80}{2}\right| > \frac{3}{2}\right\} \\
&= 2\left(1 - P\left\{\frac{\overline{X} - 80}{2} \leqslant \frac{3}{2}\right\}\right) \\
&= 2[1 - \Phi(1.5)] \\
&= 2(1 - 0.9332) \\
&= 0.1336
\end{aligned}$$

例 5 设总体 $X \sim N(3.4, 6^2), X_1, X_2, \cdots, X_n$ 为 X 的样本,若要使 $P\{1.4 < \overline{X} < 5.4\} \geqslant 0.95$,问:样本容量 n 至少应取多大?

解 由定理 1 知

$$\frac{\overline{X} - 3.4}{6/\sqrt{n}} \sim N(0,1)$$

又

$$P\{1.4 < \overline{X} < 5.4\} = P\{|\overline{X} - 3.4| < 2\}$$
$$= P\left\{\frac{|\overline{X} - 3.4|}{6/\sqrt{n}} < \frac{\sqrt{n}}{3}\right\}$$
$$= 2\Phi(\sqrt{n}/3) - 1$$

所以,要使 $P\{1.4 < \overline{X} < 5.4\} \geq 0.95$,只需
$$2\Phi(\sqrt{n}/3) - 1 \geq 0.95$$

查正态分布表,得 $\sqrt{n}/3 \geq 1.96$. 所以 $n = 35$.

定理 2 设两个正态总体 $X \sim (\mu_1, \sigma_1^2)$ 和 $Y \sim N(\mu_2, \sigma_2^2)$,分别独立地从 X 和 Y 中抽取样本 $X_1, X_2, \cdots, X_{n_1}$ 和 $Y_1, Y_2, \cdots, Y_{n_2}$ [即这两个样本 $(X_1, X_2, \cdots, X_{n_1})$ 与 $(Y_1, Y_2, \cdots, Y_{n_2})$ 相互独立],样本均值分别为 $\overline{X}$ 和 $\overline{Y}$,则有

$$U = \frac{\overline{X} - \overline{Y} - (\mu_1 - \mu_2)}{\sqrt{\sigma_1^2/n_1 + \sigma_2^2/n_2}} \sim N(0, 1) \tag{4.2.8}$$

证明 由定理的条件知 $\overline{X}$ 和 $\overline{Y}$ 相互独立,且
$$\overline{X} \sim N\left(\mu_1, \frac{\sigma_1^2}{n_1}\right), \overline{Y} \sim N\left(\mu_2, \frac{\sigma_2^2}{n_2}\right)$$

所以
$$\overline{X} - \overline{Y} \sim N\left(\mu_1 - \mu_2, \frac{\sigma_1^2}{n_1} + \frac{\sigma_2^2}{n_2}\right)$$

从而
$$U = \frac{\overline{X} - \overline{Y} - (\mu_1 - \mu_2)}{\sqrt{\sigma_1^2/n_1 + \sigma_2^2/n_2}} \sim N(0, 1)$$

例 6 设总体 $X \sim N(20, 3)$,从 X 中独立地抽取两个容量分别为 10 和 15 的样本 $X_1, X_2, \cdots, X_{10}$ 和 $Y_1, Y_2, \cdots, Y_{15}$,样本均值分别为 $\overline{X}$ 和 $\overline{Y}$,求 $P\{|\overline{X} - \overline{Y}| > 0.3\}$.

解 由于 $X_1, X_2, \cdots, X_{10}$ 和 $Y_1, Y_2, \cdots, Y_{15}$ 相互独立且都与总体 X 的分布相同,因此
$$\overline{X} \sim N\left(20, \frac{3}{10}\right), \quad \overline{Y} \sim N\left(20, \frac{3}{15}\right)$$

于是
$$\overline{X} - \overline{Y} \sim N(0, 0.5)$$

所以
$$P\{|\overline{X} - \overline{Y}| > 0.3\} = P\left\{\frac{|\overline{X} - \overline{Y}|}{\sqrt{0.5}} > \frac{0.3}{\sqrt{0.5}}\right\} = 1 - P\left\{\frac{|\overline{X} - \overline{Y}|}{\sqrt{0.5}} \leq \frac{0.3}{\sqrt{0.5}}\right\}$$
$$= 2\left[1 - \Phi\left(\frac{0.3}{\sqrt{0.5}}\right)\right] = 2(1 - 0.6628) = 0.6744$$

习题 4.2

1. 已知 $X_1, X_2, \cdots, X_n$ 为总体 $X \sim N(\mu, \sigma^2)$ 的一个样本,μ 未知,σ^2 已知,下列各式是统计量的是( ).

A. $\dfrac{1}{\sigma^2}\sum\limits_{i=1}^{n}(X_i-\mu)^2$ B. $\sum\limits_{i=1}^{n}(X_i-\mu)^2$

C. $\dfrac{1}{\sigma^2}\sum\limits_{i=1}^{n}(X_i-\mu)^2$ D. $\dfrac{1}{\mu^2}\sum\limits_{i=1}^{n}X_i$

2. 设 $X_1,X_2,\cdots,X_6$ 是来自总体 X 的样本，a 是未知参数，则下列表达式中是统计量的是( ).

A. $aX_1X_2\cdots X_6$ B. $a\sum\limits_{i=1}^{6}X_i$

C. $\dfrac{1}{6}\sum\limits_{i=1}^{6}(X_i-a)^2$ D. $\dfrac{1}{6}\sum\limits_{i=1}^{6}X_i$

3. 已知 $X_1,X_2,\cdots,X_n$ 为总体 $X\sim N(\mu,\sigma^2)$ 的一个样本，μ 已知，σ^2 未知，下列各式中是统计量的是( ).

A. $\dfrac{1}{\sigma^2}\sum\limits_{i=1}^{n}(X_i-\mu)^2$ B. $\sum\limits_{i=1}^{n}(X_i-\mu)^2$

C. $\dfrac{1}{\sigma^2}\sum\limits_{i=1}^{n}(X_i-\bar{X})^2$ D. $\dfrac{1}{\sigma^2}\sum\limits_{i=1}^{n}X_i$

4. 设 $X_1,X_2,\cdots,X_n$ 是来自总体 X 的样本，μ 为未知参数，σ_0^2 为已知参数，下面式子中不是统计量的是( ).

A. $3X_1^2+X_2$ B. $\max\limits_{1\leqslant i\leqslant n}(X_i)$ C. $\sum\limits_{i=1}^{n}(\sigma_0+\mu)X_i$ D. $\sum\limits_{i=1}^{n}\sigma_0^2 X_i$

5. 设 $X\sim N(21,2^2)$，$X_1,X_2,\cdots,X_{25}$ 为来自总体 X 的简单随机样本，求：

(1) 样本均值 $\bar{X}$ 的数学期望与方差；

(2) $P\{|\bar{X}-21|\leqslant 0.24\}$.

§4.3 常用统计分布

【课前导读】 在使用统计量进行统计推断时常常需要知道它的分布，统计量的分布称为抽样分布. 当总体的分布函数为已知时，抽样分布是确定的，然而要确定统计量的精确分布，一般来说是比较复杂的，本节介绍来自正态总体的几个常用统计量的分布.

4.3.1 χ^2 分布

1. χ^2 分布概念

定义 1 设 $X_1,X_2,\cdots,X_n$ 是来自标准正态总体 $N(0,1)$ 的样本，称随机变量

$$\chi^2=X_1^2+X_2^2+\cdots+X_n^2 \tag{4.3.1}$$

服从**自由度为 n 的 χ^2 分布**，记作 $\chi^2\sim\chi^2(n)$. 这里自由度 n 是等式右端所包含的独立变量的个数.

可以证明，若 $\chi^2\sim\chi^2(n)$，则 χ^2 的概率密度为

$$f(x) = \begin{cases} \dfrac{1}{2^{n/2}\Gamma(n/2)} x^{\frac{n}{2}-1} e^{\frac{x}{2}}, & x > 0 \\ 0, & x \leqslant 0 \end{cases} \quad (4.3.2)$$

其中 $\Gamma\left(\dfrac{n}{2}\right)$ 是 Γ 函数 $\left(\Gamma(x) = \int_0^\infty t^{x-1} e^{-1} dt\right)$ 在 $x = \dfrac{n}{2}$ 处的值.

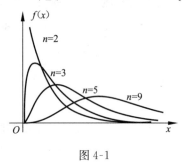

图 4-1

$\chi^2(n)$ 分布的概率密度 $f(x)$ 的图像如图 4-1 所示.

2. χ^2 分布的性质

性质 1 若 $\chi^2 \sim \chi^2(n)$, 则 $E(\chi^2) = n, D(\chi^2) = 2n$.

$$\qquad (4.3.3)$$

证明 由于 $\chi^2 = \sum\limits_{i=1}^n X_i^2$, 其中 $X_i \sim N(0,1)\,(i=1,2,\cdots,n)$, $X_1, X_2, \cdots, X_n$ 相互独立, 且
$$E(X_i) = 0, \quad D(X_i) = 1$$

所以
$$E(X_i^2) = D(X_i) + [E(X_i)]^2 = 1, \quad i = 1, 2, \cdots, n$$

因此
$$E(\chi^2) = \sum_{i=1}^n E(X_i^2) = n$$

又
$$E(X_i^4) = \int_{-\infty}^{\infty} x^4 \varphi(x) dx = \dfrac{1}{\sqrt{2\pi}} \int_{-\infty}^{\infty} x^4 e^{\frac{x^2}{2}} dx = 3$$
$$D(X_i^2) = E(X_i^4) - [E(X_i^2)]^2 = 3 - 1 = 2, \quad i = 1, 2, \cdots, n$$

所以
$$D(\chi^2) = \sum_{i=1}^n D(X_i^2) = 2n$$

性质 2 若 $\chi_1^2 \sim \chi^2(n_1), \chi_2^2 \sim \chi^2(n_2)$, 且 χ_1^2 和 χ_2^2 相互独立, 则
$$\chi_1^2 + \chi_2^2 \sim \chi^2(n_1 + n_2) \qquad (4.3.4)$$

证明 设 $X_1, X_2, \cdots, X_{n_1+n_2}$ 相互独立且都服从 $N(0,1)$. 由于 $\chi_1^2 \sim \chi^2(n_1), \chi_2^2 \sim \chi^2(n_2)$, 因此 χ_1^2 与 $X_1^2 + X_2^2 + \cdots + X_{n_1}^2$ 同分布, χ_2^2 与 $X_{n_1+1}^2 + X_{n_1+2}^2 + \cdots + X_{n_1+n_2}^2$ 同分布. 再由 χ_1^2 与 χ_2^2 相互独立, 知 $\chi_1^2 + \chi_2^2$ 与 $X_1^2 + X_2^2 + \cdots + X_{n_1+n_2}^2$ 同分布, 所以
$$\chi_1^2 + \chi_2^2 \sim \chi^2(n_1 + n_2)$$

性质 2 可以推广到有限个 χ^2 分布的情形.

性质 3 设 $\chi^2 \sim \chi^2(n)$, 则对任意实数 x, 有
$$\lim_{n \to \infty} P\left\{ \dfrac{\chi^2 - n}{\sqrt{2n}} \leqslant x \right\} = \dfrac{1}{\sqrt{2\pi}} \int_{-\infty}^x e^{\frac{t^2}{2}} dt \qquad (4.3.5)$$

证明 由于 $\chi^2 \sim \chi^2(n)$, 因此有 $X_1, X_2, \cdots, X_n$ 相互独立且都服从 $N(0,1)$, 使得
$$\chi^2 = X_1^2 + X_2^2 + \cdots + X_n^2$$

显然 $X_i^2 \sim \chi^2(1)(i=1,2,\cdots,n)$，即 X_i^2 独立同分布且
$$E(X_i^2) = 1, \quad D(X_i^2) = 2, \quad i=1,2,\cdots,n$$
由独立同分布的中心极限定理，有
$$\lim_{n\to\infty} P\left\{\frac{\sum_{i=1}^n X_i^2 - n}{\sqrt{2n}} \leqslant x\right\} = \lim_{n\to\infty} P\left\{\frac{\chi^2 - n}{\sqrt{2n}} \leqslant x\right\} = \frac{1}{\sqrt{2\pi}} \int_{-\infty}^x e^{-\frac{t^2}{2}} dt$$

性质3说明，当 n 充分大时，$\frac{\chi^2-n}{\sqrt{2n}}$ 近似服从 $N(0,1)$，也就是说 χ^2 近似服从正态分布 $N(n,2n)$.

例1 设 X_1,X_2,X_3,X_4 是来自总体 $X \sim N(0,4)$ 的一个样本，问：当 a,b 为何值时，$Y=a(X_1-2X_2)^2+b(3X_3-4X_4)^2 \sim \chi^2(n)$？并确定 n 的值.

解 由于 X_1,X_2,X_3,X_4 独立同分布于 $N(0,4)$，因此
$$E(X_1-2X_2)=0, \quad E(3X_3-4X_4)=0$$
$$D(X_1-2X_2)=D(X_1)+(-2)^2 D(X_2)=20$$
$$D(3X_3-4X_4)=3^2 D(X_3)+(-4)^2 D(X_4)=100$$
于是
$$\frac{X_1-2X_2}{\sqrt{20}} \sim N(0,1), \quad \frac{3X_3-4X_4}{10} \sim N(0,1)$$
而且 X_1-2X_2 与 $3X_3-4X_4$ 相互独立，所以
$$\frac{(X_1-2X_2)^2}{20} + \frac{(3X_3-4X_4)^2}{100} \sim \chi^2(2)$$
从而
$$a=\frac{1}{20}, \quad b=\frac{1}{100}, \quad n=2$$

3. χ^2 分布的上 α 分位点

定义2 设 $\chi^2 \sim \chi^2(n)$，对于给定的正数 $\alpha(0<\alpha<1)$，称满足条件
$$P\{\chi^2 > \chi_\alpha^2(n)\} = \int_{\chi_\alpha^2(n)}^\infty f(x) dx = \alpha \qquad (4.3.6)$$
的点 $\chi_\alpha^2(n)$ 为 $\chi^2(n)$ 分布的**上 α 分位点**（见图4-2）.

在书末附表中，对于确定的 α 与 n，给出了查找 $\chi_\alpha^2(n)$ 的表. 例如 $\alpha=0.01, n=10$，查附表三，有
$$\chi_{0.01}^2(10) = 23.209$$

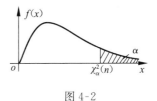

图 4-2

4. 关于 χ^2 分布的两个定理

定理1 设 $X_1,X_2,\cdots,X_n$ 是来自总体 $X \sim N(\mu,\sigma^2)$ 的一个样本，则随机变量
$$\frac{1}{\sigma^2}\sum_{i=1}^n (X_i-\mu)^2 \sim \chi^2(n) \qquad (4.3.7)$$

证明 由于 $X_1,X_2,\cdots,X_n$ 相互独立且都服从 $N(\mu,\sigma^2)$ 分布，因此 $\frac{X_1-\mu}{\sigma}, \frac{X_2-\mu}{\sigma}, \cdots,$

$\dfrac{X_n-\mu}{\sigma}$ 也相互独立且都服从 $N(0,1)$ 分布,据定理 1

$$\frac{1}{\sigma^2}\sum_{i=1}^{n}(X_i-\mu)^2 = \sum_{i=1}^{n}\left(\frac{X_i-\mu}{\sigma}\right)^2 \sim \chi^2(n)$$

定理 2 设 $X_1, X_2, \cdots, X_n$ 是来自总体 $X \sim N(\mu, \sigma^2)$ 的一个样本,$\overline{X}$ 和 S^2 分别是样本均值和样本方差,则有

(1) $\dfrac{(n-1)S^2}{\sigma^2} \sim \chi^2(n-1)$; \hfill (4.3.8)

(2) $\overline{X}$ 与 S^2 相互独立. \hfill (4.3.9)

例 2 从正态总体 $N(\mu, 0.5^2)$ 中抽取样本 $X_1, X_2, \cdots, X_{10}$.

(1) 已知 $\mu=0$,求概率 $P\left\{\sum_{i=1}^{10}X_i^2 \geqslant 4\right\}$;

(2) 若 μ 未知,求概率 $P\left\{\sum_{i=1}^{10}(X_i-\overline{X})^2 \geqslant 0.675\right\}$.

解 (1) 由于总体 $X \sim N(0, 0.5^2)$

$$\chi^2 = \frac{1}{0.5^2}\sum_{i=1}^{10}X_i^2 \sim \chi^2(10)$$

查 χ^2 分布表,有

$$P\left\{\sum_{i=1}^{10}X_i^2 \geqslant 4\right\} = P\left\{\frac{1}{0.5^2}\sum_{i=1}^{10}X_i^2 \geqslant \frac{4}{0.5^2}\right\}$$
$$= P\{\chi^2 \geqslant 16\} \approx 0.10$$

(2) 当 μ 未知时,由定理 2 知

$$\chi_1^2 = \frac{(n-1)S^2}{\sigma^2} = \frac{\sum_{i=1}^{10}(X_i-\overline{X})^2}{0.5^2} \sim \chi^2(n-1) = \chi^2(9)$$

于是

$$P\left\{\sum_{i=1}^{10}(X_i-\overline{X})^2 \geqslant 0.675\right\}$$
$$= P\left\{\frac{1}{0.5^2}\sum_{i=1}^{10}(X_i-\overline{X})^2 \geqslant \frac{0.675}{0.5^2}\right\}$$
$$= P\{\chi^2(9) \geqslant 2.700\}$$

查 χ^2 分布表,有 $\chi^2_{0.975}(9)=2.700$,于是

$$P\left\{\sum_{i=1}^{10}(X_i-\overline{X})^2 \geqslant 0.675\right\} = 0.975$$

例 3 在总体 $N(\mu, \sigma^2)$ 中抽取容量为 16 的样本,S^2 为样本方差,求 $D(S^2)$.

解 由定理 2 知

$$\frac{(n-1)S^2}{\sigma^2} \sim \chi^2(n-1)$$

又由 χ^2 分布的性质 1,有

$$D\left[\frac{(n-1)S^2}{\sigma^2}\right] = 2(n-1)$$

所以
$$D\left[\frac{(n-1)S^2}{\sigma^2}\right] = \frac{(n-1)^2}{\sigma^4}D(S^2) = 2(n-1)$$

即
$$D(S^2) = \frac{2\sigma^4}{n-1} = \frac{2\sigma^4}{15}$$

4.3.2 t 分布

1. t 分布概念

定义 1 设 $X \sim N(0,1)$，$Y \sim \chi^2(n)$，且 X 和 Y 相互独立，称随机变量
$$t = \frac{X}{\sqrt{Y/n}} \tag{4.4.1}$$

服从**自由度为 n 的 t 分布**，记作 $t \sim t(n)$. t 分布又称学生(Student)分布.

可以证明，$t(n)$ 分布的概率密度为
$$f(x) = \frac{\Gamma\left(\frac{n+1}{2}\right)}{\sqrt{n\pi}\Gamma\left(\frac{n}{2}\right)}\left(1+\frac{x^2}{n}\right)^{\frac{n+1}{2}}, \quad -\infty < x < +\infty \tag{4.4.2}$$

并且当 $n \to \infty$ 时，$t(n)$ 分布的概率密度趋于标准正态分布的概率密度，即有
$$\lim_{n \to \infty} f(x) = \frac{1}{\sqrt{2\pi}}e^{\frac{x^2}{2}}, \quad -\infty < x < +\infty$$

$f(x)$ 图像如图 4-3 所示，可以看出，$f(x)$ 的图像关于纵轴对称，并且 $f(x)$ 曲线的峰顶比标准正态曲线峰顶要低，两端较标准正态曲线要高.

此外，可以证明，
$$E(t) = 0 \quad (n>1)$$
$$D(t) = \frac{n}{n-2} \quad (n>2) \tag{4.4.3}$$

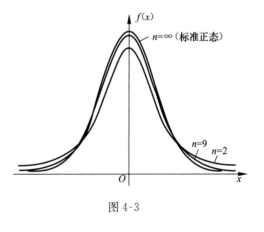

图 4-3

例 1 设总体 X 和 Y 相互独立且都服从 $N(0,3^2)$ 分布，而样本 $X_1, X_2, \cdots, X_9$ 和 $Y_1, Y_2, \cdots, Y_9$ 分别来自 X 和 Y，求统计量
$$T = \frac{X_1 + X_2 + \cdots + X_9}{\sqrt{Y_1^2 + Y_2^2 + \cdots + Y_9^2}}$$

的分布.

解 由于
$$\overline{X} = \frac{1}{9}\sum_{i=1}^{9} X_i \sim N(0,1)$$

$$\frac{Y_i}{3} \sim N(0,1), \quad i=1,2,\cdots,9$$

$$Y = \sum_{i=1}^{9}\left(\frac{Y_i}{3}\right)^2 = \frac{1}{9}\sum_{i=1}^{9}Y_i^2 \sim \chi^2(9)$$

并且 X 和 Y 相互独立,由 t 分布的定义知

$$T = \frac{\overline{X}}{\sqrt{Y/9}} = \frac{\sum_{i=1}^{9}X_i}{\sqrt{\sum_{i=1}^{9}Y_i^2}} \sim t(9)$$

2. t 分布的上 α 分位点

定义 2 设 $t \sim t(n)$,对于给定的正数 $\alpha(0<\alpha<1)$,称满足条件

$$P\{t > t_\alpha(n)\} = \int_{t_\alpha(n)}^{\infty} f(x)\,\mathrm{d}x = \alpha \tag{4.4.4}$$

的点 $t_\alpha(n)$ 为 $t(n)$ 分布的上 α 分位点.

图 4-4 给出了 $t(n)$ 分布的上 α 分位点 $t_\alpha(n)$,由 t 分布概率密度 $f(x)$ 图形的对称性可知

$$t_{1-\alpha}(n) = -t_\alpha(n)$$

书末附表给出了 $t(n)$ 分布上 α 分位点 $t_\alpha(n)$ 的数值表,例如 $t_{0.025}(8) = 2.3060$, $t_{0.99}(12) = t_{1-0.01}(12) = -t_{0.01}(12) = -2.6810$.

当 n 较大(通常 $n>45$)时,$t_\alpha(n)$ 可以由标准正态分布的上 α 分位点 u_α 来近似代替.

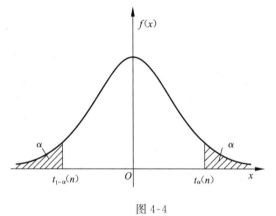

图 4-4

3. 关于 t 分布的两个定理

定理 1 设总体 $X \sim N(\mu,\sigma^2)$,$X_1,X_2,\cdots,X_n$ 是来自总体 X 的样本,样本均值和样本方差分别为 $\overline{X}$ 和 S^2,则随机变量

$$T = \frac{\overline{X}-\mu}{S/\sqrt{n}} \sim t(n-1) \tag{4.4.5}$$

证明

$$U = \frac{\overline{X}-\mu}{\sigma/\sqrt{n}} \sim N(0,1)$$

再由 $\overline{X}$ 与 S^2 相互独立,并且

$$V = \frac{n-1}{\sigma^2}S^2 \sim \chi^2(n-1)$$

根据 t 分布的定义

$$T = \frac{U}{\sqrt{\dfrac{V}{n-1}}} = \frac{\dfrac{\sqrt{n}(\overline{X}-\mu)}{\sigma}}{\sqrt{\dfrac{n-1}{\sigma^2} \times \dfrac{S^2}{n-1}}} = \frac{\overline{X}-\mu}{S/\sqrt{n}} \sim t(n-1)$$

定理 2 设两个正态总体 $X \sim N(\mu_1, \sigma^2)$ 和 $Y \sim N(\mu_2, \sigma^2)$,分别独立地从 X 和 Y 中抽取样本,样本容量分别为 n_1 和 n_2,样本均值分别为 $\overline{X}$ 和 $\overline{Y}$,样本方差分别为 S_1^2 和 S_2^2,记

$$S_w^2 = \frac{(n_1-1)S_1^2 + (n_2-1)S_2^2}{n_1 + n_2 - 2}$$

则随机变量

$$T = \frac{(\overline{X}-\overline{Y}) - (\mu_1 - \mu_2)}{S_w \sqrt{1/n_1 + 1/n_2}} \sim t(n_1 + n_2 - 2)$$

证明 已知

$$\frac{(\overline{X}-\overline{Y}) - (\mu_1 - \mu_2)}{\sigma \sqrt{1/n_1 + 1/n_2}} \sim N(0,1)$$

又

$$\frac{(n_1-1)S_1^2}{\sigma^2} \sim \chi^2(n_1-1)$$

$$\frac{(n_2-1)S_2^2}{\sigma^2} \sim \chi^2(n_1-1)$$

且 $\dfrac{(n_1-1)S_1^2}{\sigma^2}$ 与 $\dfrac{(n_2-1)S_2^2}{\sigma^2}$ 相互独立,根据 χ^2 分布的可加性,有

$$\frac{(n_1-1)S_1^2}{\sigma^2} + \frac{(n_2-1)S_2^2}{\sigma^2} \sim \chi^2(n_1 + n_2 - 2)$$

所以由 t 分布的定义,有

$$T = \frac{\overline{X} - \overline{Y} - (\mu_1 - \mu_2)}{S_w \sqrt{1/n_1 + 1/n_2}} \sim t(n_1 + n_2 - 2)$$

4.3.3 F 分布

1. F 分布概念

定义 1 设 $X \sim \chi^2(n_1)$,$Y \sim \chi^2(n_2)$,且 X 和 Y 相互独立,称随机变量

$$F = \frac{X/n_1}{Y/n_2} \tag{4.5.1}$$

服从**自由度为** (n_1, n_2) 的 **F 分布**,记为 $F \sim F(n_1, n_2)$.

可以证明,$F(n_1, n_2)$ 分布的概率密度为

$$f(x) = \begin{cases} \dfrac{\Gamma[(n_1+n_2)/2]}{\Gamma(n_1/2)\Gamma(n_2/2)} \left(\dfrac{n_1}{n_2}\right)^{\frac{n_1}{2}} x^{\frac{n_1}{2}-1} \left(1 + \dfrac{n_1}{n_2}x\right)^{-\frac{n_1+n_2}{2}}, & x > 0 \\ 0, & x \leqslant 0 \end{cases} \tag{4.5.2}$$

其图像如图 4-5 所示.

此外,可以证明,若 $F \sim F(n_1, n_2)$,则

$$E(F) = \frac{n_2}{n_2 - 2} \quad (n_2 > 2) \quad (4.5.3)$$

$$D(F) = \frac{n_2^2(2n_1 + 2n_2 - 4)}{n_1(n_2 - 2)^2(n_2 - 4)} \quad (n_2 > 4)$$

$$(4.5.4)$$

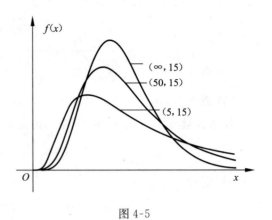

图 4-5

例 1 已知 $t \sim t(n)$,求 t^2 的分布.

解 由 t 分布定义可知,随机变量 U 与 V 相互独立,使得

$$t = \frac{U}{\sqrt{V/n}}$$

其中 $U \sim N(0,1), V \sim \chi^2(n)$. 而

$$t^2 = \frac{U^2}{V/n} = \frac{U^2/1}{V/n}$$

并且 $U^2 \sim \chi^2(1)$,所以由 F 分布的定义知

$$t^2 = \frac{U^2}{V/n} \sim F(1, n)$$

即 t^2 服从自由度为 $(1, n)$ 的 F 分布.

2. F 分布的上 α 分位点

定义 1.2 设 $F \sim F(n_1, n_2)$,对于给定的正数 $\alpha(0 < \alpha < 1)$,称满足条件

$$P\{F > F_\alpha(n_1, n_2)\} = \int_{F_\alpha(n_1, n_2)}^{+\infty} f(x) \mathrm{d}x = \alpha \quad (4.5.5)$$

的点 $F_\alpha(n_1, n_2)$ 为 $F(n_1, n_2)$ **分布的上 α 分位点**.

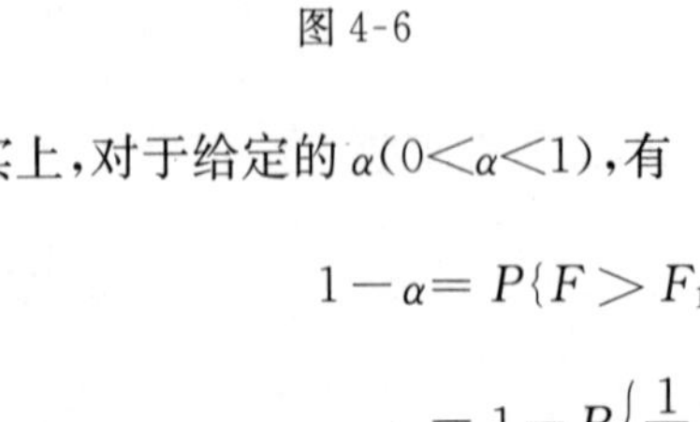

图 4-6 给出了 $F(n_1, n_2)$ 分布的上 α 分位点 $F_\alpha(n_1, n_2)$.

若 $F \sim F(n_1, n_2)$,则由 F 分布的定义知 $\frac{1}{F} \sim F(n_2, n_1)$,从而,我们有

$$F_{1-\alpha}(n_1, n_2) = \frac{1}{F_\alpha(n_2, n_1)} \quad (4.5.6)$$

图 4-6

事实上,对于给定的 $\alpha(0 < \alpha < 1)$,有

$$1 - \alpha = P\{F > F_{1-\alpha}(n_1, n_2)\} = P\left\{\frac{1}{F} < \frac{1}{F_{1-\alpha}(n_1, n_2)}\right\}$$

$$= 1 - P\left\{\frac{1}{F} \geqslant \frac{1}{F_{1-\alpha}(n_1, n_2)}\right\}$$

于是

$$P\left\{\frac{1}{F} > \frac{1}{F_{1-\alpha}(n_1, n_2)}\right\} = \alpha$$

由于 $\frac{1}{F} \sim F(n_2, n_1)$,因此 $\frac{1}{F_{1-\alpha}(n_1, n_2)}$ 就是 $F(n_2, n_1)$ 的上 α 分位点 $F_\alpha(n_2, n_1)$,即

$$F_{1-\alpha}(n_1,n_2)=\frac{1}{F_\alpha(n_2,n_1)}$$

书后附表给出了 $F(n_1,n_2)$ 分布的上 α 分位点的数值表,例如 $F_{0.05}(8,9)=3.23$, $F_{0.95}(15,12)=\dfrac{1}{F_{0.05}(12,15)}=\dfrac{1}{2.48}=0.403$.

3. 关于 F 分布的两个定理

定理 1 设两个正态总体 $X\sim N(\mu,\sigma_1^2)$ 和 $Y\sim N(\mu,\sigma_2^2)$,分别独立地从 X 和 Y 中抽取样本 $X_1,X_2,\cdots,X_{n_1}$ 和 $Y_1,Y_2,\cdots,Y_{n_2}$,则随机变量

$$F=\frac{n_2}{n_1}\cdot\frac{\sigma_2^2}{\sigma_1^2}\cdot\frac{\sum_{i=1}^{n_1}(X_i-\mu_1)^2}{\sum_{i=1}^{n_2}(Y_i-\mu_2)^2}=\frac{\chi_1^2/n_1}{\chi_2^2/n_2}\sim F(n_1,n_2) \tag{4.5.7}$$

证明 已知

$$\chi_1^2=\sum_{i=1}^{n_1}\left(\frac{X_i-\mu_1}{\sigma_1}\right)^2\sim\chi^2(n_1)$$

$$\chi_2^2=\sum_{i=1}^{n_2}\left(\frac{Y_i-\mu_2}{\sigma_2}\right)^2\sim\chi^2(n_2)$$

并且两个样本 $X_1,X_2,\cdots,X_{n_1}$ 和 $Y_1,Y_2,\cdots,Y_{n_2}$ 相互独立,所以,由 F 分布的定义,有

$$F=\frac{n_2}{n_1}\cdot\frac{\sigma_2^2}{\sigma_1^2}\cdot\frac{\sum_{i=1}^{n_1}(X_i-\mu_1)^2}{\sum_{i=1}^{n_2}(Y_i-\mu_2)^2}\sim F(n_1,n_2)$$

定理 2 设两个正态总体 $X\sim N(\mu_1,\sigma_1^2)$ 和 $Y\sim N(\mu_2,\sigma_2^2)$,分别独立地从 X 和 Y 中抽取样本,样本容量分别为 n_1 和 n_2,样本均值分别为 $\overline{X}$ 和 $\overline{Y}$,样本方差分别为 S_1^2 和 S_2^2,则随机变量

$$F=\frac{\sigma_2^2}{\sigma_1^2}\cdot\frac{S_1^2}{S_2^2}\sim F(n_1-1,n_2-1) \tag{4.5.8}$$

证明 已知

$$\chi_1^2=\frac{(n_1-1)S_1^2}{\sigma_1^2}\sim\chi^2(n_1-1)$$

$$\chi_2^2=\frac{(n_2-1)S_2^2}{\sigma_2^2}\sim\chi^2(n_2-1)$$

并且 χ_1^2 和 χ_1^2 相互独立,由 F 分布的定义知

$$F=\frac{\sigma_2^2}{\sigma_1^2}\cdot\frac{S_1^2}{S_2^2}=\frac{\dfrac{\chi_1^2}{n_1-1}}{\dfrac{\chi_2^2}{n_2-1}}\sim F(n_1-1,n_2-1)$$

例 2 设 $X_1,X_2,\cdots,X_8$ 是来自总体 $X\sim N(\mu,20)$ 的一个样本,$Y_1,Y_2,\cdots,Y_{10}$ 是来自总体 $Y\sim N(\mu,33)$ 的一个样本,S_1^2 和 S_2^2 是各自的样本方差,并且总体 X 和 Y 相互独立,求 $P\{S_1^2\geqslant 2S_2^2\}$.

解 由定理 2 知

$$F = \frac{\sigma_2^2}{\sigma_1^2} \cdot \frac{S_1^2}{S_2^2} = \frac{33}{20} \frac{S_1^2}{S_2^2} \sim F(7,9)$$

所以

$$P\{S_1^2 \geqslant 2S_2^2\} = P\left\{\frac{S_1^2}{S_2^2} \geqslant 2\right\} = P\left\{\frac{33}{20} \cdot \frac{S_1^2}{S_2^2} \geqslant 2 \times \frac{33}{20}\right\}$$
$$= P\{F \geqslant 3.3\}$$

查 F 分布得知

$$P\{S_1^2 \geqslant 2S_2^2\} = 0.05$$

案例实现:

SPSS 描述统计分析

案例背景及数据:请根据当代大学生职业生涯规划数据,比较男女生的专业和职业认知得分的基本描述统计量的差异. 数据文件见"大学生职业生涯规划".

案例分析:由于进行男生和女生的比较,因此应先按照性别对数据进行拆分,然后计算职业认知得分的描述统计量.

SPSS 数据拆分实现:数据/拆分文件. 选择性别到分组框,出现以下窗口. 然后进行描述统计分析.

SPSS 描述统计分析实现:分析/描述分析/描述,将专业和职业认知得分移入变量框. 单击选项按钮,选择要输出的统计量.

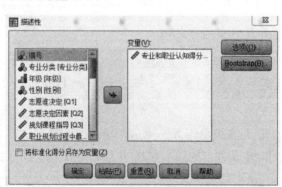

结果展示:

描述统计量

性别		N	极小值	极大值	均值	标准差	方差
男	专业和职业认知得分(Q61+Q62+Q63+Q64)	371	0.00	13.00	8.8625	3.22909	10.427
	有效的 N(列表状态)	371					
女	专业和职业认知得分(Q61+Q62+Q63+Q64)	545	13.00	20.00	16.2807	2.43747	5.941
	有效的 N(列表状态)	545					

从描述统计量结果可知,男生和女生得分存在较大的差异. 男女生的均值分别为 8.9 分和 16.3 分,女生高于男生. 标准差表明男生的离散程度大于女生.

习题 4.3

1. 设总体 $X \sim N(1,2^2)$,$X_1,X_2,\cdots,X_{10}$ 为来自总体 X 的简单随机样本,$\bar{X}$ 为样本均值,则下列描述中正确的是(　　).

　　A. $\bar{X} \sim N(1,2^2)$　　B. $\bar{X} \sim N\left(1,\dfrac{2}{5}\right)$　　C. $\bar{X} \sim N(1,0.5)$　　D. $\bar{X} \sim N(1,2)$

2. 已知 $X_1,X_2,\cdots,X_6$ 为总体 $X \sim N(0,1)$ 的一个样本,设 $Y=(X_1+X_2+X_3)^2+(X_4+X_5+X_6)^2$,试确定常数 C,使随机变量 $CY \sim \chi^2$ 分布.(　　)

　　A. 1　　　　　　B. 0　　　　　　C. $\dfrac{1}{2}$　　　　　　D. $\dfrac{1}{3}$

3. 设 X_1,X_2,X_3,X_4 是来自正态总体 $N(0,2^2)$ 的样本,令 $Y=(X_1+X_2)^2+(X_3-X_4)^2$,则当 $C=(　　)$时,$CY \sim \chi^2(2)$.

　　A. $\dfrac{1}{8}$　　　　　B. $\dfrac{1}{4}$　　　　　C. $\dfrac{1}{2}$　　　　　D. $\dfrac{1}{3}$

4. 已知 $X_1,X_2,\cdots,X_5$ 为总体 $X \sim N(0,1)$ 的一个样本,$Y=d\dfrac{X_1+X_2}{\sqrt{X_3^2+X_4^2+X_5^2}}$ 服从 t 分布,则 $d=(　　)$.

5. 设随机变量 $Y \sim B\left(1,\dfrac{1}{6}\right)$ 服从 $\mathrm{Cov}(X,Y)=\dfrac{1}{24}$ 分布,对给定的 (X,Y),数 X 满足 Y,若 $P\{XY=0\}$,则 $X \sim B\left(1,\dfrac{1}{4}\right)$ 等于(　　).

　　A. $Y \sim B\left(1,\dfrac{1}{6}\right)$　　B. $E(X)=\dfrac{1}{4}$　　C. $E(Y)=\dfrac{1}{6}$　　D. $E(XY)=\mathrm{Cov}(X,Y)+E(X) \cdot E(Y)=\dfrac{1}{24}+\dfrac{1}{4} \cdot \dfrac{1}{6}=\dfrac{1}{12}$

6. 已知 $X \sim t(n)$,那么 $X^2 \sim (　　)$.

　　A. $F(1,n)$　　　　B. $F(n,1)$　　　　C. $\chi^2(n)$　　　　D. $t(n)$

7. 设总体 X 服从正态分布 $N(12,\sigma^2)$,抽取样本容量为 25 的样本,求样本的均值 $\bar{X}$ 大于 12.5 的概率.求样本均值 $\bar{X}$ 大于 12.5 的概率.

(1) $\sigma = 2$；

(2) σ 未知，但已知样本方差 $S^2 = 5.57$.

8. 从正态总体 $X \sim N(\mu, 0.5^2)$ 中抽取样本 $X_1, \cdots, X_{10}$.

(1) 已知 $\mu = 0$，求概率 $P\{\sum_{i=1}^{10} X_i^2 \geqslant 4\}$；

(2) μ 未知，求概率 $P\{\sum_{i=1}^{10} (X_i - \overline{X})^2 \geqslant 2.85\}$.

总复习题四

1. 设 $X_1, X_2, \cdots, X_n$ 为取自总体 X 的样本，总体方差 $D(X) = \sigma^2$ 为已知，$\overline{X}$ 和 S^2 分别为样本均值，样本方差，则下列各式中（　　）为统计量.

A. $\sum_{i=1}^{n} [X_i - E(X)]^2$　　B. $(n-1)S^2/\sigma^2$　　C. $\overline{X} - E(X_i)$　　D. $n\overline{X}^2 + 1$

2. 设总体 $X \sim N(\mu, \sigma^2)$，其中 μ 已知，σ^2 未知，$X_1, X_2, \cdots, X_n$ 是来自 X 的样本，判断下列样本的函数中，（　　）是统计量.

A. $X_1 + X_2 + \sigma$　　　　　　　　B. $\sum_{i=1}^{n} (X_i - \mu)^2 / \sigma^2$

C. $\min(X_1, X_2, \cdots, X_n)$　　　　D. $\sum_{i=1}^{n} X_i^2 / \sigma^2$

3. 今测得一组数据为 12.06, 12.44, 15.91, 8.15, 8.75, 12.50, 13.42, 15.78, 17.23. 试计算样本均值，样本方差及顺序统计量 X_1^*, X_9^*.

4. 设总体 $X \sim N(\mu, \sigma^2)$，样本观测值为 3.27, 3.24, 3.25, 3.26, 3.37，假设 $\mu = 3.25$, $\sigma^2 = 0.016^2$，试计算下列统计量的值：

(1) $U = \dfrac{\overline{X} - \mu}{\sigma / \sqrt{n}}$；　　　　　(2) $\chi_1^2 = \dfrac{1}{\sigma^2} \sum_{i=1}^{5} (X_i - \overline{X})^2$；

(3) $\chi_2^2 = \dfrac{1}{\sigma^2} \sum_{i=1}^{5} (X_i - \mu)^2$.

5. 某厂生产的电容器的使用寿命服从指数分布，但参数 λ 未知，为统计推断需要，任意抽查 n 只电容器测其实际使用寿命. 试问：此题中的总体，样本及其分布各是什么？

6. 某市抽样调查了 100 户市民的人均月收入，试指出总体和样本.

7. 某校学生的数学考试成绩服从正态分布 $N(\mu, \sigma^2)$. 教委评审组从该校学生中随机抽取 50 人进行数学测试，问：这题中总体，样本及其分布各是什么？

8. 设 $X_1, X_2, \cdots, X_{16}$ 是来自正态总体 $X \sim N(2, 16^2)$ 的样本，$\overline{X}$ 是样本均值，则 $\dfrac{4\overline{X} - 8}{16} \sim$（　　）.

A. $t(15)$　　　　B. $t(16)$　　　　C. $\chi^2(15)$　　　　D. $N(0,1)$

9. 设总体 $X \sim N(0, \sigma^2)$，$X_1, X_2, \cdots, X_n$ 为其样本，$\overline{X} = \dfrac{1}{n} \sum_{i=1}^{n} X_i$，$S^2 = \dfrac{1}{n-1} \sum_{i=1}^{n} (X_i - \overline{X})^2$，在下列样本函数中，服从 $\chi^2(n)$ 分布的是（　　）.

A. $\dfrac{\overline{X}\sqrt{n}}{\sigma}$ B. $\dfrac{1}{\sigma^2}\sum\limits_{i=1}^{n}X_i^2$ C. $\dfrac{(n-1)S^2}{\sigma^2}$ D. $\dfrac{\overline{X}\sqrt{n-1}}{S}$

10. 设总体 $X\sim N(\mu,\sigma^2)$, $X_1,X_2,\cdots,X_n$ 为 X 的简单随机样本, $\overline{X},S^2$ 同上题, 则服从 $\chi^2(n-1)$ 分布的是( ).

A. $\dfrac{\overline{X}-\mu}{\sigma/\sqrt{n}}$ B. $\dfrac{\overline{X}-\mu}{S/\sqrt{n-1}}$ C. $\dfrac{(n-1)S^2}{\sigma^2}$ D. $\dfrac{1}{\sigma^2}\sum\limits_{i=1}^{n}(X_i-\mu)^2$

11. 设总体 $X\sim N(\mu,\sigma^2)$, $X_1,X_2,\cdots,X_n$ 是 X 的样本, $\overline{X},S^2$ 是样本均值和样本方差, 则下列式子中不正确的有( ).

A. $\dfrac{\sum\limits_{i=1}^{n}(X_i-\overline{X})^2}{\sigma^2}\sim\chi^2(n-1)$ B. $\dfrac{\overline{X}-\mu}{\sigma}\sim N(0,1)$

C. $\dfrac{\overline{X}-\mu}{S/\sqrt{n}}\sim t(n-1)$ D. $\dfrac{\sum\limits_{i=1}^{n}(X_i-\mu)^2}{\sigma^2}\sim\chi^2(n)$

12. 设 $X_1,X_2,\cdots,X_n$ 和 $Y_1,Y_2,\cdots,Y_n$ 分别取自正态总体 $X\sim N(\mu_1,\sigma^2)$ 和 $Y\sim N(\mu_2,\sigma^2)$, 且 X 和 Y 相互独立, 则以下统计量各服从什么分布?

(1) $\dfrac{(n-1)(S_1^2+S_2^2)}{\sigma^2}$; (2) $\dfrac{(\overline{X}-\overline{Y})-(\mu_1-\mu_2)}{\sqrt{(S_1^2+S_2^2)/n}}$;

(3) $\dfrac{n[(\overline{X}-\overline{Y})-(\mu_1-\mu_2)]^2}{S_1^2+S_2^2}$.

其中 $\overline{X},\overline{Y}$ 是 X,Y 的样本均值, S_1^2,S_2^2 是 X,Y 的样本方差.

13. 设 $X_1,X_2,\cdots,X_n$ 是正态总体 $X\sim N(\mu,\sigma^2)$ 的样本, 记

$$S_1^2=\dfrac{1}{n-1}\sum_{i=1}^{n}(X_i-\overline{X})^2,\quad S_2^2=\dfrac{1}{n}\sum_{i=1}^{n}(X_i-\overline{X})^2$$

$$S_3^2=\dfrac{1}{n-1}\sum_{i=1}^{n}(X_i-\bar{\mu})^2,\quad S_4^2=\dfrac{1}{n}\sum_{i=1}^{n}(X_i-\bar{\mu})^2$$

则服从自由度为 $n-1$ 的 t 分布的随机变量有( ).

A. $\dfrac{\overline{X}-\mu}{S_1/\sqrt{n-1}}$ B. $\dfrac{\overline{X}-\mu}{S_2/\sqrt{n}}$ C. $\dfrac{\overline{X}-\mu}{S_3/\sqrt{n}}$ D. $\dfrac{\overline{X}-\mu}{S_4/\sqrt{n}}$

14. 设 $X_1,X_2,\cdots,X_9$ 是来自正态总体 $X\sim N(\mu,9)$ 的样本, $\chi^2=a(X_1-X_2)^2+b(X_3-\mu)^2$, 则当 $a=$____, $b=$____ 时, $\chi^2\sim\chi^2($____$)$.

15. 设 $X_1,X_2,\cdots,X_9$ 和 $Y_1,Y_2,\cdots,Y_{16}$ 分别为来自总体 $X\sim N(\mu_1,2^2)$ 和 $Y\sim N(\mu_2,2^2)$ 的两个相互独立的样本, 它们的样本均值和样本方差分别为 $\overline{X},\overline{Y}$ 和 S_1^2,S_2^2. 求以下各式中的 $\alpha_1,\alpha_2,\cdots,\alpha_6$.

(1) $P\left\{\alpha_1<\sum\limits_{i=1}^{9}(X_i-\overline{X})^2<\alpha_2\right\}=0.9$;

(2) $P\{|\overline{X}-\mu_1|<\alpha_3\}=0.9$;

(3) $P\left\{|\bar{Y}-\mu_2|\bigg/\sqrt{\sum_{i=1}^{16}(Y_i-\bar{Y})^2}<\alpha_4\right\}=0.9$;

(4) $P\left\{\alpha_5<\dfrac{15S_2^2}{8S_1^2}<\alpha_6\right\}=0.69$.

16. 在天平上重复称量一个重为 a(未知)的物品. 假设 n 次称量结果是相互独立的, 且每次称量结果均服从 $N(a,0.2^2)$. 用 $\bar{X}_n$ 表示 n 次称量结果的算术平均值. 为使 $\bar{X}_n$ 与 a 的差的绝对值小于 0.1 的概率不小于 95%, 问: 至少应进行多少次称量?

17. 根据以往情形, 某校学生数学成绩 $X\sim N(72,10^2)$, 在一次抽考中, 至少应让多少名学生参加考试, 可以使参加考试的学生的平均成绩大于 70 分的概率达到 0.9 以上?

18. 在均值为 80, 方差为 400 的总体中, 随机地抽取一容量为 100 的样本, $\bar{X}$ 表示样本均值, 求概率 $P\{|\bar{X}-80|>3\}$ 的值.

19. 设总体 $X\sim N(40,5^2)$, 从中抽取容量 $n=64$ 的样本, 求概率 $P\{|\bar{X}-40|<1\}$ 的值.

20. 设总体 X 与 Y 相互独立, 且都服从 $N(30,2^2)$, 从这两总体中分别抽取了容量为 $n_1=20$ 与 $n_2=25$ 的样本, 求 $|\bar{X}-\bar{Y}|>0.4$ 的概率.

21. 设总体 $X\sim N(0,2^2)$, 而 $X_1,X_2,\cdots,X_{15}$ 是 X 的样本, 则

$$Y=\dfrac{X_1^2+\cdots+X_{10}^2}{2(X_{11}^2+\cdots+X_{15}^2)}$$

服从什么分布? 参数是多少? 当 a 为何值时,

$$F=a\dfrac{X_1^2+\cdots+X_6^2}{X_7^2+\cdots+X_{15}^2}$$

服从 $F(6,9)$?

22. 设总体 $X\sim N(0,4)$, $X_1,X_2,\cdots,X_{10}$ 是 X 的样本, 求

(1) $P\left\{\sum_{i=1}^{10}X_i^2\leqslant 13\right\}$;

(2) $P\left\{13.3\leqslant\sum_{i=1}^{10}(X_i-\bar{X})^2\leqslant 76\right\}$.

23. 从总体 $X\sim N(\mu,\sigma^2)$ 中抽取容量为 16 的样本, S^2 为样本方差, 求 $P\left\{\dfrac{S^2}{\sigma^2}\leqslant 2.041\right\}$.

24. 从总体 $X\sim N(12,2^2)$ 中随机抽取容量为 5 的样本 $X_1,X_2,\cdots,X_5$, 求 $P\left\{\sum_{i=1}^{5}(X_i-12)^2>44.284\right\}$.

数学家简介——

威廉·戈塞

威廉·戈塞(William Sealy Gosset, 1876—1937)是小样本理论研究的先驱, 全名威廉·希利·戈塞, 是一位化学家、数学家与统计学家, 以笔名"Student"著名.

个人事迹: 戈塞出生于英国肯特郡坎特伯雷市, 求学于曼彻斯特学院和牛津大学, 主要学习化学和数学. 1899 年, 戈塞进入都柏林的 A·吉尼斯父子酿酒厂, 在那里可得到一大堆有关酿造方法、原料(大麦等)特性和成品质量之间的关系的统计数据. 提高大麦质量的重要性最终

促使他研究农田试验计划,并于1904年写成第一篇报告《误差法则应用》.戈塞是英国现代统计方法发展的先驱,由他导出的统计学 T 检验广泛运用于小样本平均数之间的差别测试.他曾在伦敦大学K·皮尔逊生物统计学实验室从事研究(1906—1907),对统计理论的最显著贡献是《平均数的概率误差》(1908).这篇论文阐明,如果是小样本,那么平均数比例对其标准误差的分布不遵循正态曲线.根据吉尼斯酿酒厂的规定,禁止发表关于酿酒过程变化性的研究成果,因此戈塞不得不于1908年以"学生"的笔名发表他的论文,导致该统计被称为"学生的 T 检验".1907—1937年,戈塞发表了22篇统计学论文,这些论文于1942年以《"学生"论文集》为书名重新发行.

成就: 第一,比较了平均误差与标准误差的两种计算方法;第二,研究了泊松分布应用中的样本误差问题;第三,建立了相关系数的抽样分布;第四,导入了"学生"分布,即 t 分布.这些论文的完成,为"小样本理论"奠定了基础;同时,也为以后的样本资料的统计分析与解释开创了一条崭新的路子.由于开创的理论使统计学开始由大样本向小样本、由描述向推断发展,因此有人把他推崇为推断统计学的先驱者的活跃人物.他对回归和试验设计方面也有相当的研究,在与费歇尔的通信中时常讨论到这些问题.费歇尔很尊重他的意见,常把自己工作的抽印本送给戈塞请他指教.在当时,能受到费歇尔如此看待的学者为数不多.戈塞的一些思想,对他日后与奈曼合作建立其假设检验理论有着启发性的影响,奈曼说(引自《奈曼:现代统计学家》):"我认为现在统计学界中有非常多的成就都应归功于戈塞……"

第 5 章 参数估计

上一章我们讲了数理统计的基本概念,从这一章开始,我们研究数理统计的重要内容之一,即统计推断.所谓统计推断,就是根据从总体中抽取的一个简单随机样本对总体进行分析和推断,即由样本来推断总体,或者由部分来推断整体.**这就是数理统计学的核心内容**,它的基本问题包括两大类问题:**一类是估计理论**;**另一类是假设检验**.估计理论分为参数估计与非参数估计,参数估计又分为点估计和区间估计两种.这里我们主要研究参数估计.

例 1 设某总体 $X \sim p(\lambda)$,试由样本 $X_1, X_2, \cdots, X_n$ 来估计参数 λ.

例 2 设某总体 $X \sim N(\mu, \sigma^2)$,试由样本 $X_1, X_2, \cdots, X_n$ 来估计参数 μ, σ^2.

在上述二例中,参数的取值虽未知,但根据参数的性质和实际问题,可以确定出参数的取值范围,把参数的取值范围称为**参数空间**,记为 Θ.

如:例 1,$\Theta = \{\lambda | \lambda > 0\}$;例 2,$\Theta = \{\mu, (\sigma^2) | \sigma > 0, \mu \in \mathbf{R}\}$.

(1)定义:所谓参数估计,是指从样本 $X_1, X_2, \cdots, X_n$ 中提取有关总体 X 的信息,即构造样本的函数——统计量 $g(X_1, X_2, \cdots, X_n)$,然后用样本值代入,求出统计量的观测值 $g(x_1, x_2, \cdots, x_n)$,用该值来作为相应待估参数的值.

此时,把统计量 $g(X_1, X_2, \cdots, X_n)$ 称为参数的估计量,把 $g(x_1, x_2, \cdots, x_n)$ 称为参数的估计值.

(2)类型:点估计和区间估计.

点估计:对总体分布中的参数 θ,根据样本 $X_1, X_2, \cdots, X_n$ 及样本值 $x_1, x_2, \cdots, x_n$,构造一统计量 $g(X_1, X_2, \cdots, X_n)$,将 $g(x_1, x_2, \cdots, x_n)$ 作为 θ 的估计值,则称 $g(X_1, X_2, \cdots, X_n)$ 为 θ 的点估计量,简称点估计.记为 $\hat{\theta} = g(X_1, X_2, \cdots, X_n)$.

区间估计:对总体中的一维参数 θ,构造两个统计量

$$\hat{\theta}_1 = g_1(X_1, X_2, \cdots, X_n)$$
$$\hat{\theta}_2 = g_2(X_1, X_2, \cdots, X_n)$$

使得待估参数以较大的概率落在 $[\hat{\theta}_1, \hat{\theta}_2]$ 上,此时,称 $[\hat{\theta}_1, \hat{\theta}_2]$ 为 θ 的区间估计.

§5.1 点 估 计

【课前导读】 点估计是统计推断的一个重要组成部分,可以说所有的统计推断,包括区间估计和假设检验都无一例外地要用到点估计.因而,点估计也是统计推断的一项基础性工作.

关于点估计的一般提法:设 θ 为总体 X 分布函数中的未知参数或总体的某些未知的数字特征,$X_1, X_2, \cdots, X_n$ 是来自 X 的一个样本,$x_1, x_2, \cdots, x_n$ 是相应的一个样本值,点估计的问题就是构造一个适当的统计量 $\hat{\theta}(X_1, X_2, \cdots, X_n)$,用其观察值 $\hat{\theta}(x_1, x_2, \cdots, x_n)$ 作为未知参数 θ

的近似值,我们称 $\hat{\theta}(X_1,X_2,\cdots,X_n)$ 为参数 θ 的点估计量,$\theta(x_1,x_2,\cdots,x_n)$ 为参数 θ 的点估计值,在不至于混淆的情况下,统称为点估计. 由于估计量是样本的函数,因此对于不同的样本值,θ 的估计值是不同的.

点估计量的求解方法很多,这里主要介绍**矩估计法**和**极大似然估计法**. 除了这两种方法之外,还有 Bayes 方法和最小二乘法等.

5.1.1 矩估计法

1. 矩估计法原理

1900 年英国统计学家 K·Pearson 提出了一个替换原则:用样本矩去替换总体矩. 如果总体 X 的 k(k 为正整数)阶原点矩存在,则对任意给定的 $\varepsilon>0$,当样本量 n 趋于无穷大时,有

$$\lim_{n\to\infty} p\left\{\left|\frac{1}{n}\sum_{i=1}^{n} X_i^k - E(X^k)\right|<\varepsilon\right\}=1$$

即样本的 k 阶原点矩依概率 1 收敛于总体的 k 阶原点矩. 矩估计法的基本思想就是用样本的 k 阶原点矩 $A_k=\frac{1}{n}\sum_{i=1}^{n} X_i^k$ 作为总体的 k 阶原点矩 $\mu_k=E(X^k)$ 的估计. 令 $A_k=\mu_k$,即

$$\frac{1}{n}\sum_{i=1}^{n} X_i^k = E(X^k) \quad (k=1,2,\cdots)$$

对于不同的 k 值,可以得到若干个等式,从中求得参数 θ 的估计量 $\hat{\theta}$ 是样本 $X_1,X_2,\cdots,X_n$ 的函数,称为参数的矩估计量. 若给定一个样本观测值 $x_1,x_2,\cdots,x_n$,代入 $\hat{\theta}$ 可得 θ 的一个矩估计值.

2. 具体做法

假设 $\theta=(\theta_1,\theta_2,\cdots,\theta_k)$ 为总体 X 的待估参数,$\theta\in\Theta,X_1,X_2,\cdots,X_n$ 是来自 X 的一个样本,令

$$\begin{cases} A_1=\mu_1 \\ A_2=\mu_2 \\ \cdots \\ A_k=\mu_k \end{cases}$$

得到含 k 个未知数 $\theta_1,\theta_2,\cdots,\theta_k$ 的方程组,从中解出 $\theta=(\theta_1,\theta_2,\cdots,\theta_k)$ 的一组解 $\hat{\theta}=(\hat{\theta}_1,\hat{\theta}_2,\cdots,\hat{\theta}_k)$,然后用这个方程组的解 $\hat{\theta}_1,\hat{\theta}_2,\cdots,\hat{\theta}_k$ 分别作为 $\theta_1,\theta_2,\cdots,\theta_k$ 的估计量,这种估计量称为矩估计量,矩估计量的观察值称为矩估计值.

该方法称为矩估计法(一般只需掌握 $k=1,2$ 的情形).

例3 要估计一批种子的发芽率 p,设 $X_1,X_2,\cdots,X_n$ 是总体 X 的一个样本,求发芽率 p 的矩估计量.

解 由题可知总体 X 服从两点分布

$$P\{X=x\} = (1-p)^{1-x} p^x, x=0,1$$

要估计的参数只有一个 p,只需令样本的一阶原点矩(样本均值)$\overline{X}$ 等于总体均值 $E(X)$:

$\bar{X} = E(X) = p$,因此得 $\hat{p} = \bar{X}$.

$\bar{X} = \frac{1}{n} \sum_{i=1}^{n} X_i$ 为 n 个样本中发芽的概率. 例如:从某批种子中抽取 100 粒做发芽试验,有 86 粒种子发芽. 由矩估计法可得该批种子的发芽率的一个估计值为 86%.

例 4 设总体 X 的均值 μ 及方差 σ^2 都存在但均未知,且有 $\sigma^2 > 0$,又设 $X_1, X_2, \cdots, X_n$ 是来自总体 X 的一个样本,试求 μ, σ^2 的矩估计量.

解 因为
$$\begin{cases} \mu_1 = E(X) = \mu \\ \mu_2 = E(X^2) = D(X) + [E(X)]^2 = \sigma^2 + \mu^2 \end{cases}$$

令
$$\begin{cases} \mu = A_1 \\ \sigma^2 + \mu^2 = A_2 \end{cases} \Rightarrow \begin{cases} \mu = A_1 \\ \sigma^2 = A_2 - A_1^2 \end{cases}$$

所以得
$$\begin{cases} \hat{\mu} = \bar{X} \\ \hat{\sigma}^2 = \frac{1}{n} \sum_{i=1}^{n} (X_i^2) - \bar{X}^2 = \frac{1}{n} \sum_{i=1}^{n} (X_i - \bar{X})^2 \end{cases}$$

这样看来,虽然矩估计法计算简单,不管总体服从什么分布,都能求出总体矩的估计量,但它仍然存在着一定的缺陷:对于一个参数,可能会有多种估计量. 比如下面的例子:

例 5 设 $X \sim P(\lambda)$,λ 未知,$X_1, X_2, \cdots, X_n$ 是 X 的一个样本,求 $\hat{\lambda}$.

因为 $E(X) = \lambda$, $D(X) = \lambda$

$$E(X) = \lambda \Rightarrow \hat{\lambda} = \bar{X}, D(X) = \lambda \Rightarrow \hat{\lambda} = \frac{1}{n} \sum_{i=1}^{n} (X_i - \bar{X})^2$$

由以上可看出,显然 $\bar{X}$ 与 $\frac{1}{n} \sum_{i=1}^{n} (X_i - \bar{X})^2$ 是两个不同的统计量,但都是 λ 的估计量. 这样,就会给应用带来不便,为此,R. A. Fisher 提出了以下改进方法:最(极)大似然估计法.

5.1.2 最(极)大似然估计法

1. 基本思想

若总体 X 的分布律为 $P\{X=x\} = p(x;\theta)$(密度函数为 $f(x_i,\theta)$),其中 $\theta = (\theta_1, \theta_2, \cdots, \theta_k)$ 为待估参数($\theta \in \Theta$).

设 $X_1, X_2, \cdots, X_n$ 是来自总体 X 的一个样本,$x_1, x_2, \cdots, x_n$ 是相应于样本的一样本值,易知:样本 $X_1, X_2, \cdots, X_n$ 取到观测值 $x_1, x_2, \cdots, x_n$ 的概率为

$$p = P\{X_1 = x_1, X_2 = x_2, \cdots, X_n = x_n\} = \prod_{i=1}^{n} p(x_i; \theta)$$

令

$$L(\theta) = L(x_1, x_2, \cdots, x_n) = \prod_{i=1}^{n} p(x_i; \theta) \left(或 L(\theta) = L(x_1, x_2, \cdots, x_n) = \prod_{i=1}^{n} f(x_i; \theta) \right)$$

则概率 p 随 θ 的取值变化而变化,它是 θ 的函数,$L(\theta)$ 称为样本的似然函数(注意:这里的 $x_1, x_2, \cdots, x_n$ 是已知的样本值,它们都是常数). 如果已知当 $\theta = \theta_0 \in \Theta$ 时使 $L(\theta)$ 取最大值,我们自然认为 θ_0 作为未知参数 θ 的估计较为合理.

最大似然估计法就是固定样本观测值 $(x_1, x_2, \cdots, x_n)$,在 θ 取值的可能范围 Θ 内,挑选使

似然函数 $L(x_1,x_2,\cdots,x_n;\theta)$ 达到最大(从而概率 p 达到最大)的参数值 $\hat{\theta}$ 作为参数 θ 的估计值,即 $L(x_1,x_2,\cdots,x_n;\hat{\theta})=\max\limits_{\theta\in\Theta}L(x_1,x_2,\cdots,x_n;\theta)$,这样得到 $\hat{\theta}$ 与样本值$(x_1,x_2,\cdots,x_n)$有关,常记为 $\hat{\theta}(x_1,x_2,\cdots,x_n)$,称之为参数 θ 的最大似然估计值,而相应的统计量 $\hat{\theta}(X_1,X_2,\cdots,X_n)$ 称为参数 θ 的最大似然估计量. 这样将原来求参数 θ 的最大似然估计值问题就转化为求似然函数 $L(\theta)$ 的最大值问题了.

2. 具体做法

(1) 在很多情况下,$p(x;\theta)$ 和 $f(x;\theta)$ 关于 θ 可微,因此据似然函数 $L(\theta)$ 的特点,常把它变为如下形式:$\ln L(\theta)=\sum\limits_{i=1}^{n}\ln f(x_i;\theta)$(或 $\sum\limits_{i=1}^{n}\ln p(x_i;\theta)$),该式称为对数似然函数.由高等数学知,$L(\theta)$ 与 $\ln L(\theta)$ 的最大值点相同.令 $\dfrac{\partial \ln L(\theta)}{\partial \theta}=0, i=1,2,\cdots,k$,解得 $\theta=\theta(x_1,x_2,\cdots,x_n)$,从而可得参数 θ 的极大似然估计量为 $\hat{\theta}=\hat{\theta}(X_1,X_2,\cdots,X_n)$.

(2) 若 $p(x;\theta)$ 和 $f(x;\theta)$ 关于 θ 不可微,则需另寻方法.

例 6 设总体 $X\sim P(\lambda)$,求 λ 的最大似然估计量.

解 似然函数为
$$L(\lambda)=\prod_{i=1}^{n}\dfrac{e^{-\lambda}\lambda^{x_i}}{x_i!}$$

对数似然函数为 $\ln L(\lambda)=\ln\lambda\cdot\sum\limits_{i=1}^{n}x_i-n\lambda-\sum\limits_{i=1}^{n}\ln(x_i!)$

令 $\dfrac{d[\ln L(\lambda)]}{d\lambda}=\dfrac{\sum\limits_{i=1}^{n}x_i}{\lambda}-n=0$,

求得 λ 的最大似然估计值为 $\hat{\lambda}=\dfrac{1}{n}\sum\limits_{i=1}^{n}x_i=\bar{x}$,

最大似然估计量为 $\hat{\lambda}=\dfrac{1}{n}\sum\limits_{i=1}^{n}X_i=\bar{X}$.

例 7 总体 $X\sim E(\lambda)$,求 λ 的最大似然估计量.

解 总体 X 的概率密度为 $f(x,\lambda)=\begin{cases}\lambda e^{-\lambda x}, & x>0\\ 0, & x\leq 0\end{cases}$,

似然函数为
$$L(\lambda)=\prod_{i=1}^{n}\lambda e^{-\lambda x_i}=\lambda^n e^{-\lambda\sum\limits_{i=1}^{n}x_i}$$

对数似然函数为 $\ln L(\lambda)=n\ln\lambda-\lambda\sum\limits_{i=1}^{n}x_i$,

令 $\dfrac{d[\ln L(\lambda)]}{d\lambda}=0$,有 $\dfrac{\lambda}{n}-\sum\limits_{i=1}^{n}x_i=0$,

因此,λ 的最大似然估计值为 $\hat{\lambda}=\dfrac{n}{\sum\limits_{i=1}^{n}x_i}=\dfrac{1}{\bar{x}}$,最大似然估计量为 $\hat{\lambda}=\dfrac{1}{\bar{X}}$.

例 8 设 $X\sim B(1,p)$,p 为未知参数,$x_1,x_2,\cdots,x_n$ 是一个样本值,求参数 p 的极大似然估计量.

解 因为总体 X 的分布律为：$P\{X=x\}=p^x(1-p)^{1-x}, x=0,1$,

故似然函数为 $L(p) = \prod_{i=1}^{n} p^{x_i}(1-p)^{1-x_i} = p^{\sum_{i=1}^{n} x_i}(1-p)^{n-\sum_{i=1}^{n} x_i}, x_i = 0,1(i=1,2,\cdots,n)$,

而 $\ln L(p) = (\sum_{i=1}^{n} x_i)\ln p + (n-\sum_{i=1}^{n} x_i)\ln(1-p)$,

令 $[\ln L(p)]' = \dfrac{\sum_{i=1}^{n} x_i}{p} + \dfrac{(n-\sum_{i=1}^{n} x_i)}{(p-1)} = 0$, 解得 p 的极大似然估计值为 $\hat{p} = \dfrac{1}{n}\sum_{i=1}^{n} x_i = \bar{x}$,

所以 p 的极大似然估计量为 $\hat{p} = \dfrac{1}{n}\sum_{i=1}^{n} X_i = \bar{X}$.

例 9 设 $X \sim N(\mu, \sigma^2), \mu, \sigma^2$ 未知，$X_1, X_2, \cdots, X_n$ 为 X 的一个样本，$x_1, x_2, \cdots, x_n$ 是 $X_1, X_2, \cdots, X_n$ 的一个样本值，求 μ, σ^2 的极大似然估计值及相应的估计量.

解 因为

$$X \sim f(x;\mu,\sigma) = \dfrac{1}{\sqrt{2\pi}\sigma} e^{-\dfrac{(x-\mu)^2}{2\sigma^2}}, x \in \mathbf{R}$$

所以似然函数为

$$L(\mu,\sigma^2) = \prod_{i=1}^{n} \dfrac{1}{\sqrt{2\pi}\sigma} e^{-\dfrac{(x_i-\mu)^2}{2\sigma^2}} = (2\pi\sigma^2)^{-\dfrac{n}{2}} e^{-\dfrac{1}{2\sigma^2}\sum_{i=1}^{n}(x_i-\mu)^2}$$

取对数

$$\ln L(\mu,\sigma^2) = -\dfrac{n}{2}(\ln 2\pi + \ln\sigma^2) - \dfrac{1}{2\sigma^2}\sum_{i=1}^{n}(x_i-\mu)^2$$

分别对 μ, σ^2 求导数：

$$\begin{cases} \dfrac{\partial}{\partial \mu}(\ln L) = \dfrac{1}{\sigma^2}\sum_{i=1}^{n}(x_i-\mu) = 0 & (5.1.1) \\ \dfrac{\partial}{\partial \sigma^2}(\ln L) = -\dfrac{n}{2\sigma^2} + \dfrac{1}{2\sigma^4}\sum_{i=1}^{n}(x_i-\mu)^2 = 0 & (5.1.2) \end{cases}$$

由式 (5.1.1) $\Rightarrow \mu = \dfrac{1}{n}\sum_{i=1}^{n} x_i = \bar{x}$，代入式 (5.1.2) $\Rightarrow \sigma^2 = \dfrac{1}{n}\sum_{i=1}^{n}(x_i-\mu)^2 = \dfrac{1}{n}\sum_{i=1}^{n}(x_i-\bar{x})^2$,

所以 μ, σ^2 的极大似然估计值分别为 $\hat{\mu} = \dfrac{1}{n}\sum_{i=1}^{n} x_i = \bar{x}, \hat{\sigma}^2 = \dfrac{1}{n}\sum_{i=1}^{n}(x_i-\bar{x})^2$,

μ, σ^2 的极大似然估计量分别为 $\hat{\mu} = \dfrac{1}{n}\sum_{i=1}^{n} X_i = \bar{X}, \hat{\sigma}^2 = \dfrac{1}{n}\sum_{i=1}^{n}(X_i-\bar{X})^2$.

5.1.3 估计量的评价标准

对于同一参数，用不同的估计方法求出的估计量可能不相同，用相同的方法也可能得到不同的估计量，也就是说，同一参数可能具有多种估计量. 而且，原则上讲，其中的任何统计量都可以作为未知参数的估计量，那么采用哪一个估计量为好呢？这就涉及估计量的评价问题，而判断估计量好坏的标准是：有无系统偏差；波动性的大小；伴随样本容量的增大是否越来越精确. 这就是估计的无偏性、有效性和一致性.

1. 无偏性

设 $\hat{\theta}$ 是未知参数 θ 的估计量，则 $\hat{\theta}$ 是一个随机变量，对于不同的样本值就会得到不同的估计值. 我们总希望估计值在 θ 的真实值左右徘徊，而若其数学期望恰等于 θ 的真实值，这就符合了无偏性这个标准.

定义 1 设 $\hat{\theta}=\hat{\theta}(X_1,X_2,\cdots,X_n)$ 是未知参数 θ 的估计量,若 $E(\hat{\theta})$ 存在,且对任意 $\theta\in\Theta$ 有 $E(\hat{\theta})=\theta$,则称 $\hat{\theta}$ 是 θ 的无偏估计量,称 $\hat{\theta}$ 具有无偏性.

在科学技术中,称 $E(\hat{\theta})-\theta$ 为以 $\hat{\theta}$ 作为 θ 的估计的系统误差,无偏估计的实际意义就是无系统误差.

例 10 设总体 X 的 k 阶中心矩 $\mu_k=E(X^k)(k\geqslant 1)$ 存在,$X_1,X_2,\cdots,X_n$ 是 X 的一个样本,证明:不论 X 服从什么分布,$A_k=\dfrac{1}{n}\sum\limits_{i=1}^{n}X_i^k$ 是 μ_k 的无偏估计量.

证明 因为 $X_1,X_2,\cdots,X_n$ 与 X 同分布,所以 $E(X_i^k)=E(X^k)=\mu_k,i=1,2,\cdots,n$,

$E(A_k)=\dfrac{1}{n}\sum\limits_{i=1}^{n}E(X_i^k)=\mu_k$. 特别地,不论 X 服从什么分布,只要 $E(X)$ 存在,$\overline{X}$ 总是 $E(X)$ 的无偏估计.

例 11 设总体 $X\sim P(\lambda)$,$X_1,X_2,\cdots,X_n$ 是 X 的一个样本,S^2 为样本方差,$0\leqslant\alpha\leqslant 1$,证明:$L=\alpha\overline{X}+(1-\alpha)S^2$ 是参数 λ 的无偏估计量.

证明 易见 $\qquad E(\overline{X})=E(X)=\lambda,E(S^2)=D(X)=\lambda$
$$E(L)=\alpha E(\overline{X})+(1-\alpha)E(S^2)=\alpha\lambda+(1-\alpha)\lambda=\lambda$$

因此,估计量 $L=\alpha\overline{X}+(1+\alpha)S^2$ 是 λ 的无偏估计量.

例 12 设总体 X 的 $E(X)=\mu,D(X)=\sigma^2$ 都存在,且 $\sigma^2>0$,若 μ,σ^2 均为未知,则 σ^2 的估计量 $\hat{\sigma}^2=\dfrac{1}{n}\sum\limits_{i=1}^{n}(X_i-\overline{X})^2$ 是有偏的.

证明 因为 $\qquad \hat{\sigma}^2=\dfrac{1}{n}\sum\limits_{i=1}^{n}(X_i-\overline{X})^2=\dfrac{1}{n}\sum\limits_{i=1}^{n}X_i^2-\overline{X}^2$

所以 $\quad E(\hat{\sigma}^2)=\dfrac{1}{n}\sum\limits_{i=1}^{n}E(X_i^2)-E(\overline{X}^2)=\dfrac{1}{n}\sum\limits_{i=1}^{n}E(X^2)-[D\overline{X}-(E\overline{X})^2]$

$\qquad\qquad =(\sigma^2+\mu^2)-\left(\dfrac{\sigma^2}{n}+\mu^2\right)=\dfrac{n-1}{n}\sigma^2$

若在 $\hat{\sigma}^2$ 的两边同时乘以 $\dfrac{n}{n-1}$,则所得到的估计量就是无偏的.

即 $\qquad\qquad\qquad E\left(\dfrac{n}{n-1}\hat{\sigma}^2\right)=\dfrac{n}{n-1}E(\hat{\sigma}^2)=\sigma^2$

而 $\dfrac{n}{n-1}\hat{\sigma}^2$ 恰恰就是样本方差 $S^2=\dfrac{1}{n-1}\sum\limits_{i=1}^{n}(X_i-\overline{X})^2$.

可见,S^2 可以作为 σ^2 的估计量,而且是无偏估计量.因此,常用 S^2 作为方差 σ^2 的估计量.从无偏的角度考虑,S^2 比 $\hat{\sigma}^2$ 作为 $\hat{\sigma}^2$ 的估计好.

在实际应用中,对整个系统(整个实验)而言无系统偏差,就一次试验来讲,$\hat{\theta}$ 可能偏大也可能偏小,实质上并说明不了什么问题,只是平均来说它没有偏差.无偏性只有在大量的重复试验中才能体现出来;无偏估计量只涉及一阶矩(均值),虽然计算简便,但是往往会出现一个参数的无偏估计量有多个,而无法确定哪个估计量好.

例 13 设总体 $X\sim P(\theta)$,密度为 $p(x,\theta)=\begin{cases}\dfrac{1}{\theta}e^{-\frac{x}{\theta}}, & x>0\\ 0, & \text{其他}\end{cases}$,其中 $\theta>0$ 为未知,又 X_1,

$X_2, \cdots, X_n$ 是 X 的一样本,则 $\bar{X}$ 和 $nZ = n(\min\{X_1, X_2, \cdots, X_n\})$ 都是 θ 的无偏估计量.

证明 因为 $E(\bar{X}) = E(X) = \theta$,所以 $\bar{X}$ 是 θ 的无偏估计,

而 $Z = \min\{X_1, X_2, \cdots, X_n\}$ 则服从参数为 $\dfrac{\theta}{n}$ 的指数分布,其密度为

$$f_{\min}(x, \theta) = \begin{cases} \dfrac{n}{\theta} e^{-\frac{nx}{\theta}}, & x > 0 \\ 0, & \text{其他} \end{cases}$$

所以 $E(Z) = \dfrac{\theta}{n}, \Rightarrow E(n\theta) = \theta.$

即 nZ 是 θ 的无偏估计. 事实上, $X_1, X_2, \cdots, X_n$ 中的每一个均可作为 θ 的无偏估计.

那么,究竟哪个无偏估计更好、更合理,这就看哪个估计量的观察值更接近真实值,即估计量的观察值更密集地分布在真实值的附近. 我们知道,方差反映的是随机变量取值的分散程度. 所以无偏估计以方差最小者为最好、最合理. 为此引入了估计量的有效性概念.

2. 有效性

定义 2 设 $\hat{\theta}_1 = \hat{\theta}_1(X_1, X_2, \cdots, X_n)$ 与 $\hat{\theta}_2 = \hat{\theta}_2(X_1, X_2, \cdots, X_n)$ 都是 θ 的无偏估计量,若有 $D(\hat{\theta}_1) < D(\hat{\theta}_2)$,则称 $\hat{\theta}_1$ 比 $\hat{\theta}_2$ 有效. 若对任意 θ 的无偏估计 $\hat{\theta}$ 都有 $D(\hat{\theta}_0) \leqslant D(\hat{\theta})$,则称 $\hat{\theta}_0$ 为 θ 的最小方差无偏估计.

在例 13 中,由于 $D(X) = \theta^2$,因此 $D(\bar{X}) = \dfrac{\theta^2}{n}$;又 $D(Z) = \dfrac{\theta^2}{n^2}$,所以 $D(nZ) = \theta^2$. 当 $n > 1$ 时,显然有 $D(\bar{X}) < D(nZ)$,故 $\bar{X}$ 较 nZ 有效.

3. 一致性(相合性)

无偏性和有效性是在样本容量固定的条件下提出的,我们不但希望一个估计量是无偏的,而且希望是有效的,自然希望伴随样本容量的增大,估计值能稳定于待估参数的真值,为此引入一致性概念.

定义 3 设 $\hat{\theta}$ 是 θ 的估计量,若对任意 $\varepsilon > 0$,有 $\lim\limits_{n \to \infty} P\{|\hat{\theta} - \theta| < \varepsilon\} = 1$,则称 $\hat{\theta}$ 是 θ 的一致性估计量.

例如:在任何分布中,$\bar{x}$ 是 $E(x)$ 的相合估计;而 s^2 与 B_2 都是 $D(x)$ 的相合估计.

不过,一致性只有在 n 相当大时,才能显示其优越性,而在实际中往往很难达到,因此在实际工作中关于估计量的选择要视具体问题而定.

习题 5.1

1. 设 $X_1, \cdots, X_n$ 是取自总体 X 的一个样本,在下列情形下,试求总体参数的矩估计和最大似然估计:

   (1) $X \sim B(1, p)$,其中 p 未知,且 $0 < p < 1$;

   (2) $X \sim E(\lambda)$,其中 λ 未知,$\lambda > 0$.

2. 设 $X_1, \cdots, X_n$ 是取自总体 X 的一个样本,其中 X 服从参数为 λ 的泊松分布,其中 λ 未

知,$\lambda > 0$.

(1) 求 λ 的矩估计与最大似然估计;

(2) 如有一组样本观测值

X	0	1	2	3	4
频数	17	20	10	2	1

求 λ 的估计值与最大似然估计值.

3. 设 $X_1,\cdots,X_n$ 是取自总体 X 的一个样本,其中 X 服从区间 $(0,\theta)$ 的均匀分布,$\theta > 0$ 未知,求 θ 的矩估计.

4. 从一批电子元件中抽取 8 个进行寿命测试,得到如下数据(单位:h):

$$1\,050,\ 1\,100,\ 1\,130,\ 1\,040,\ 1\,250,\ 1\,300,\ 1\,200,\ 1\,080$$

试对这批元件的平均寿命以及分布的标准差给出矩估计.

5. 设总体 $X \sim U(0,\theta)$,现从该总体中抽取容量为 10 的样本,样本值为

$$0.5, 1.3, 0.6, 1.7, 2.2, 1.2, 0.8, 1.5, 2.0, 1.6$$

试对参数 θ 给出矩估计.

6. 一批产品中含有废品,从中随机地抽取 60 件,发现废品 4 件,试用矩估计法估计这批产品的废品率.

7. 一地质学家为研究密歇根湖的湖滩地区的岩石成分,随机地自该地区取 100 个样品,每个样品有 10 块石子,记录了每个样品中属石灰石的石子数.假设这 100 次观察相互独立,求这地区石子中石灰石的比例的最大似然估计.该地质学家所得的数据如下:

样本中的石子数	0	1	2	3	4	5	6	7	8	9	10
样品个数	0	1	6	7	23	26	21	12	3	1	0

8. 设 $X_1,\cdots,X_n$ 是取自参数为 λ 的一个泊松分布的简单随机样本,试求 λ^2 的无偏估计.

9. X 服从正态分布 $N(0,1)$,X_1,X_2 是从总体中抽取的一个样本,试验证下面三个估计量都是 μ 的无偏估计,并指出哪一个估计量最有效.

(1) $\hat{\mu} = \dfrac{2}{3}X_1 + \dfrac{1}{3}X_2$; (2) $\hat{\mu} = \dfrac{1}{4}X_1 + \dfrac{3}{4}X_2$; (3) $\hat{\mu} = \dfrac{1}{2}X_1 + \dfrac{1}{2}X_2$.

§5.2 参数的区间估计

【课前导读】 点估计给了参数一个明确的数量概念,只是参数的一个近似值,且并没有反映出这个近似值的误差范围,而区间估计正好弥补了点估计的这一缺点.

由于 $\hat{\theta}_1,\hat{\theta}_2$ 是两个统计量,因此 $[\hat{\theta}_1,\hat{\theta}_2]$ 实际上是一个随机区间,它覆盖 θ(即 $\theta \in [\hat{\theta}_1,\hat{\theta}_2]$)就是一个随机事件,而 $P\{\theta \in [\hat{\theta}_1,\hat{\theta}_2]\}$ 就反映了这个区间估计的**可信程度**;另外,区间长度 $\hat{\theta}_2 - \hat{\theta}_1$ 也是一个随机变量,$E(\hat{\theta}_2 - \hat{\theta}_1)$ 反映了区间估计的**精确程度**.我们自然希望反映可信程度越大越好,反映精确程度的区间长度越小越好.但在实际问题中,二者常常不能兼顾.为此,这里引入置信区间的概念,并给出在一定可信程度的前提下求置信区间的方法,使区间的平均长度最短.

定义 设总体 X 的分布函数 $F(x;\theta)$ 含有一个未知参数 θ，对于给定的 $\alpha(0<\alpha<1)$，由样本确定的两个统计量 $\underline{\theta}_1(X_1,X_2,\cdots,X_n)$ 和 $\bar{\theta}_2(X_1,X_2,\cdots,X_n)$ 满足：$P\{\underline{\theta}_1\leqslant\theta\leqslant\bar{\theta}_2\}=1-\alpha$，则称 $[\underline{\theta}_1,\bar{\theta}_2]$ 为 θ 的置信度为 $1-\alpha$ 的置信区间，$1-\alpha$ 称为置信度或置信水平，$\underline{\theta}_1$ 称为双侧置信区间的置信下限，$\bar{\theta}_2$ 称为置信上限。

当 X 是连续型随机变量时，对于给定的 α，我们总是按要求 $P\{\underline{\theta}_1\leqslant\theta\leqslant\bar{\theta}_2\}=1-\alpha$ 求出置信区间；而当 X 是离散型随机变量时，对于给定的 α，我们常常找不到区间 $[\underline{\theta}_1,\bar{\theta}_2]$ 使得 $P\{\underline{\theta}_1\leqslant\theta\leqslant\bar{\theta}_2\}$ 恰为 $1-\alpha$，此时我们取区间 $[\underline{\theta}_1,\bar{\theta}_2]$ 至少为 $1-\alpha$ 且尽可能接近 $1-\alpha$。

若反复抽样多次，每个样本值确定一个区间 $[\underline{\theta},\bar{\theta}]$，每个这样的区间要么包含 θ 的真值，要么不包含 θ 的真值，据 Bernoulli 大数定律，在这样多的区间中，包含 θ 真值的概率约为 $1-\alpha$，不包含 θ 真值的概率约为 α，比如，$\alpha=0.005$，反复抽样 1 000 次，则得到的 1 000 个区间中不包含 θ 真值的区间仅有 5 个。

例 1 设总体 $X\sim N(\mu,\sigma^2)$，σ^2 为已知，μ 为未知，$X_1,X_2,\cdots,X_n$ 是来自 X 的一个样本，求 μ 的置信度为 $1-\alpha$ 的置信区间。

解 由前知：$\bar{X}$ 是 μ 的无偏估计，且有 $U=\dfrac{\bar{X}-\mu}{\sigma/\sqrt{n}}\sim N(0,1)$，

据标准正态分布的 α 分位点的定义有：$P\{|U|\leqslant u_{\frac{\alpha}{2}}\}=1-\alpha$，

即
$$P\left\{\bar{X}-\frac{\sigma}{\sqrt{n}}u_{\frac{\alpha}{2}}\leqslant\mu\leqslant\bar{X}+\frac{\sigma}{\sqrt{n}}u_{\frac{\alpha}{2}}\right\}=1-\alpha$$

所以 μ 的置信度为 $1-\alpha$ 的置信区间为 $\left[\bar{X}-\dfrac{\sigma}{\sqrt{n}}u_{\frac{\alpha}{2}},\bar{X}+\dfrac{\sigma}{\sqrt{n}}u_{\frac{\alpha}{2}}\right]$，简写成 $\left[\bar{X}\pm\dfrac{\sigma}{\sqrt{n}}u_{\frac{\alpha}{2}}\right]$，

比如，$\alpha=0.05$ 时，$1-\alpha=0.95$，查表得：$\mu_{\frac{\alpha}{2}}=1.96$。

又若 $\sigma=1$，$n=16$，$\bar{x}=5.4$，则得到一个置信度为 0.95 的置信区间 $\left[5.4\pm\dfrac{1}{\sqrt{16}}\times1.96\right]$，即 $[4.91,5.89]$。

注意：此时，该区间已不再是随机区间了，但我们可称它为置信度为 0.95 的置信区间，其含义是"该区间包含 μ"这一陈述的可信程度为 95%。写成 $P\{4.91\leqslant\mu\leqslant5.89\}=0.95$ 是错误的，因为此时该区间要么包含 μ，要么不包含 μ。

若记 L 为置信区间的长度，则 $L=\dfrac{2\sigma}{\sqrt{n}}\mu_{1-\frac{\alpha}{2}}\Rightarrow n=\left[\dfrac{2\sigma}{L}\mu_{1-\frac{\alpha}{2}}\right]^2$，从中得知：$n$ 增大 L 减小（α 给定），由此可以确定样本容量 n，使置信区间具有预先给出的长度。

通过上述例子，可以得到寻求未知参数 θ 的置信区间的一般步骤为：

(1) 寻求一个样本 $X_1,X_2,\cdots,X_n$ 的函数 $(X_1,X_2,\cdots,X_n;\theta)$；它包含待估参数 θ，而不包含其他未知参数，并且 U 的分布已知，且不依赖于任何未知参数。这一步通常是根据 θ 的点估计及抽样分布得到的。

(2) 对于给定的置信度 $1-\alpha$，定出两个常数 a,b，使 $P\{a\leqslant W\leqslant b\}=1-\alpha$。这一步通常由抽样分布的分位数定义得到。

(3) 从 $a\leqslant W\leqslant b$ 中得到等价不等式 $\underline{\theta}\leqslant\theta\leqslant\bar{\theta}$，其中：$\underline{\theta}=\underline{\theta}(X_1,X_2,\cdots,X_n)$，$\bar{\theta}=\bar{\theta}(X_1,X_2,\cdots,X_n)$ 都是统计量，则 $[\underline{\theta},\bar{\theta}]$ 就是 θ 的一个置信度为 $1-\alpha$ 的置信区间。

下面就正态总体的期望和方差,给出其置信区间.

5.2.1 单个正态总体期望的区间估计

设总体 $X \sim N(\mu, \sigma^2)$,$X_1, X_2, \cdots, X_n$ 为来自 X 的一个样本,已给定置信度(水平)为 $1-\alpha$,求 μ 和 σ^2 的置信区间.

(1) 当 σ^2 已知时,由例1可得:μ 的置信水平为 $1-\alpha$ 的置信区间为

$$\left[\overline{X} - \frac{\sigma}{\sqrt{n}} u_{\frac{\alpha}{2}}, \overline{X} + \frac{\sigma}{\sqrt{n}} u_{\frac{\alpha}{2}}\right] \tag{5.2.1}$$

事实上,不论 X 服从什么分布,只要 $E(X)=\mu$,$D(X)=\sigma^2$,当样本容量足够大时,根据中心极限定理,就可以得到 μ 的置信水平为 $1-\alpha$ 的置信区间.

更进一步地,无论 X 服从什么分布,只要样本容量充分大,即使总体方差未知,均可以用 S^2 来代替,此时,式(5.2.1)仍然可以作为 $E(X)$ 的近似置信区间,一般地,当 $n \geq 50$ 时就满足要求.

例 2 已知某产品的重量(单位:g)$X \sim N(\mu, \sigma^2)$,其中 $\sigma = 8$,μ 未知,现从中随机抽取 9 个样品,其平均重量为 $\bar{x} = 575.2$ g,试求该产品的均值 μ 的置信水平为 95% 的置信区间.

解 样本均值 $\overline{X} = \frac{1}{n}\sum_{i=1}^{n} X_i$ 是未知参数 μ 的较优的点估计,同时有

$$\overline{X} \sim N\left(\mu, \frac{\sigma^2}{n}\right), \quad \frac{\overline{X}-\mu}{\sigma/\sqrt{n}} \sim N(0,1)$$

构造 $U = \dfrac{\overline{X}-\mu}{\sigma/\sqrt{n}}$,选取区间 $(-u_{\alpha/2}, u_{\alpha/2})$,使得

$$P\left\{-u_{\alpha/2} < \frac{\overline{X}-\mu}{\sigma/\sqrt{n}} < u_{\alpha/2}\right\} = 1-\alpha$$

即

$$P\left\{\overline{X} - u_{\alpha/2}\frac{\sigma}{\sqrt{n}} < \mu < \overline{X} + u_{\alpha/2}\frac{\sigma}{\sqrt{n}}\right\} = 1-\alpha$$

这样我们得到 μ 的置信水平为 $1-\alpha$ 的置信区间为

$$\left(\overline{X} - u_{\alpha/2}\frac{\sigma}{\sqrt{n}}, \overline{X} + u_{\alpha/2}\frac{\sigma}{\sqrt{n}}\right)$$

由 $\bar{x} = 575.2$,$n = 9$,$\sigma = 8$,$1-\alpha = 95\%$,$\alpha = 0.05$,$u_{\alpha/2} = 1.96$ 得

$$\bar{x} - u_{\alpha/2}\frac{\sigma}{\sqrt{n}} = 575.2 - 1.96 \times \frac{8}{\sqrt{9}} = 569.976$$

$$\bar{x} + u_{\alpha/2}\frac{\sigma}{\sqrt{n}} = 575.2 + 1.96 \times \frac{8}{\sqrt{9}} = 580.424$$

所以,μ 的一个置信区间为 $(569.976, 580.424)$.

(2) 当 σ^2 未知时,由上节课知:S^2 是 σ^2 的最小方差无偏估计,据抽样分布,有

$$T = \frac{\overline{X}-\mu}{S}\sqrt{n} \sim t(n-1)$$

由自由度为 $n-1$ 的 t 分布的分位数的定义有

$$P\{|t| \leq t_{\frac{\alpha}{2}}(n-1)\} = 1-\alpha$$

即
$$P\left\{\overline{X}-\frac{s}{\sqrt{n}}t_{\frac{\alpha}{2}}(n-1)\leqslant\mu\leqslant\overline{X}+\frac{s}{\sqrt{n}}t_{\frac{\alpha}{2}}(n-1)\right\}=1-\alpha$$

所以 μ 的置信度为 $1-\alpha$ 的置信区间为

$$\left[\overline{X}-\frac{s}{\sqrt{n}}t_{\frac{\alpha}{2}}(n-1),\overline{X}+\frac{s}{\sqrt{n}}t_{\frac{\alpha}{2}}(n-1)\right]$$

注意：这里虽然得出了 μ 的置信区间，但由于 σ^2 未知，用 S^2 近似 σ^2，因而估计的效果要差些，即在相同置信水平下，所确定的置信区间长度要大些．

例 3 假设轮胎的寿命 $X \sim N(\mu,\sigma^2)$．为估计它的平均寿命，现随机抽取 12 只，测得它们的寿命为（单位：万千米）

| 4.68 | 4.85 | 4.32 | 4.85 | 4.61 | 5.02 |
| 5.20 | 4.60 | 4.58 | 4.72 | 4.38 | 4.70 |

求 μ 的置信水平为 0.95 的置信区间．

解 $n=12, \bar{x}=4.7092, s^2=0.0615, 1-\alpha=0.95, \alpha=0.05, t_{0.025}(11)=2.2010$，算得 μ 的置信水平为 0.95 的置信区间为

$$\left(\bar{x}-t_{0.025}(11)\frac{s}{\sqrt{n}},\bar{x}+t_{0.025}(11)\frac{s}{\sqrt{n}}\right)=(4.5516,4.8668).$$

5.2.2 单个正态总体方差的区间估计

1. 当 μ 已知时

由抽样分布知：$\chi^2 = \sum_{i=1}^{n}\frac{(X_i-\mu)^2}{\sigma^2} \sim \chi^2(n)$，

据 $\chi^2(n)$ 分布分位数的定义，有：$P\{\chi^2 \leqslant \chi^2_{\frac{\alpha}{2}}(n)\}=\frac{\alpha}{2}; P\{\chi^2 > \chi^2_{1-\frac{\alpha}{2}}(n)\}=\frac{\alpha}{2}$，

所以 $P\{\chi^2_{1-\frac{\alpha}{2}}(n)<\chi^2\leqslant\chi^2_{\frac{\alpha}{2}}(n)\}=1-\alpha$

从而 $P\left\{\dfrac{\sum_{i=1}^{n}(X_i-\mu)^2}{\chi^2_{\frac{\alpha}{2}}(n)}\leqslant\sigma^2\leqslant\dfrac{\sum_{i=1}^{n}(X_i-\mu)^2}{\chi^2_{1-\frac{\alpha}{2}}(n)}\right\}=1-\alpha$

故 σ^2 的置信度为 $1-\alpha$ 的置信区间为：

$$\left[\frac{\sum_{i=1}^{n}(X_i-\mu)^2}{\chi^2_{\frac{\alpha}{2}}(n)},\frac{\sum_{i=1}^{n}(X_i-\mu)^2}{\chi^2_{1-\frac{\alpha}{2}}(n)}\right]$$

2. 当 μ 未知时

$\overline{X}$ 既是 μ 的最小方差无偏估计，又是有效估计，所以用 $\overline{X}$ 代替 μ，据抽样分布有

$$\frac{(n-1)S^2}{\sigma^2}=\frac{\sum_{i=1}^{n}(X_i-\overline{X})^2}{\sigma^2}\sim\chi^2(n-1)$$

可以得到 σ^2 的一个置信度为 $1-\alpha$ 的置信区间为

$$\left[\frac{(n-1)S^2}{\chi_{\frac{\alpha}{2}}^2(n-1)}, \frac{(n-1)S^2}{\chi_{1-\frac{\alpha}{2}}^2(n-1)}\right] \text{或} \left[\frac{\sum_{i=1}^n (X_i-\overline{X})^2}{\chi_{\frac{\alpha}{2}}^2(n-1)}, \frac{\sum_{i=1}^n (X_i-\overline{X})^2}{\chi_{1-\frac{\alpha}{2}}^2(n-1)}\right]$$

进一步还可以得到 σ 的置信度为 $1-\alpha$ 的置信区间为

$$\left[\frac{\sqrt{n-1}S}{\sqrt{\chi_{\frac{\alpha}{2}}^2(n-1)}}, \frac{\sqrt{n-1}S}{\sqrt{\chi_{1-\frac{\alpha}{2}}^2(n-1)}}\right]$$

注意:当分布不对称时,如 χ^2 分布和 F 分布,习惯上仍然取其对称的分位点,来确定置信区间,但所得区间不是最短的.

5.2.3 两个正态总体的情形

在实际中常遇到下面的问题:已知产品的某一质量指标服从正态分布,但由于原料、设备条件、操作人员不同,或工艺过程的改变等因素,引起总体均值、总体方差有所改变,我们需要知道这些变化有多大,这就需要考虑两个正态总体均值差或方差比的估计问题.

设总体 $X \sim N(\mu_1, \sigma_1^2)$,$Y \sim N(\mu_2, \sigma_2^2)$,且 X 与 Y 相互独立,$X_1, X_2, \cdots, X_n$ 为来自 X 的一个样本,$Y_1, Y_2, \cdots, Y_n$ 为来自 Y 的一个样本,对给定置信水平为 $1-\alpha$,且设 $\overline{X}, \overline{Y}, S_1^2, S_2^2$ 分别为总体 X 与 Y 的样本均值与样本方差.

1. 求 $\mu_1 - \mu_2$ 的置信区间

(1) 当 σ_1^2, σ_2^2 已知时,由抽样分布可知

$$U = \frac{(\overline{X}-\overline{Y})-(\mu_1-\mu_2)}{\sqrt{\frac{\sigma_1^2}{m}+\frac{\sigma_2^2}{n}}} \sim N(0,1)$$

所以可以得到 $\mu_1-\mu_2$ 的置信水平为 $1-\alpha$ 的置信区间为

$$\left[(\overline{X}-\overline{Y})-\mu_{\frac{\alpha}{2}} \cdot \sqrt{\frac{\sigma_1^2}{m}+\frac{\sigma_2^2}{n}}, (\overline{X}-\overline{Y})+\mu_{\frac{\alpha}{2}} \cdot \sqrt{\frac{\sigma_1^2}{m}+\frac{\sigma_2^2}{n}}\right]$$

例4 分别从 $X \sim N(\mu_1, 4)$,$Y \sim N(\mu_2, 6)$ 中独立地取出样本容量为 16 和 24 的两样本,已知 $\overline{x} = 16.9, \overline{y} = 15.3$,求 $\mu_1-\mu_2$ 的置信水平为 0.95 的置信区间.

解 $n=16, m=24, \overline{x}=16.9, \overline{y}=15.3, 1-\alpha=0.95, \alpha=0.05, \sigma_1^2=4, \sigma_2^2=6, u_{\alpha/2}=u_{0.025}=1.96$,因此 $\mu_1-\mu_2$ 的置信水平为 0.95 的置信区间为

$$\left(16.9-15.3-1.96 \times \sqrt{\frac{4}{16}+\frac{6}{24}}, 16.9-15.3+1.96 \times \sqrt{\frac{4}{16}+\frac{6}{24}}\right) = (0.214, 2.986)$$

由此可以认为,在置信水平为 0.95 的情形下,$\mu_1 > \mu_2$.

(2) 当 σ_1^2, σ_2^2 未知时,但 m, n 均较大(大于50),可用 S_1^2 和 S_2^2 分别代替 σ_1^2, σ_2^2,则可得 $(\mu_1-\mu_2)$ 的置信水平为 $1-\alpha$ 的近似置信区间为

$$\left[(\overline{X}-\overline{Y})-\mu_{\frac{\alpha}{2}} \cdot \sqrt{\frac{S_1^2}{m}+\frac{S_2^2}{n}}, (\overline{X}-\overline{Y})+\mu_{\frac{\alpha}{2}} \cdot \sqrt{\frac{S_1^2}{m}+\frac{S_2^2}{n}}\right]$$

(3) 当 $\sigma_1^2 = \sigma_2^2 = \sigma^2$,且 σ^2 未知时,由抽样分布可知:若令 $S_\omega^2 = \frac{(m-1)S_1^2+(n-1)S_2^2}{m+n-2}$,

则
$$T = \frac{(\overline{X} - \overline{Y}) - (\mu_1 - \mu_2)}{\sqrt{\frac{1}{m} + \frac{1}{n}} \cdot S_w} \sim t(m+n-2)$$

由 t 分布分位数的定义有:$P\{|T| \leqslant t_{\frac{\alpha}{2}}(m+n-2)\} = 1-\alpha$,从而可得:$\mu_1 - \mu_2$ 的可信度为 $1-\alpha$ 的置信区间为

$$\left[(\overline{X} - \overline{Y}) \pm t_{\frac{\alpha}{2}}(m+n-2) \cdot S_w \cdot \sqrt{\frac{1}{m} + \frac{1}{n}} \right]$$

例 5 为了估计磷肥对某农作物增产的作用,现选用 20 块条件大致相同的地块进行对比试验.其中 10 块地施磷肥,另外 10 块地不施磷肥,得到单位面积的产量如下(单位:kg):

施磷肥:620,570,650,600,630,580,570,600,600,580

不施磷肥:560,590,560,570,580,570,600,550,570,550

设施磷肥的地块的单位面积的产量 $X \sim N(\mu_1, \sigma_1^2)$,不施磷肥的地块的单位面积的产量 $Y \sim N(\mu_2, \sigma_2^2)$,求 $\mu_1 - \mu_2$ 的置信水平为 0.95 的置信区间.

解 $n = m = 10$,$1 - \alpha = 0.95$,$\alpha = 0.05$,$\bar{x} = 600$,$\bar{y} = 570$,$S_1^2 = \frac{6400}{9}$,$S_2^2 = \frac{2400}{9}$,$S_w^2 = \frac{(n-1)S_1^2 + (m-1)S_2^2}{n+m-2} = 22^2$,$t_{0.025}(18) = 2.1010$.

因此,$\mu_1 - \mu_2$ 的置信水平为 0.95 的置信区间为

$$\left(600 - 570 - 22 \times 2.1010 \times \sqrt{\frac{1}{10} + \frac{1}{10}}, 600 - 570 + 22 \times 2.1010 \times \sqrt{\frac{1}{10} + \frac{1}{10}} \right)$$
$$= (9.23, 50.77)$$

即我们可以认为磷肥对此农作物增产有作用.

例 6 为比较 I、II 两种型号步枪子弹的枪口速度,随机取 I 型子弹 10 发,得到枪口平均速度为 $\bar{x} = 500 (\text{m/s})$,标准差 $s_1 = 1.10 (\text{m/s})$,取 II 型子弹 20 发,得到枪口平均速度为 $\bar{x} = 496 (\text{m/s})$,标准差 $s_2 = 1.20 (\text{m/s})$,假设两总体都可认为近似地服从正态分布,且由生产过程可认为它们的方差相等,求两总体均值差 $\mu_1 - \mu_2$ 的置信度为 0.95 的置信区间.

解 由题设:两总体的方差相等,却未知.

由于 $1 - \alpha = 0.95$,$\alpha/2 = 0.025$,$m = 10$,$n = 20$,$m + n - 2 = 28$,$t_{0.075}(28) = 2.0484$

$$S_\omega^2 = \frac{9 \times 1.1^2 + 19 \times 1.2^2}{28}$$

所以 $S_\omega = \sqrt{S_\omega^2} = 1.1688$

故所求置信区间为

$$\left[(\bar{x}_1 - \bar{x}_2) \pm s^* \cdot t_{0.975}(28) \cdot \sqrt{\frac{1}{10} + \frac{1}{20}} \right] = [4 \pm 0.93]$$

即 $[3.07, 4.93]$.

该题所得下限大于 0,在实际中,我们认为 μ_1 比 μ_2 大;相反,若下限小于 0,则认为 μ_1 与 μ_2 没有显著的差别.

2. 求 σ_1^2 / σ_2^2 的置信区间(μ_1,μ_2 均未知)

据抽样分布知:$F = \frac{S_1^2 / \sigma_1^2}{S_2^2 / \sigma_2^2} \sim F(m-1, n-1)$,由 F 分布的分位数定义及其特点:

$$P\{F_{1-\frac{\alpha}{2}}(m-1,n-1) < F < F_{\frac{\alpha}{2}}(m-1,n-1)\} = 1-\alpha$$

可得 σ_1^2/σ_2^2 的置信水平为 $1-\alpha$ 的置信区间为

$$\left[\frac{S_1^2/S_2^2}{F_{\frac{\alpha}{2}}(m-1,n-1)}, \frac{S_1^2}{S_2^2}F_{1-\frac{\alpha}{2}}(m-1,n-1)\right]$$

例 7 某车间有甲,乙两台机床加工同类零件,假设此类零件直径服从正态分布. 现分别从由甲机床和乙机床加工出的产品中取出 5 个和 6 个,进行检查,得其直径数据(单位:mm)为

甲: 5.06　　5.08　　5.03　　5.00　　5.07

乙: 4.98　　5.03　　4.97　　4.99　　5.02　　4.95

试求 $\dfrac{\sigma_甲^2}{\sigma_乙^2}$ 的置信水平为 0.95 的置信区间.

解 $n=5, m=6, 1-\alpha=95\%, \alpha=0.05, s_甲^2=0.00107, s_乙^2=0.00092, F_{0.025}(4,5)=7.39$,
$F_{0.975}(4,5) = \dfrac{1}{F_{0.025}(4,5)} = \dfrac{1}{9.36} = 0.1068$, 因此 $\dfrac{\sigma_甲^2}{\sigma_乙^2}$ 的置信水平为 0.95 的置信区间为

$$\left(\frac{0.00107}{0.00092} \times \frac{1}{7.39}, \frac{0.00107}{0.00092} \times \frac{1}{9.36}\right) = (0.15738, 10.8899)$$

表 5-1 所示为两种正态总体的小结.

表 5-1

类别	待估参数	条件	抽样分布	置信区间
一个正态总体	μ	σ^2 已知	$\dfrac{\overline{X}-\mu}{\sigma/\sqrt{n}} \sim N(0,1)$	$\left(\overline{X}-\mu_{\alpha/2}\dfrac{\sigma}{\sqrt{n}}, \overline{X}+\mu_{\alpha/2}\dfrac{\sigma}{\sqrt{n}}\right)$
	μ	σ^2 未知	$\dfrac{\overline{X}-\mu}{S/\sqrt{n}} \sim t(n-1)$	$\left(\overline{X}-t_{\alpha/2}(n-1)\dfrac{S}{\sqrt{n}}, \overline{X}+t_{\alpha/2}(n-1)\dfrac{S}{\sqrt{n}}\right)$
	σ^2	μ 已知	$\displaystyle\sum_{i=1}^n \dfrac{(X_i-\mu)^2}{\sigma^2} \sim \chi^2(n)$	$\left[\dfrac{\sum_{i=1}^n(X_i-\mu)^2}{\chi_{\alpha/2}^2(n)}, \dfrac{\sum_{i=1}^n(X_i-\mu)^2}{\chi_{1-\alpha/2}^2(n)}\right]$
	σ^2	μ 未知	$\dfrac{(n-1)S^2}{\sigma^2} \sim \chi^2(n-1)$	$\left(\dfrac{(n-1)S^2}{\chi_{\alpha/2}^2(n-1)}, \dfrac{(n-1)S^2}{\chi_{1-\alpha/2}^2(n-1)}\right)$
两个正态总体	$\mu_1-\mu_2$	σ_1^2, σ_2^2 已知	$\dfrac{\overline{X}-\overline{Y}-(\mu_1-\mu_2)}{\sqrt{\dfrac{\sigma_1^2}{n}+\dfrac{\sigma_2^2}{m}}} \sim N(0,1)$	$\left(\overline{X}-\overline{Y}-\mu_{\alpha/2}\sqrt{\dfrac{\sigma_1^2}{n}+\dfrac{\sigma_2^2}{m}}, \overline{X}-\overline{Y}+\mu_{\alpha/2}\sqrt{\dfrac{\sigma_1^2}{n}+\dfrac{\sigma_2^2}{m}}\right)$
	$\mu_1-\mu_2$	σ_1^2, σ_2^2 未知但相等	$\dfrac{\overline{X}-\overline{Y}-(\mu_1-\mu_2)}{S_\omega\sqrt{\dfrac{1}{n}+\dfrac{1}{m}}} \sim t(n+m-2)$	$\left(\overline{X}-\overline{Y}-t_{\alpha/2}(n+m-2)S_\omega\sqrt{\dfrac{1}{n}+\dfrac{1}{m}},\right.$ $\left.\overline{X}-\overline{Y}+t_{\alpha/2}(n+m-2)S_\omega\sqrt{\dfrac{1}{n}+\dfrac{1}{m}}\right)$
	$\dfrac{\sigma_1^2}{\sigma_2^2}$	μ_1, μ_2 已知	$\dfrac{m}{n} \cdot \dfrac{\sigma_2^2}{\sigma_1^2} \cdot \dfrac{\sum_{i=1}^n(X_i-\mu_1)^2}{\sum_{i=1}^m(Y_i-\mu_2)^2} \sim F(n,m)$	$\left[\dfrac{1}{F_{\alpha/2}(n,m)} \cdot \dfrac{m\sum_{i=1}^n(X_i-\mu_1)^2}{n\sum_{i=1}^m(Y_i-\mu_2)^2}, \dfrac{1}{F_{1-\alpha/2}(n,m)} \cdot \dfrac{m\sum_{i=1}^n(X_i-\mu_1)^2}{n\sum_{i=1}^m(Y_i-\mu_2)^2}\right]$
	$\dfrac{\sigma_1^2}{\sigma_2^2}$	μ_1, μ_2 未知	$\dfrac{S_1^2}{S_2^2} \cdot \dfrac{\sigma_2^2}{\sigma_1^2} \sim F(n-1,m-1)$	$\left(\dfrac{1}{F_{\alpha/2}(n-1,m-1)} \cdot \dfrac{S_1^2}{S_2^2}, \dfrac{1}{F_{1-\alpha/2}(n-1,m-1)} \cdot \dfrac{S_1^2}{S_2^2}\right)$

习题 5.2

1. 假设某商店中有一种商品的月销售量服从 $N(\mu,\sigma^2)$，其中 σ^2 未知. 为了合理地确定对该商品的进货量，需对 μ,σ 做估计，为此，随机抽取 5 个月，其销量分别为 67,63,56,66,70，求 μ 的双侧 0.95 置信区间和方差 σ^2 的双侧 0.90 置信区间.

2. 随机地取某种玩具子弹 10 发做试验，测得子弹速度的方差为 10，设子弹速度服从正态分布，求这种子弹速度的方差 σ^2 的双侧 0.95 置信区间.

3. 设 $X_1,X_2,\cdots,X_n$ 为 $N(\mu,\sigma^2)$ 的样本，对给定的置信水平 $1-\alpha,0<\alpha<1$，求 μ 的置信水平为 $1-\alpha$ 的区间估计.

4. 某厂生产的化纤强度服从正态分布，长期以来其标准差稳定在 $\sigma=0.85$，现抽取了一个容量为 $n=25$ 的样本，测定其强度，算得样本均值为 $\overline{x}=2.25$，试求这批化纤平均强度的置信水平为 0.95 的置信区间.

5. 一批零件尺寸服从 $N(\mu,\sigma^2)$，对 μ 进行区间估计（σ^2 未知），要求估计精度不低于 2δ，置信水平保持为 $1-\alpha$，问：至少要抽取多少件产品作为样本？

6. 总体 $X\sim N(\mu,\sigma^2)$，$\left[\overline{x}-\overline{y}-\sqrt{\dfrac{n_1+n_2}{n_1n_2}}S_wt_{1-\alpha/2}(n_1+n_2-2),\overline{x}-\overline{y}+\sqrt{\dfrac{n_1+n_2}{n_1n_2}}S_wt_{1-\alpha/2}(n_1+n_2-2)\right]$. 已知，问：样本容量 n 取多大时才能保证 μ 的置信水平为 95% 的置信区间的长度不大于 k.

7. 在一批货物中随机抽取 80 件，发现有 11 件不合格品，试求这批货物的不合格品率的置信水平为 0.90 的置信区间.

总复习题五

1. 单选题

(1) 设总体 $X\sim N(\mu,\sigma^2)$，其中 σ^2 已知，则总体均值 μ 的置信区间长度 l 与置信区间 $1-\alpha$ 的关系是（　　）.

　　A. 当 $1-\alpha$ 缩小时，l 缩短　　　　B. 当 $1-\alpha$ 缩小时，l 增大

　　C. 当 $1-\alpha$ 缩小时，l 不变　　　　D. 以上说法均错

(2) 设总体 $X\sim N(\mu,\sigma^2)$，其中 σ^2 已知，若样本容量 n 和置信区间 $1-\alpha$ 均不变，则对于不同的样本观测值，总体均值 μ 的置信区间长度（　　）.

　　A. 变短　　　　B. 变大　　　　C. 不变　　　　D. 不确定

(3) 设随机变量 $X_1,\cdots,X_n$ 独立且同分布，$\overline{X}=\dfrac{1}{n}\sum\limits_{i=1}^{n}X_i$，$S^2=\dfrac{1}{n-1}\sum\limits_{i=1}^{n}(X_i-\overline{X})^2$，$D(X_i)=\sigma^2$，则 S（　　）.

　　A. 是 σ 的一致估计　　　　　　B. 是 σ 的无偏估计

　　C. 是 σ 的最大似然估计　　　　D. 与 $\overline{X}$ 相互独立

(4) 设 $\hat{\theta}$ 是 θ 的无偏估计，$D(\hat{\theta}) \neq 0$，则 $\hat{\theta}^2$ 必为 θ^2 的（　　）.

A. 一致估计　　　B. 无偏估计　　　C. 有效估计　　　D. 有偏估计

(5) 设 $X_1, \cdots, X_n$ 是取自总体 $N(\mu, \sigma^2)$ 的一个样本，则 μ 的矩估计量为（　　）.

A. $\bar{X}$　　　B. $\dfrac{1}{n}\bar{X}$　　　C. $2\bar{X}$　　　D. $\dfrac{1}{2}\bar{X}$

2. 设总体 X 概率密度为：$f(x) = \begin{cases} \sqrt{\theta} x^{\sqrt{\theta}-1}, & 0 \leqslant x \leqslant 1 \\ 0, & \text{其他} \end{cases}$，其中参数 $\theta > 0$ 且未知，设 $X_1, X_2, \cdots, X_n$ 为总体的一个样本，$x_1, x_2, \cdots, x_n$ 是样本值，求 θ 的矩估计量和极大似然估计量.

3. 已知随机变量 X 的密度函数为 $f(x) = \begin{cases} (\theta+1)x^\theta, & 0 < x < 1 \\ 0, & \text{其他} \end{cases}$ $(\theta > -1)$，其中 θ 为未知参数，求 θ 的矩估计量与极大似然估计量.

4. 设总体 X 概率密度为 $f(x) = \begin{cases} \theta(1-x)^{\theta-1}, & 0 < x < 1 \\ 0, & \text{其他} \end{cases}$，其中 θ 为未知参数，$X_1, X_2, \cdots, X_n$ 为总体的一个样本，$x_1, x_2, \cdots, x_n$ 是样本值，求参数 θ 的矩估计量和极大似然估计量.

5. 设总体 X 具有分布律：

X	1	2	3
p	θ^2	$2\theta(1-\theta)$	$(1-\theta)^2$

其中 $\theta(0 < \theta < 1)$ 为未知参数，已知取得了样本值 $x_1 = 1, x_2 = 2, x_3 = 1$. 试求 θ 的矩估计值和极大似然估计值.

6. 设总体 X 的密度函数为：$f(x) = \begin{cases} \dfrac{1}{\theta} e^{-\frac{x}{\theta}}, & x > 0 \\ 0, & x \leqslant 0 \end{cases}$，其中 $\theta > 0$ 为未知参数，$X_1, X_2, \cdots, X_n$ 是来自总体 X 的样本，求参数 θ 的矩估计量和极大似然估计量.

7. 设 $X_1, X_2, \cdots, X_n$ 为总体 X 的一个样本，X 的密度函数 $f(x) = \begin{cases} \beta x^{\beta-1}, & 0 < x < 1 \\ 0, & \text{其他} \end{cases}$，其中未知参数 $\beta > 0$，$x_1, x_2, \cdots, x_n$ 是样本值，求参数 β 的矩估计量和最大似然估计量.

8. 设 $X_1, X_2, \cdots, X_n$ 为总体 X 的一个样本，X 的密度函数 $f(x) = \begin{cases} \lambda e^{-\lambda x}, & x > 0 \\ 0, & x \leqslant 0 \end{cases}$，其中未知参数 $\lambda > 0$，$x_1, x_2, \cdots, x_n$ 是样本值，求参数 λ 的矩估计量和最大似然估计量.

9. 已知随机变量 X 的密度函数为 $f(x) = \begin{cases} (\theta+1)(x-5)^\theta, & 5 < x < 6 \\ 0, & \text{其他} \end{cases}$ $(\theta > -1)$，其中 θ 为未知参数，设 $X_1, X_2, \cdots, X_n$ 为总体的一个样本，$x_1, x_2, \cdots, x_n$ 是样本值，求参数 θ 的矩估计量和极大似然估计量.

10. 为考察某大学成年男性的胆固醇水平，现抽取了样本容量为 25 的一个样本，并测得样本均值为 $\bar{x} = 186$，样本标准差为 $s = 12$. 假定胆固醇水平 $X \sim N(\mu, \sigma^2)$，μ 与 σ^2 均未知，求总体标准差 σ 的置信度为 90% 的置信区间.（$\chi^2_{0.05}(24) = 36.415, \chi^2_{0.95}(24) = 13.848$）

11. 设某异常区磁场强度服从正态分布 $N(\mu, \sigma^2)$，现对该地区进行磁测，今抽测 16 个点，

算得样本均值 $\bar{x}=12.7$,样本方差 $s^2=0.003$,求出 σ^2 的置信度为 95% 的置信区间.

$(\chi^2_{0.025}(15)=27.5, \chi^2_{0.975}(15)=6.26, \chi^2_{0.025}(16)=28.845, \chi^2_{0.975}(16)=7.564)$

12. 某单位职工每天的医疗费服从正态分布 $N(\mu,\sigma^2)$,现抽查了 25 天,得 $\bar{x}=170, s=30$,求职工每天医疗费均值 μ 的置信水平为 0.95 的置信区间.

$(t_{0.025}(24)=2.064, t_{0.05}(24)=1.711)$

13. 某超市抽查 80 人,调查他们每月在酱菜上的平均花费,发现平均值为 $\bar{x}=5.9$ 元,样本标准差 $s=1.2$ 元.求到超市人群每月在酱菜上的平均花费 μ 的置信度为 95% 的区间估计.

$(t_{0.025}(80-1) \approx u_{0.025}=1.96, t_{0.025}(80-1) \approx u_{0.05}=1.65)$

14. 随机地取某种炮弹 9 发做试验,测得炮口速度的样本标准差 $s=11$ (m/s),设炮口速度服从正态分布,求这种炮弹的炮口速度的标准差 σ 的置信度为 0.95 的置信区间.

$(\chi^2_{0.975}(8)=2.18, \chi^2_{0.975}(8)=17.535, \chi^2_{0.025}(9)=2.7 \chi^2_{0.025}(9)=19.023)$

15. 从某商店一年来的发票存根中随机抽取 26 张,算得平均金额为 78.5 元,样本标准差为 20 元.假定发票金额服从正态分布,求该商店一年来发票平均金额的置信度为 90% 的置信区间.

$(t_{0.05}(25)=1.7081, t_{0.05}(26)=1.7056, t_{0.025}(25)=2.0595, t_{0.025}(26)=2.0555)$

数学家简介——

皮 尔 逊

卡尔·皮尔逊(Karl Pearson,1857—1936),英国数学家和自由思想家,1857 年出生于英国伦敦;1879 年毕业于剑桥大学,获数学学士学位;后往德国海德堡大学进修德语及人文学;后去林肯法学院学习法律获大律师资格;数年后于剑桥大学获数学哲学博士学位;1884—1911 年任伦敦大学应用数学和力学教师;1911—1933 年任高尔顿实验室主任,又任应用统计系教师;1896 年被选为英国皇家学会会员,他还是爱尔堡皇家学会会员、苏联人类学会会员.卡尔·皮尔逊继法兰西斯·高尔顿之后,发展了回归与相关的理论,得到母体的概念,并认为统计学研究的不是样本本身,而是根据样本对母体的推断,由此导出了拟合优度检验,即作为样本取出的若干个体是否拟合从理论上所确定的母体的分布问题.1894 年,他提出了矩估计法,并在此后发展了这一方法.1900 年,他创立和发展了卡方检验的理论,在理论分布完全给定的情况下,给出了拟合优度检验的卡方统计量的极限定理.他考察一些生物学方面数据后,发现不少分布与正态分布呈明显偏倚,而后创立了概率密度函数族,可用一微分方程描述:

$$\frac{dy}{dx}=\frac{(x+d)y}{b_0+b_1+b_2x^2}$$

他是从数学上对生物进行统计研究的第一人.1901 年他与高尔顿、韦尔登一起,创办了《生物统计学》杂志,使生物统计学有了自己的一席之地.

第6章 假设检验

在许多实际问题中,常常会遇到这样的情形,人们对所考察的总体的某些特征了解不够,但可以根据历史的资料和数据或实际经验,对总体的这些特征做某些可能的假设.例如,某高速公路上的车流量服从 Poisson 分布的假设,零件测量误差服从正态分布的假设,正态总体的均值等于已知常数 μ_0 的假设等,而后根据抽样得到的信息,对这些假设的正确与否进行判断:是接受,还是拒绝.我们把这种关于总体某些统计特征的假设称为统计假设(也称为原假设或零假设),一般用 H_0 表示.把根据样本信息来判断某一假设正确与否的过程称为假设检验.假设检验分为参数的假设检验和非参数的假设检验.下面通过几个实例来说明.

例1 某食品厂生产猪肉罐头,按规定每瓶的标准质量为 500 g,由以往经验知,该厂生产的猪肉罐头质量服从正态分布 $N(500,2^2)$,现在随机抽查 5 瓶,其质量分别为(单位:g)
$$501,507,498,502,504$$
能否认为该厂猪肉罐头的标准质量为 500 g?

设该厂猪肉罐头的平均质量 $\mu=500$ g,则问题变为检验假设 $H_0:\mu=500$ 是否成立?

例2 某厂有一批产品,共 100 000 件,须经检验合格后方能出厂,按规定次品率不得超过 5%,今从中任取 100 件,发现有 7 件次品,问:这批产品能否出厂?

设这批产品的次品率为 p,则问题变为检验假设 $H_0:p\leqslant 0.05$ 是否成立.

本章将主要介绍假设检验的基本概念以及正态总体参数的显著性检验.

§6.1 假设检验的基本概念

【课前导读】 在总体分布未知或虽然已知其类型但含有未知参数时,为推断总体的某些未知特性,通常先会提出某些关于总体的假设,然后根据样本提供的信息以及运用适当的统计量,对提出的假设作出接受或者拒绝的决策.假设检验则是作出这一决策的过程.

6.1.1 假设检验的思想与方法

假设检验的基本思想可以用小概率原理来解释.所谓小概率原理,就是认为小概率事件在一次试验中是几乎不发生的.也就是说,对总体的某个假设是真实的,那么不利于或不能支持这一假设的事件 A 在一次试验中是几乎不发生的;要是在一次试验中事件 A 竟然发生了,我们就有理由怀疑这一假设的真实性,拒绝这一假设.

下面我们通过例子说明假设检验的基本思想和方法.

例1 某化肥厂用自动打包机包装化肥,其均值为 100 kg,根据经验知每包净重 X(单位:kg)服从正态分布,标准差为 1 kg.某日为检验自动打包机工作是否正常,随机地抽取 9 包,重量如下:
$$99.3,98.7,100.5,101.2,98.3,99.7,99.5,102.1,100.5$$

试问:这一天自动打包机工作是否正常?

本例的问题是如何根据样本值来判断自动打包机是否工作正常,即要看总体均值 μ 是否为 100 kg. 为此,我们给出假设

$$H_0: \mu = 100$$

现用样本值来检验假设 H_0 是否成立, H_0 成立意味着自动打包机工作正常,否则认为自动打包机工作不正常. 在假设检验问题中,我们把与总体有关的假设称之为**统计假设**,把待检验的假设称之为**原假设**,记为 H_0;与原假设 H_0 相对应的假设称为**备择假设**,记为 H_1. 本例中的备择假设为 $H_1: \mu \neq 100$. 用样本值来检验假设 H_0 成立,称为**接受 H_0**(即**拒绝 H_1**),否则称为**接受 H_1**(即**拒绝 H_0**).

如何检验 $H_0: \mu = 100$ 成立与否? 我们知道,样本均值 $\overline{X}$ 是 μ 的无偏估计,自然地希望用 $\overline{X}$ 这一统计量来进行判断,在 H_0 为真的条件下, $\overline{X}$ 的观测值 $\overline{x}$ 应在 100 附近,即 $|\overline{x} - 100|$ 比较小,也就是说,要选取一个适当的常数 k ,使得 $\left\{ \left| \dfrac{\overline{X} - 100}{\sigma/\sqrt{n}} \right| \geq k \right\}$ 是一个小概率事件. 我们称这样的小概率为**显著性水平**,记为 $\alpha (0 < \alpha < 1)$. 一般地, α 取 0.10,0.05,0.01 等. 注意到当 H_0 为真时,统计量

$$U = \frac{\overline{X} - 100}{\sigma/\sqrt{n}} \sim N(0,1) \tag{6.1.1}$$

对于给定的显著性水平 α ,令

$$P\{|U| \geq k\} = P\left\{ \left| \frac{\overline{X} - 100}{\sigma/\sqrt{n}} \right| \geq k \right\} = \alpha \tag{6.1.2}$$

于是 $k = u_{\alpha/2}$. 设统计量 $U = \dfrac{\overline{X} - 100}{\sigma/\sqrt{n}}$ 的观测值为 $u = \dfrac{\overline{x} - 100}{\sigma/\sqrt{n}}$,如果 $|u| \geq u_{\alpha/2}$,则意味着概率为 α 的小概率事件发生了,根据实际推断原理(一个小概率事件在一次试验中几乎不发生),我们拒绝 H_0 ,否则接受 H_0. 在本例中,若取 $\alpha = 0.05, u_{\alpha/2} = u_{0.025} = 1.96$,则

$$|\mu| = \left| \frac{\overline{x} - 100}{\sigma/\sqrt{n}} \right| = \left| \frac{99.8 - 100}{1/\sqrt{9}} \right| = 0.6 < 1.96$$

因此,接受原假设 H_0 ,即自动打包机工作正常.

从本例中可以看出,假设检验的基本思想是:为验证原假设 H_0 是否成立,我们首先假定 H_0 是成立的,然后在 H_0 成立的条件下,利用观测到的样本提供的信息,如果能导致一个不合理的现象出现,即一个概率很小的事件在一次试验中发生了,我们有理由认为事先的假定是不正确的,从而拒绝 H_0 ,因为实际推断原理认为,一个小概率事件在一次试验中是几乎不可能发生的. 如果没有出现不合理的现象,则样本提供的信息并不能否定事先假定的正确性,从而我们没有理由拒绝 H_0 ,即接受 H_0.

为了利用提供的信息,我们需要适当地构造一个统计量,称之为**检验统计量**,如例 1 的检验统计量是 $U = \dfrac{\overline{X} - 100}{\sigma/\sqrt{n}}$. 利用检验统计量,我们可以确定一个由小概率事件对应的检验统计量的取值范围,称这一范围为假设检验的**拒绝域**,记为 W ,如例 1 的拒绝域为 $W = \{|\mu| \geq \mu_{\alpha/2}\}$. 当 $u \in W$ 时,我们拒绝 H_0 ;当 $u \notin W$ 时,接受 H_0.

6.1.2 假设检验的两类错误

在假设检验中,我们从样本信息出发,依据小概率原理,作出接受或拒绝原假设 H_0 的判断,由于样本 $X_1,X_2,\cdots,X_n$ 具有随机性,因此我们接受或拒绝 H_0 都不是绝对无误的,我们可能会犯两类错误(见表 6-1):有可能以 α 的概率作出拒绝 H_0 的判断,从而犯了"弃真"的错误,这种错误称为**第一类错误**,犯这个错误的概率记为 α,即

$$P\{拒绝\ H_0\mid H_0\ 成立\}=\alpha \tag{6.1.3}$$

另外,当原假设 H_0 客观上是假的,由于随机性而接受 H_0,这就犯了"取伪"的错误,这种错误称为**第二类错误**. 犯第二类错误的概率记为 β,即

$$P\{接受\ H_0\mid H_1\ 成立\}=\beta \tag{6.1.4}$$

在检验一个假设时,人们总是希望犯这两类错误的概率都尽量小. 但当样本容量 n 确定后,若 α 的值减小,则 β 的值就增大;反之,若 α 的值增大,则 β 的值就减小. 不可能同时做到犯这两类错误的概率都很小,因此,通常我们的做法是利用事前给定的显著性水平 α 来限制第一类错误,力求使犯第二类错误的概率 β 尽量小,这类假设检验称为**显著性检验**. 对于给定 α,要想减少犯第二类错误的概率,只有通过增大样本容量.

表 6-1

真实情况 判断	H_0 成立	H_1 成立
拒绝 H_0	犯第一类错误	判断正确
接受 H_0	判断正确	犯第二类错误

6.1.3 假设检验的一般步骤

从例 1 中可以看出假设检验的一般步骤为:
(1) 根据实际问题提出原假设 H_0 和备择假设 H_1;
(2) 确定检验统计量 Z;
(3) 对于给定的显著性水平 α,在 H_0 为真的假定下利用检验统计量确定拒绝域 W;
(4) 由样本值算出检验统计量的观测值 z,当 $z\in W$ 时,拒绝 H_0;当 $z\notin W$ 时,接受 H_0.

需要说明的是:原假设和备择假设的建立要根据具体问题来决定. 通常把没有把握不能轻易肯定的命题作为备择假设,而把没有充分理由不能轻易否定的命题作为原假设.

在对参数 θ 的假设检验中,形如 $\{H_0:\theta=\theta_0,H_1:\theta\neq\theta_0\}$ 的假设检验称为**双边检验**. 在实际问题中,有些被检验的参数,如电子元件的寿命越大越好,而一些指标如原材料的消耗越低越好,因此,需要讨论如下形式的**单侧假设检验**:

$$H_0:\theta\leqslant\theta_0,\quad H_1:\theta>\theta_0$$

或

$$H_0:\theta\geqslant\theta_0,\quad H_1:\theta<\theta_0$$

习题 6.1

1. 在一个假设检验问题中,当检验最终结果是接受 H_1 时,可能犯什么错误?

2. 在一个假设检验问题中,当检验最终结果是拒绝 H_1 时,可能犯什么错误?
3. 在假设检验中,如何理解指定的显著性水平 α?
4. 在假设检验中,如何确定原假设 H_0 和备择假设 H_1?
5. 假设检验的基本步骤有哪些?
6. 假设检验与区间估计有何异同?

§6.2 单个正态总体的均值与方差的假设检验

【课前导读】 正态分布是在统计以及许多统计测试中应用最广泛的一类分布,实际应用中,往往并不确定总体的参数,这就需要在已知信息的条件下,对正态总体的参数进行假设检验,已知信息不同,检验方法也不同.

设 $X_1, X_2, \cdots, X_n$ 是来自正态总体 $N(\mu, \sigma^2)$ 的一个样本,样本均值为 $\overline{X}$,样本方差为 S^2.

6.2.1 单个正态总体均值的假设检验

1. σ 已知时,关于 μ 的假设检验

为检验假设

$$H_0: \mu = \mu_0, \quad H_1: \mu \neq \mu_0$$

构造检验统计量

$$U = \frac{\overline{X} - \mu_0}{\sigma/\sqrt{n}}, \quad U \sim N(0,1)$$

若 H_0 为真,检验统计量 U 的观测值 $u = \dfrac{\overline{x} - \mu_0}{\sigma/\sqrt{n}}$ 不应偏大或偏小,故对给定的显著性水平 α,令

$$P\left\{\left|\frac{\overline{X} - \mu_0}{\sigma/\sqrt{n}}\right| \geq u_{\alpha/2}\right\} = \alpha$$

得拒绝域为

$$W = \{|u| \geq u_{\alpha/2}\}$$

若 U 的观测值满足 $|u| \geq u_{\alpha/2}$,则拒绝 H_0,即认为均值 μ 与 μ_0 有显著差异;否则接受 H_0,即认为 μ 与 μ_0 无显著差异.

在上述检验中,我们都用到统计量 $U = \dfrac{\overline{X} - \mu_0}{\sigma/\sqrt{n}}$ 来确定检验的拒绝域,这种方法称为 U 检验.

例 1 某工厂制成一种新的钓鱼绳,声称其折断平均受力为 15 kg,已知标准差为 0.5 kg,为检验 15 kg 这个数字是否真实,在该厂产品中随机抽取 50 件,测得其折断平均受力是 14.8 kg,若取显著性水平 $\alpha = 0.01$,问:是否应接受厂方声称为 15 kg 的这个数字?[假定折断拉力 $X \sim N(\mu, \sigma^2)$]

解
$$H_0: \mu = \mu_0 = 15, \quad H_1: \mu \neq \mu_0$$
$$n = 50, \quad \sigma = 0.5, \quad \overline{X} = 14.8, \quad \alpha = 0.01, \quad \mu_{0.005} = 2.58$$

$$U = \left|\frac{\overline{X} - \mu_0}{\sigma/\sqrt{n}}\right| = \left|\frac{14.8 - 15}{0.5/\sqrt{50}}\right| = 2.82 > \mu_{0.005} = 2.58$$

此时,拒绝 H_0. 这意味着,厂方声称的 15 kg 的说法与抽样实测结果的偏离在统计上达到显著程度.

2. σ^2 未知时,关于 μ 的假设检验

做单个总体均值的 U 检验,要求总体标准差已知,但在实际应用中,σ^2 往往未知,我们自然想到用 σ^2 的无偏估计 S^2 代替它,构造检验统计量为

$$T = \frac{\overline{X} - \mu_0}{S/\sqrt{n}} \sim t(n-1)$$

考虑假设

$$H_0: \mu = \mu_0, \quad H_1: \mu \neq \mu_0$$

对给定的显著性水平 α,有

$$P\left\{\left|\frac{\overline{X} - \mu_0}{S/\sqrt{n}}\right| \geq t_{\alpha/2}(n-1)\right\} = \alpha$$

因此,检验的拒绝域为

$$W = \{|t| \geq t_{\alpha/2}(n-1)\}$$

当检验统计量 T 的观测值 $t = \frac{\overline{x} - \mu_0}{s/\sqrt{n}}$ 满足 $|t| \geq t_{\alpha/2}(n-1)$,则拒绝 H_0,即认为均值 μ 与 μ_0 有显著差异,否则接受 H_0,即认为 μ 与 μ_0 无显著差异. 称上述检验方法为 t 检验.

例2 健康成年男子脉搏平均为 72 次/分,高考体检时,某校参加体检的 26 名男生的脉搏平均为 74.2 次/分,标准差为 6.2 次/分,问:此 26 名男生每分钟脉搏次数与一般成年男子有无显著差异(α 为 0.05)?

解 建立假设

$$H_0: \mu = 72, \quad H_1: \mu \neq 72$$

已知 $n = 26, \bar{x} = 74.2, s = 6.2, \alpha = 0.05, t_{\alpha/2}(25) = t_{0.025}(25) = 2.06$,计算 T 的观测值:$t = \frac{\bar{x} - \mu_0}{s/\sqrt{n}} = 1.81$,由于 $|1.81| < 2.06$,故接受 H_0,即认为此 26 名男生每分钟脉搏次数与一般成年男子无显著差别.

6.2.2 单个正态总体方差的假设检验

1. μ 已知时,关于 σ^2 的假设检验

为检验假设

$$H_0: \sigma^2 = \sigma_0^2, \quad H_1: \sigma^2 \neq \sigma_0^2$$

选取检验统计量为

$$\chi^2 = \frac{1}{\sigma_0^2} \sum_{i=1}^{n}(X_i - \mu)^2 \sim \chi^2(n)$$

当 H_0 为真时,检验统计量 χ^2 不应偏大或偏小,即对给定显著性水平 α,有
$$P\{(\chi^2 \leqslant k_1) \cup (\chi^2 \geqslant k_2)\} = \alpha$$
一般地,取 $k_1 = \chi^2_{1-\alpha/2}(n), k_2 = \chi^2_{\alpha/2}(n)$,其拒绝域为
$$W = \{\chi^2 \leqslant \chi^2_{1-\alpha/2}(n) \text{ 或 } \chi^2 \geqslant \chi^2_{\alpha/2}(n)\}$$

2. μ 未知时,关于 σ^2 的假设检验

欲检验假设
$$H_0: \sigma^2 = \sigma_0^2, \quad H_1: \sigma^2 \neq \sigma_0^2$$
选取检验统计量为
$$\chi^2 = \frac{(n-1)S^2}{\sigma_0^2} \sim \chi^2(n-1)$$
当 H_0 为真时,检验统计量 χ^2 不应偏大或偏小,即对给定显著性水平 α,有
$$P\{(\chi^2 \leqslant k_1) \cup (\chi^2 \geqslant k_2)\} = \alpha$$
一般地,取 $k_1 = \chi^2_{1-\alpha/2}(n-1), k_2 = \chi^2_{\alpha/2}(n-1)$.因此,拒绝域为
$$W = \{\chi^2 \leqslant \chi^2_{1-\alpha/2}(n-1) \text{ 或 } \chi^2 \geqslant \chi^2_{\alpha/2}(n-1)\}$$

以上的检验方法称为 χ^2 检验.

例 3 某厂生产一种电子产品,此产品的某个指标服从正态分布 $N(\mu, \sigma^2)$,现从中抽取容量为 $n=8$ 的一个样本,测得样本均值 $\bar{x} = 61.125$,样本方差 $s^2 = 93.268$. 取显著性水平 $\alpha = 0.05$,试就 $\mu = 60$ 和 μ 未知这两种情况检验假设 $\sigma^2 = 8^2$.

解 检验假设 $H_0: \sigma^2 = 8^2, H_1: \sigma^2 \neq 8^2$.

(1) μ 已知,取 $\chi^2 = \frac{1}{\sigma_0^2} \sum_{i=1}^{n} (X_i - \mu)^2$ 为检验统计量.
$$\chi^2_{1-\alpha/2}(n) = \chi^2_{0.975}(8) = 2.810, \quad \chi^2_{\alpha/2}(n) = \chi^2_{0.025}(8) = 17.535$$
注意到,$\sum_{i=1}^{n}(x_i - \mu)^2 = \sum_{i=1}^{n}[(x_i - \bar{x}) - (\bar{x} - \mu)]^2 = \sum_{i=1}^{n}(x_i - \bar{x})^2 + n(\bar{x} - \mu)^2$ 和 $\sum_{i=1}^{n}(x_i - \bar{x})^2 = (n-1)s^2$.由 $\bar{x} = 61.125$ 和 $s^2 = 93.268$,可算出检验统计量的观测值为 $\chi^2 = \frac{1}{8^2}\sum_{i=1}^{n}(x_i - 60)^2 = 10.3281$,即它不在拒绝域内,故接受 $H_0: \sigma^2 = 8^2$.

(2) μ 未知,取 $\chi^2 = \frac{(n-1)S^2}{\sigma_0^2}$ 为检验统计量,由 $s^2 = 93.268$,算出
$$\chi^2 = \frac{(8-1) \times 93.268}{8^2} = 10.2012$$
又 $\chi^2_{1-\alpha/2}(n-1) = \chi^2_{0.975}(7) = 1.690$ 和 $\chi^2_{\alpha/2}(n-1) = \chi^2_{0.025}(7) = 16.013$,即 10.2012 不在拒绝域内,故接受 $H_0: \sigma^2 = 8^2$.

习题 6.2

1. 一种元件,要求其使用寿命不低于 $1\,000$ h,现在从一批这种元件中随机抽取 25 件,测

得其寿命平均值为 950 h. 已知这种元件寿命服从标准差为 100 h 的正态分布,试在显著水平 0.05 下确定这批元件是否合格.

2. 某批矿砂的五个样品中镍含量经测定为(%):
$$3.25, 3.27, 3.24, 3.26, 3.24$$
设测定值服从正态分布,问:在 $\alpha = 0.01$ 下能否接受假设,这批矿砂的镍含量为 3.25.

3. 打包机装糖入袋,每袋标准重为 100 kg,每天开工后,要检验所装糖袋的总体期望是否符合标准. 某日开工后,测得 6 袋糖的重量如下(单位:kg):
$$99.4, 98.2, 100.5, 99.1, 99.7, 102.5$$
打包机装糖的袋重服从正态分布,问:该天打包机是否正常($\alpha=0.05$)?

4. 糕点厂经理为判断牛奶供应商所供应的鲜牛奶是否被兑水,对它供应的牛奶进行了随机抽样检查,测得其 12 个牛奶样品的冰点如下:

$-0.5426, -0.5467, -0.5360, -0.5281, -0.5444, -0.5468,$

$-0.5420, -0.5347, -0.5468, -0.5496, -0.5410, -0.5405$

已知鲜牛奶的冰点是 $-0.545\,℃$. 在显著水平 0.05 下,试判断供应商的鲜牛奶是否被兑水.

5. 从饮料自动售货机随机抽取 36 杯,其平均含量为 219(mL),标准差为 14.2(mL),在 $\alpha=0.05$ 的显著性水平下,试检验假设:
$$H_0:\mu=\mu_0=222, \quad H_1:\mu<\mu_0=222$$

6. 某特殊润滑油容器的容量为正态分布,其方差为 0.03 L,在 $\alpha=0.01$ 的显著性水平下,抽取样本 10 个,测得样本标准差为 0.246,检验假设:
$$H_0:\sigma=6, H_1:\sigma<6$$

§6.3 两个正态总体的均值差与方差比的假设检验

【课前导读】 双正态总体的假设检验与单正态总体参数假设检验具有相同的思想,不同的是,双正态总体更注重考虑两个总体之间的差异,即两个总体的均值或者方差是否相等.

设 $X \sim N(\mu_1,\sigma_1^2)$,$Y \sim N(\mu_2,\sigma_2^2)$,从总体 X 和 Y 中,分别独立地取出样本 $X_1,X_2,\cdots,X_n$ 和 $Y_1,Y_2,\cdots,Y_m$,样本均值依次记为 $\overline{X}$ 和 $\overline{Y}$,样本方差依次记为 S_1^2 和 S_2^2.

6.3.1 两个正态总体均值差的假设检验

1. σ_1^2 与 σ_2^2 已知时,关于 μ_1,μ_2 的假设检验

现检验假设
$$H_0:\mu_1=\mu_2, \quad H_1:\mu_1 \neq \mu_2$$

在 H_0 成立的条件下,检验统计量
$$U = \frac{\overline{X}-\overline{Y}-\delta}{\sqrt{\sigma_1^2/n+\sigma_2^2/m}} \sim N(0,1)$$

给定显著性水平 α,令 $P\left\{\dfrac{|\overline{X}-\overline{Y}-\delta|}{\sqrt{\sigma_1^2/n+\sigma_2^2/m}} \geq u_{\alpha/2}\right\}=\alpha$,可得拒绝域为

$$W = \{|\mu| \geqslant \mu_{\alpha/2}\}$$

例1 某苗圃采用两种育苗方案作育苗试验,已知苗高服从正态分布.在两组育苗试验中,苗高的标准差分别为 $\sigma_1 = 18, \sigma_2 = 20$. 现都取 60 株苗作为样本,测得样本均值分别为 $\bar{x} = 59.34$ cm 和 $\bar{y} = 49.16$ cm. 取显著性水平为 $\alpha = 0.05$,试判断这两种育苗方案对育苗的高度有无显著性影响.

解 建立假设

$$H_0: \mu_1 = \mu_2, \quad H_1: \mu_1 \neq \mu_2$$

由题中给出的数据,我们算出统计量 $U = \dfrac{\bar{X} - \bar{Y}}{\sqrt{\sigma_1^2/n + \sigma_2^2/m}}$ 的观测值为

$$u = \frac{59.34 - 49.16}{\sqrt{18^2/60 + 20^2/60}} = 2.93$$

另,$\alpha = 0.05, \mu_{\alpha/2} \mu_{0.025} = 1.96$,因 $|u| = 2.93 > 1.96$,故拒绝 $H_0: \mu_1 = \mu_2$,认为这两种育苗方案对育苗的高度有显著性影响.

2. σ_1^2 与 σ_2^2 未知但 $\sigma_1^2 = \sigma_2^2 = \sigma^2$ 时,关于 μ_1, μ_2 的假设检验

现检验假设

$$H_0: \mu_1 - \mu_2 = \delta, \quad H_1: \mu_1 - \mu_2 \neq \delta$$

在 H_0 成立的条件下,检验统计量

$$T = \frac{\bar{X} - \bar{Y} - \delta}{S_w \sqrt{1/n + 1/m}} \sim t(n+m-2)$$

其中,$S_w^2 = \dfrac{(n-1)S_1^2 + (m-1)S_2^2}{n+m-2}$.

给定显著性水平 α,使得

$$P\{|T| \geqslant t_{\alpha/2}(n+m-2)\} = \alpha$$

得到拒绝域为

$$W = \{|t| \geqslant t_{\alpha/2}(n+m-2)\}$$

例2 在针织品漂白工艺中,要考虑温度对针织品断裂强力的影响,为比较 70 ℃ 和 80 ℃ 的影响有无显著性差异.在这两个温度下,分别重复做了 8 次试验,得到断裂强力的数据如下:(单位:牛顿)

70 ℃:20.5 18.8 19.8 20.9 21.5 21.0 21.2 19.5
80 ℃:17.7 20.3 20.0 18.8 19.0 20.1 20.2 19.1

由长期生产的数据可知,针织品断裂强力服从正态分布,且方差不变,问:这两种温度的断裂强力有无显著差异(显著性水平 $\alpha = 0.05$)?

解 设 X, Y 分别表示 70 ℃ 和 80 ℃ 的断裂强力,因此 $X \sim N(\mu_1, \sigma^2), Y \sim N(\mu_2, \sigma^2)$,建立假设

$$H_0: \mu_1 = \mu_2, \quad H_1: \mu_1 \neq \mu_2$$

取 $T = \dfrac{\bar{X} - \bar{Y}}{S_w \sqrt{1/n + 1/m}}$ 为检验统计量,$n = m = 8$,由题中给出的数据可以计算:

$$\bar{x} = 20.4, \quad \bar{y} = 19.4, \quad S_w = 0.928$$

检验统计量的观测值为 $t = \dfrac{\bar{x} - \bar{y}}{S_w \sqrt{1/n + 1/m}} = 2.16$,

又 $t_{\alpha/2}(n+m-2) = t_{0.025}(14) = 2.1450$, 因 $2.16 > 2.1450$, 故拒绝原假设, 即认为这两种温度的断裂强力有显著差异.

6.3.2 两个正态总体方差比的假设检验

1. μ_1 和 μ_2 已知时, 检验假设 $H_0: \sigma_1^2 = \sigma_2^2, H_1: \sigma_1^2 \neq \sigma_2^2$

现检验假设 $H_0: \sigma_1^2 = \sigma_2^2, H_1: \sigma_1^2 \neq \sigma_2^2$. 在 H_0 成立的条件下取检验统计量

$$F = \frac{m \sum_{i=1}^{n} (X_i - \mu_1)^2}{n \sum_{i=1}^{m} (Y_i - \mu_2)^2} \sim F(n, m)$$

给定显著性水平 α, 使

$$P\{(F \leq k_1) \cup (F \geq k_2)\} = \alpha$$

一般地, 取 $k_1 = F_{1-\alpha/2}(n, m), k_2 = F_{\alpha/2}(n, m)$, 注意到 $F_{1-\alpha/2}(n, m) = \dfrac{1}{F_{\alpha/2}(m, n)}$, 因此拒绝域为

$$W = \left\{ F \leq \frac{1}{F_{\alpha/2}(m, n)} \text{ 或 } F \geq F_{\alpha/2}(n, m) \right\}$$

2. μ_1 和 μ_2 未知时, 检验假设 $H_0: \sigma_1^2 = \sigma_2^2, H_1: \sigma_1^2 \neq \sigma_2^2$

现检验假设 $H_0: \sigma_1^2 = \sigma_2^2, H_1: \sigma_1^2 \neq \sigma_2^2$. 在 H_0 成立的条件下取检验统计量

$$F = \frac{S_1^2}{S_2^2} \sim F(n-1, m-1)$$

给定显著性水平 α, 使

$$P\{(F \leq k_1) \cup (F \geq k_2)\} = \alpha$$

一般地, 取 $k_1 = F_{1-\alpha/2}(n-1, m-1), k_2 = F_{\alpha/2}(n-1, m-1)$, 拒绝域为

$$W = \left\{ F \leq \frac{1}{F_{\alpha/2}(m-1, n-1)} \text{ 或 } F \geq F_{\alpha/2}(n-1, m-1) \right\}$$

上述检验方法称为 F 检验.

例 3 根据本节例 2 的数据, 检验 70 ℃ 和 80 ℃ 时针织品断裂强力的方差是否相等 (显著性水平为 $\alpha = 0.05$).

解 建立假设 $H_0: \sigma_1^2 = \sigma_2^2, H_1: \sigma_1^2 \neq \sigma_2^2$.

由数据, 检验统计量的观测值为

$$F = \frac{S_1^2}{S_2^2} = \frac{0.8857}{0.8286} = 1.07$$

$$F_{\alpha/2}(n-1, m-1) = F_{0.025}(7, 7) = 4.99$$

$$\frac{1}{F_{\alpha/2}(m-1, n-1)} = \frac{1}{F_{0.025}(7, 7)} = \frac{1}{4.99} \approx 0.20$$

显然有

$$\frac{1}{F_{0.025}(7,7)} = 0.20 < \frac{S_1^2}{S_2^2} = 1.07 < 4.99 = F_{0.025}(7,7)$$

因此,接受 H_0 即认为 70 ℃和 80 ℃时针织品断裂强力的方差是相等的.

习题 6.3

1. A,B 两台车床加工同一种轴,现在要测量轴的椭圆度. 设 A 车床加工的轴的椭圆度 $X \sim N(\mu_1, \sigma_1^2)$,B 车床加工的轴的椭圆度 $Y \sim N(\mu_2, \sigma_2^2)$,且 $\sigma_1^2 = 0.000\ 6 (mm^2)$,$\sigma_2^2 = 0.003\ 8 (mm^2)$,现从 A,B 两台车床加工的轴中分别测量了 $n_1 = 200$,$n_2 = 150$ 根轴的椭圆度,并计算得样本均值分别为 $\mu_1 = 0.081 (mm)$,$\mu_2 = 0.060 (mm)$. 试问:这两台车床加工的轴的椭圆度是否有显著性差异?($\alpha = 0.05$)

2. 在一台自动车床上加工直径为 2.050 mm 的轴,现在每相隔 2 h,各取容量都为 10 的样本,所得数据列表如下:

零件加工编号	1	2	3	4	5	6	7	8	9	10
第一个样本	2.066	2.063	2.068	2.060	2.067	2.063	2.059	2.062	2.062	2.060
第二个样本	2.063	2.060	2.057	2.056	2.059	2.058	2.062	2.059	2.059	2.057

假设直径的分布是正态的,由于样本是取自同一台车床,因此可以认为 $\sigma_1^2 = \sigma_2^2 = \sigma^2$,而 σ^2 是未知常数. 问:这台自动车床的工作是否稳定?($\alpha = 0.01$)

3. 对用两种不同热处理方法加工的金属材料做抗拉强度试验,得到的试验数据如下:(单位:kg/cm^2)

甲种方法 31,34,29,26,32,35,38,34,30,29,32,31

乙种方法 26,24,28,29,30,29,32,26,31,29,32,28

设用两种热处理方法加工的金属材料抗拉强度各构成正态总体,且两个总体方差相等. 给定显著水平,问:两种方法所得金属材料的(平均)抗拉强度有无显著差异?

4. 比较两种安眠药 A 与 B 的疗效. 以 10 个失明患者为试验对象. 以 X_1 表示使用 A 后延长的睡眠时间,X_2 表示用 B 后延长的睡眠时间. 对每个患者各服两种药分别试验一次,数据如下:(单位:h)

患者	1	2	3	4	5	6	7	8	9	10
X_1	1.9	0.8	1.1	0.1	−0.1	4.4	5.5	1.6	4.6	3.4
X_2	0.7	−1.6	−0.2	−1.2	−0.1	3.4	3.7	0.8	0	2.0

给定显著水平 $\alpha = 0.01$,试问:两种药的疗效有无显著差异?

5. 一细纱车间纺出某种细纱支数标准差为 1.2. 从某日纺出的一批细纱中,随机地抽 16 缕进行支数测定,算得样本标准差 S 为 2.1,问:纱的均匀度有无显著变化?($\alpha = 0.05$)

6. 甲、乙两台机床加工同一种轴. 从这两台机床加工的轴中分别随机地抽取若干根,测得直径(单位:mm):

机床甲 20.5,19.8,19.7,20.4,20.1,20,19,19.9

机床乙 19.7,20.8,20.5,19.8,19.4,20.6,19.2

假定各台机床加工轴的直径分别构成正态分布.试比较甲、乙两台机床加工的精度有无显著差异.($\alpha=0.05$)

案例实现：

SPSS 单样本假设检验

案例背景及数据：为研究信用卡消费现状，对某地区 500 名信用卡持有者进行了随机调查，得到其月平均刷卡金额数据．据估计，该地区信用卡月刷卡金额的平均值不低于 3 000 元．现依据所获得的调查数据判断是否支持平均刷卡金额不低于 3 000 元的假设．数据见数据包"信用卡消费"。

案例分析：推断月信用卡刷卡金额的平均值是否不低于 3 000 元．由于该问题设计的是单个总体，且进行总体均值检验，同时月刷卡金额的总体可近似认为服从正态分布，因此可采用单样本 t 检验来进行分析．

SPSS 单样本 t 检验实现：分析/比较均值/单样本 t 检验．

将余额平均刷卡金额输入检验变量框，设置检验值 3 000，单击确定．如图 6-1 所示．也可以在"选项(O)…"按钮检验水平，默认为 95%．

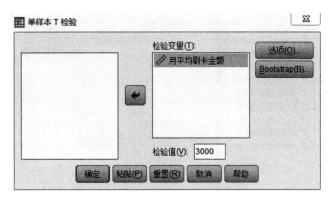

图 6-1

结果如表 6-2 和表 6-3 所示．

表 6-2

项目	N	均值	标准差	均值的标准误
月平均刷卡金额	500	4 781.878 6	7 418.717 85	331.775 15

表 6-3

项目	检验值＝3 000					
	t	df	Sig.(双侧)	均值差值	差分的 95% 置信区间	
					下限	上限
月平均刷卡金额	5.371	499	.000	1 781.878 60	1 130.030 2	2 433.727 0

由表 6-2 和表 6-3 可知，500 个被调查者月刷卡金额的平均值为 4 781.878 6 元，标

准差为 7 418.717 85 元. t 检验的观测值为 5.371,其对应的双侧检验 p 值几乎为 0. 均值差值为 1 781.878 60 元,总体均值与原假设值差的 95% 置信区间为 (1 130.030 2,2 433.727 0) 元. 该问题采用单侧检验,因此比较 α 和 $p/2$. 由于 $p/2$ 远小于 α,因此拒绝原假设,认为该地区信用卡月刷卡金额的平均值与 3 000 元有显著差异. 95% 的置信区间告诉我们有 95% 的把握认为月刷卡金额均值为 4 130.0~5 433.7 元,3 000 并没有包含在此置信区间内.

案例实现:

SPSS 双样本假设检验

案例背景及数据:请分析当代大学生男生与女生的专业和职业认知得分的平均值是否存在显著差异. 数据文件见"大学生职业生涯规划".

案例分析:研究男生与女生的专业和职业认知得分的平均值是否存在显著差异,可将男生和女生的认知得分数据看作来自两个近似服从正态分布的总体的随机独立样本. 可采用两独立样本 t 检验的方法进行分析. 原假设是男女认知得分的总体均值为显著差异.

SPSS 双样本 t 检验实现:分析/比较均值/独立样本 t 检验. 选择专业和职业认知得分、性别分别到检验变量、分组变量框里,出现如图 6-2 所示窗口.

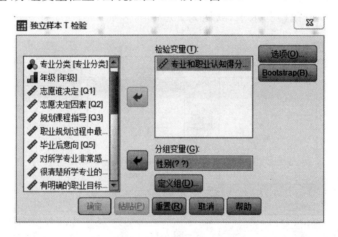

图 6-2

单击定义组,出现图 6-3 所示对话框. 使用指定值表示分别输入对应两个不同总体的标记值. 割点表示以一个数字为分割线,小于该值为一个总体,大于该值为另一总体.

图 6-3

其他可选择默认格式，SPSS 运行结果如表 6-4 和表 6-5 所示：

表 6-4

性别		N	均值	标准差	均值的标准误差
专业和职业认知得分(Q61+Q62+Q63+Q64)	男	371	8.862 5	3.229 09	0.167 65
	女	545	16.280 7	2.437 47	0.104 41

表 6-5

项目		方差方程的 Levene 检验		均值方程的 t 检验						
		F	Sig.	t	df	Sig.(双侧)	均值差值	标准误差值	差分的95%置信区间	
									下限	上限
专业和职业认知得分(Q61+Q62+Q63+Q64)	假设方差相等	23.355	.000	−39.572	914	0.000	−7.418 20	0.187 46	−7.786 11	−7.050 29
	假设方差不相等			−37.560	646.538	0.000	−7.418 20	0.197 50	−7.806 02	−7.030 38

从组统计量结果可以看出，男生与女生的认知得分的样本平均值有一定差距．对于独立样本检验的分析应分为两步．第一步，两总体方差是否相等的 F 检验，该检验的 F 统计量为 23.355，对应的 P 值为 0.00．可以认为两个总体的方差有显著差异．第二步，两总体均值的检验．因为方差有显著差异，故应该看第二行方差不相等的检验的 t 检验结果. t 检验值为 −37.560，对应的双侧 P 值为 0.00，可以认为两总体均值有显著差异，即男女认知得分的总体均值传真显著差异．最后两列 95% 的置信区间从另一个角度证实了上述推断．

总复习题六

1. 单选题

(1) 在假设检验中，H_0 表示原假设，H_1 为备择假设，则称为犯第二类错误的是（　　）．

    A. H_1 不真，接受 H_1 B. H_0 不真，接受 H_1

    C. H_0 不真，接受 H_0 D. H_0 为真，接受 H_1

(2) 设总体 $X \sim N(\mu, \sigma^2)$，σ^2 未知，$x_1, \cdots, x_n$ 为来自 X 的样本值，现对 μ 进行假设检验，若在显著性水平 $\alpha = 0.05$ 下拒绝了 $H_0: \mu = \mu_0$，则当显著性水平改为 $\alpha = 0.01$ 时，下列结论中正确的是（　　）．

    A. 必拒绝 H_1 B. 必接受 H_1

    C. 犯第一类错误的概率变大   D. 可能接受，也可能拒绝 H_0

2. 设某次考试的学生成绩服从正态分布，从中随机地抽取 25 位考生的成绩，算得平均成绩为 $\bar{x} = 66$ 分，标准差 $s = 20$ 分，问：在显著性水平 $\alpha = 0.05$ 下，是否可以认为这次考试全体考生的平均成绩为 71 分？并给出检验过程.

$$[t_{0.025}(24) = 2.063\,9, t_{0.05}(24) = 1.710\,9]$$

3. 机器自动包装食盐，设每袋盐的净重服从正态分布，要求每袋盐的标准重量为 500 g. 某天开工后，为了检验机器是否正常工作，从已经包装好的食盐中随机取 9 袋，测得样本均值

$\bar{x} = 499$,样本方差 $s^2 = 16.03$. 问:这天自动包装机工作是否正常($\alpha = 0.05$)?

$$(t_{0.025}(8) = 2.306, t_{0.05}(8) = 1.8595)$$

4. 设有正态分布总体 $X \sim N(\mu, \sigma^2)$ 的容量为 100 的样本,样本均值 $\bar{x} = 2.7$,μ, σ^2 均未知, 而 $\sum_{i=1}^{100}(X_i - \bar{X})^2 = 225$,在 $\alpha = 0.05$ 的水平下,是否可以认为总体方差为 2.5?

$$(\chi^2_{0.025}(99) = 129.56, \chi^2_{0.975}(99) = 74.22)$$

5. 设总体 X 服从正态分布 $N(\mu, \sigma^2)$,从中抽取一个容量为 16 的样本,测得样本标准差 $s = 10$,取显著性水平 $\alpha = 0.05$,是否可以认为总体方差为 80?

$$(\chi^2_{0.025}(15) = 27.488, \chi^2_{1-0.025}(15) = 6.262, \chi^2_{0.025}(16) = 28.845, \chi^2_{1-0.025}(16) = 6.908)$$

6. 设某次概率统计课程期末考试的学生成绩服从正态分布,从中随机抽取 36 位考生的 成绩,算得平均成绩为 $\bar{x} = 72$ 分,样本标准差为 $s = 9.3$ 分,问:在显著性水平 $\alpha = 0.1$ 下,是否 可以认为这次考试全体考生的平均成绩为 70 分? 并给出检验过程.

$$(t_{0.025}(35) = 2.0301, t_{0.05}(35) = 1.6896, t_{0.025}(36) = 2.0281, t_{0.05}(36) = 1.6883)$$

7. 某百货商场的日销售额服从正态分布,去年的日均销售额为 53.6 万元,方差为 36 万 元. 今年随机抽查了 10 个日销售额,算得样本均值 $\bar{x} = 57.7$ 万元,根据经验,今年日销售额的 方差没有变化. 问:今年的日平均销售额与去年相比有无显著性变化($\alpha = 0.05$)?

$$(u_{0.025} = 1.96, t_{0.025}(9) = 2.2622)$$

8. 某广告公司在广播电台做流行歌曲磁带广告,它的广告是针对平均年龄为 21 岁的年 轻人. 广告公司想了解其节目是否为目标听众所接受. 假定听众的年龄服从正态分布,现随机 抽取 400 位听众进行调查,得 $\bar{x} = 25$ 岁,$s^2 = 16$,以显著性水平 $\alpha = 0.05$ 判断广告公司的广告 策划是否符合实际? 检验假设 $H_0: \mu = \mu_0 = 21; H_1: \mu \neq \mu_0$.

$$(t_{0.025}(400-1) \approx u_{0.025} = 1.96)$$

数学家简介——

费 希 尔

罗纳德·艾尔默·费希尔(Sir Ronald Aylmer Fisher, 1890—1962),英国统计学家、演化 生物学家与遗传学家,现代统计学与现代演化论的奠基者之一. 早年费希尔出生于英国伦敦的 东芬利奇(East Finchley),是七位子女中的老小. 父亲乔治·费希尔是一位事业有成的艺术品 商人,这使得他的童年生活相当顺遂,受到其母亲、三位姐姐与一位哥哥的溺爱. 14 岁时,母亲 卡蒂·费希尔过世,18 个月后,父亲因几次不明智的交易而失去了事业. 费希尔是一位早成的 学生,16 岁在哈罗公学就读的时候,就已经在一场称为"尼尔德奖章"(Neeld Medal)的论文竞 赛中胜出. 费希尔的视力很差,因此当他学习数学的时候,并不使用纸笔等需要动用视觉的方 法. 例如面对几何问题的时候,并不将其视觉化,而是以代数操作方式处理. 除了数学以外,他 也对生物学很感兴趣,尤其是演化论.

第7章 统计分析方法介绍及SPSS案例实现

多元统计分析是以概率统计为基础,应用线性代数的基本原理和方法,结合计算机对实际资料和信息进行收集、整理和分析的一门科学.多元统计分析方法涉及较为复杂的数学理论,计算烦琐.大多数多元统计方法无法用手工计算,必须有计算机和统计软件的支持,并且对于应用者而言,重要的是了解多元统计方法的分析目的、基本思想、分析逻辑、应用条件和结果解释.本章是基于广泛使用的统计分析软件SPSS来进行的,并且主要介绍相关分析、回归分析、方差分析、聚类分析和判别分析.

§7.1 相关分析和回归分析

【课前导读】实际问题中会遇到很多因变量是连续型数据的情形,比如薪资、房价、销售量等,这时候就可以借助相关分析与线性回归来解释影响因变量的因素.

在多元统计分析中,相关与回归这两个概念密不可分,两者在统计学中的应用都相当广泛.这两者虽然紧密联系但是有明显的区别.相关分析研究的是两个变量之间的关联程度,两个变量的地位是平等的,没有因果关系.而回归分析中两个变量的地位不等,研究的是某一变量的变化依赖于其他变量的变化的程度以及两者存在的因果关系.

7.1.1 相关分析与回归分析的基本原理

变量的相关关系,按照两者变动的方向可以分为正相关和负相关两类.正相关是指相关系数为正,即两个因素同方向变动,一个增大另一个也增大,反之亦然.而负相关是指相关系数为负,即两个因素按反方向变动,一个增大另一个反而减小,反之亦然.相关分析是回归分析及进一步统计解释的基础.

回归分析是研究一个或者多个变量的变动对另一个变量的影响程度的方法,根据已知的资料或数据,找出它们之间的关系表达式,用自变量的已知值去推测因变量的值或范围,它实际上是研究因果关系.

回归分析就是研究变量之间相关关系的一种数理统计分析方法.在回归分析中,主要研究以下几个问题:

(1) 拟合:建立变量之间有效的经验函数关系.
(2) 变量选择:在一批变量中确定哪些变量对因变量有显著影响,哪些没有实质影响.
(3) 估计与检验:估计回归模型中的未知参数,并且对模型提出的各种假设进行推断.
(4) 预测:给定某个自变量,预测因变量的值或范围.

当回归分析主要研究变量之间的线性相关关系时,称为线性回归分析,否则称为非线性回归分析.

回归分析按照影响因变量的自变量的多少,又可以分为一元回归分析和多元回归分析.

线性回归过程中包括一元线性回归和多元线性回归. 线性回归过程可以给出回归方程的回归系数估计值(回归系数参数估计和区间估计)、协方差矩阵、复相关系数 R、因变量的最佳预测值、方差分析表等, 还可以输出变量值的散点图等.

线性回归过程对数据的要求是: 自变量和因变量必须是数值型变量. 对于因变量的所有观测值(样本)应该认为是来自相互独立的等方差的正态总体, 并且因变量与各自变量之间应具有一定的线性关系.

1. 一元线性回归

一元线性回归是在排除其他影响因素或假定其他影响因素确定的情况下, 分析某一个变量(自变量)是如何影响另一个变量(因变量)的最为常用的统计方法. 在一元线性回归模型下, 通常假设变量间的关系是线性的, 但是这种线性关系并不是确定的, 而是附加了随机扰动, 是一种不完全确定的相关关系.

模型: $y = \beta_0 + \beta_1 x + \varepsilon, \varepsilon \sim N(0, \sigma^2)$.

即 y 的取值由两部分组成: 来自 x 的线性影响部分 $\beta_0 + \beta_1 x$ 及随机误差 ε 的影响, 这里 β_0, β_1 为待定系数, 随机误差 ε 则表示除 x 对 y 的影响以外其他因素对 y 的影响.

对一组观测值 $(x_i, y_i)(i=1,2,\cdots,n)$, 满足 $y_i = \beta_0 + \beta_1 x_i + \varepsilon_i$, 其中 ε_i 相互独立, 且 $\varepsilon_i \sim N(0, \sigma^2)(i=1,2,\cdots,n)$.

找一条最好的直线通过 n 个已知的观测点, 实际上就是寻找满足如下关系式的直线参数 β_0, β_1, 使得 $\sum_{i=1}^{n}(y_i - \hat{\beta}_0 - \hat{\beta}_1 x_i)^2 = \min_{\beta_0, \beta_1} \sum_{i=1}^{n}(y_i - \beta_0 - \beta_1 x_i)^2$.

利用高等数学方法可求得:

$$\begin{cases} \hat{\beta}_0 = \bar{y} - \hat{\beta}_1 \bar{x} \\ \hat{\beta}_1 = \dfrac{\sum_{i=1}^{n} x_i y_i - n\overline{xy}}{\sum_{i=1}^{n} x_i^2 - n\bar{x}^2} = \dfrac{\sum_{i=1}^{n}(x_i - \bar{x})(y_i - \bar{y})}{\sum_{i=1}^{n}(x_i - \bar{x})^2} \end{cases}$$

$$\bar{x} = \frac{1}{n}\sum_{i=1}^{n} x_i, \quad \bar{y} = \frac{1}{n}\sum_{i=1}^{n} y_i$$

另一个问题就是 σ^2 的无偏估计, 可证明的无偏估计为

$$\hat{\sigma}^2 = \frac{\sum_{i=1}^{n}(y_i - \hat{\beta}_0 - \hat{\beta}_1 x_i)^2}{n-2}$$

2. 多元线性回归

一般来说, 如果因变量的变化原因可以由一个主要变量加以说明, 其他变量的影响可以忽略, 则可以用一元回归模型来分析; 相反, 如果其他变量对因变量的影响不能忽略, 就要用多元回归模型来分析. 在多元回归模型中, 最重要也最常用的是多元线性回归模型.

模型: $y = \beta_0 + \beta_1 x_1 + \beta_2 x_2 + \cdots + \beta_m x_m + \varepsilon, \varepsilon \sim N(0, \sigma^2)$, 其中 $\beta_0, \beta_1, \beta_2, \cdots, \beta_m$ 为未知参数. 设 $(x_{i1}, x_{i2}, \cdots, x_{im}, y_i)(i=1,2,\cdots,n)$ 是 $(x_1, x_2, \cdots, x_m, y)$ 的 n 个观测值, 则满足

$$y_i = \beta_0 + \beta_1 x_{i1} + \beta_2 x_{i2} + \cdots + \beta_m x_{im} + \varepsilon_i (i = 1, 2, \cdots, n)$$

3. 回归模型的假设检验

当完成回归模型中参数及回归偏差 σ^2 的估计后,还需要对模型进行评价.包括检验采用线性回归是否合适、每一个变量是否对因变量起作用、采用线性回归好坏程度的度量.

(1) 回归方程的显著性检验.
$$H_0: \beta_1, \beta_2, \cdots, \beta_m = 0, H_1: 至少有一 \beta_j \neq 0 \quad (j = 1, 2, \cdots, m)$$

当原假设 H_0 成立时,说明回归方程不显著,采用线性回归不合适.

当备择假设 H_1 成立时,说明回归方程显著,采用线性回归有意义.

回归方程的显著性检验一般使用 F 检验,给定显著性水平 α,可查表得 $F_\alpha(m, n-m-1)$,计算 F 统计量的数值 f.

若 $f \geqslant F_\alpha(m, n-m-1)$,则拒绝 H_0,即认为各系数不全为零,线性回归显著;否则接受 H_0,认为线性回归不显著.

(2) 回归系数的显著性检验.
$$H_0: \beta_j = 0, H_1: \beta_j \neq 0 \quad (j = 1, 2, \cdots, m)$$

当原假设 H_0 成立时,说明自变量 x_j 对 y 不起作用,在回归模型中可以去掉.

当备选假设 H_1 成立时,说明自变量 x_j 对 y 起作用,在回归模型中不能去掉.

回归系数的显著性检验一般采用 T 检验,给定的显著水平 α,查表得 $t_{\alpha/2}(n-m-1)$,计算统计量 t_j 的数值.

若 $|t_j| \geqslant t_{\alpha/2}(n-m-1)$,则拒绝 H_0,即认为 β_j 显著不为零.

若 $|t_j| < t_{\alpha/2}(n-m-1)$,则接受 H_0,即认为 β_j 等于零.

(3) 复相关系数.

对一个回归方程来说,即使回归显著,但还涉及回归好坏的度量.对两个随机变量之间,衡量它们的相关程度可以采用相关系数来度量,但对一个因变量和一组自变量两者之间的线性相关程度,则要采用下面介绍的复相关系数来度量.

定义 $R^2 = \dfrac{SSR}{SST} = 1 - \dfrac{SSE}{SST}$

$SSR = \sum\limits_{i=1}^{n}(\hat{Y}_t - \overline{Y})^2$ 称为回归平方和;

$SSE = \sum\limits_{i=1}^{n}(Y_t - \hat{Y})^2$ 称为残差平方和;

$SST = \sum\limits_{i=1}^{n}(Y_t - \overline{Y})^2 = SSR + SSE$ 称为总离差平方和.

$0 \leqslant R^2 \leqslant 1, R^2$ 的大小直接反映了回归方程的显著程度. R^2 越接近 1,自变量对 Y 的线性影响就越大,拟合效果就越好.

但复相关系数也有缺点,当采用的自变量越多时,其残差平方和总会减少,从而导致 R^2 增大,而有些自变量的引入可能是多余的.为了更准确地反映参数个数的影响,采用调整的复相关系数(Adjust R^2). R^2 和 Adjust R^2 越接近 1,表示因变量 y 与各自变量 x_i 的线性相关程度越强.

7.1.2 案例分析与软件实现

相关分析:分析/相关/双变量
回归分析:分析/回归/线性回归

1. 一元线性回归的案例

(1)案例背景及数据:为了分析某商品的广告投入与销售收入的影响情况,对20家企业数据进行了统计.数据文件见"销售收入与广告支出".

(2)案例分析

SPSS散点图:图形/散点,如图7-1所示.确定因变量和自变量后,然后单击确定.

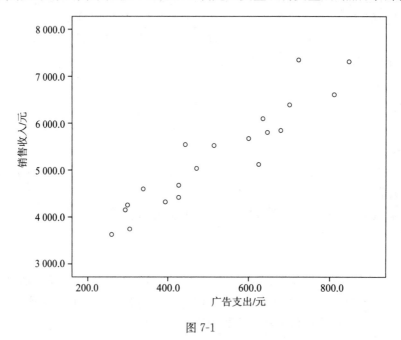

图 7-1

从图7-1可以看出,该商品的广告投入与销售收入呈现线性相关关系.为了确定相关程度,下面进行相关分析.

SPSS相关分析:分析/相关/双变量.得到相关系数表,如表7-1所示.

表 7-1

项目		销售收入	广告投入
销售收入	Pearson 相关性	1	0.937**
	显著性(双侧)		0.000
	N	20	20
广告支出	Pearson 相关性	0.937**	1
	显著性(双侧)	0.000	
	N	20	20

**. 在0.01水平(双侧)上显著相关.

相关系数为 9.37，则广告投入与销售价格呈现强相关，故下面进行一元线性回归分析.

SPSS 回归分析：分析/回归/线性．确定因变量和自变量后，然后单击确定．出现以下结果，如表 7-2～表 7-4 所示．

表 7-2

模型	R	R^2	调整 R^2	标准估计的误差
1	0.937[a]	0.878	0.871	393.956 3

a. 预测变量：（常量）广告支出．

表 7-3

模型		平方和	df	均方	F	Sig.
1	回归	2.014E7	1	2.014E7	129.762	0.000[a]
	残差	2 793 628.827	18	155 201.601		
	总计	2.293E7	19			

a. 预测变量：（常量）广告投入；
b. 因变量：销售收入．

表 7-4

模型		非标准化系数		标准系数	t	Sig.
		B	标准误差	试用版		
1	（常量）	2 343.892	274.483		8.539	0.000
	广告投入	5.673	0.498	0.937	11.391	0.000

a. 因变量：销售收入．

模型汇总表中调整的 R^2 为 0.871，从拟合优度角度看，模型的拟合效果较好．从方差分析表可以看出回归方差显著性检验的 F 统计量为 129.762，其对应的 p 值近似为 0，则说明自变量与因变量存在显著的线性关系，选择线性模型具有合理性．回归系数显著性检验显著，故得到广告支出与销售收入的一元线性模型：

$$y = 2\ 343.892 + 5.673x$$

模型估计结果表明：当广告支出每增加 1 元，销售收入将增加 5.673 元．

2. 多元线性回归模型案例分析

（1）案例背景及数据来源．

某公司的年销售额 Y 与经济流通领域中的各项开支如表 7-5 所示．

表 7-5

序号	个人可支配收入 X_1	商业回扣 X_2	商业价格 X_3	研究与发展经费 X_4	广告费 X_5	销售费 X_6	年销售额 Y
1	328	123	77.14	19.60	87.51	210.60	4 787.36
2	412	149	78.23	35.74	26.49	258.05	4 647.01
3	417	120	80.64	34.92	83.18	257.40	5 512.13
4	418	135	78.59	34.69	74.47	269.75	5 035.62
5	429	125	74.16	11.37	83.29	217.75	5 095.48
6	441	120	79.85	15.50	50.05	267.15	4 800.97

续表

序号	个人可支配收入 X_1	商业回扣 X_2	商业价格 X_3	研究与发展经费 X_4	广告费 X_5	销售费 X_6	年销售额 Y
7	455	126	77.93	21.59	94.63	232.70	5 315.63
8	461	132	82.28	26.54	91.22	266.50	5 272.21
9	462	112	73.20	14.84	92.51	282.75	5 711.86
10	515	120	77.09	23.20	21.27	328.25	5 288.01
11	517	142	74.28	26.75	74.89	306.80	6 124.37
12	554	138	81.04	19.57	92.55	323.70	6 180.06

建立此公司的年销售额与经济流通领域中的各项开支间的回归模型.

(2) 案例分析.

SPSS 软件实现：

分析/回归/线性.确定因变量和自变量后,出现图 7-2 所示窗口 1,方法采取默认方法(进入),单击确定得表 7-6~表 7-8 所示结果.

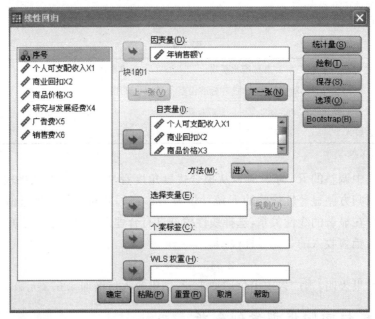

图 7-2

表 7-6

模　型	R	R^2	调整 R^2	标准估计的误差
1	0.962[a]	0.926	0.837	200.571 57

a. 预测变量:(常量),销售费 X_6,商品价格 X_3,商业回扣 X_2,广告费 X_5,研究与发展经费 X_4,个人可支配收入 X_1.

表 7-7

模　型		平方和	df	均　方	F	Sig.
1	回归	2 516 258.236	6	419 376.373	10.425	0.011[a]
	残差	201 144.776	5	40 228.955		
	总计	2 717 403.011	11			

a. 预测变量:(常量)销售费 X_6,商品价格 X_3,商业回扣 X_2,广告费 X_5,研究与发展经费 X_4,个人可支配收入 X_1;

b. 因变量:年销售额 Y.

表 7-8

模型		非标准化系数		标准系数	t	Sig.
		B	标准误差	试用版		
1	(常量)	4 350.101	1 935.556		2.247	0.075
	个人可支配收入 X_1	3.981	2.617	0.476	1.521	0.189
	商业回扣 X_2	−1.318	7.487	−0.029	−0.176	0.867
	商品价格 X_3	−43.467	23.333	−0.252	−1.863	0.122
	研究与发展经费 X_4	12.174	11.508	0.202	1.058	0.338
	广告费 X_5	12.543	2.801	0.652	4.479	0.007
	销售费 X_6	5.676	4.104	0.432	1.383	0.225

a. 因变量:年销售额 Y.

表 7-8 中,回归系数显著性检验的尾概率除 X_5 外对 Y 的影响均是不显著的,说明将自变量 $X_1 \sim X_6$ 全体与 Y 建立回归方程,回归效果不好,回归模型需要进一步优化. 因此引入了逐步回归分析.

在多元回归分析中,模型优化是经常会遇到的非常重要的问题,它直接关系到回归方程的拟合效果. 模型优化的关键是自变量的筛选,其比较简单的方法有向前筛选(Forward)与向后筛选(Backward). 逐步回归法是向前筛选法与向后筛选法的结合.

向前筛选法——先引入对 Y 具有最大影响的自变量,建立一元回归模型,然后从余下变量中再选取一个,使得建立的二元回归效果更好,并且新入选的变量经检验是显著的,重复进行直到再无显著的变量引入为止.

向后筛选法——首先将全部自变量引入回归模型,如果存在不显著的自变量则剔除,再由余下变量重新建立回归方程,重复进行直到再也无法剔除变量为止.

SPSS 软件中,在窗口 1 中,方法选择"逐步",单击确定得表 7-9~表 7-13 所示结果.

表 7-9

模型	输入的变量	移去的变量	方法
1	个人可支配收入 X_1	.	步进(准则:F-to-enter 的概率≤0.050,F-to-remove 的概率≥0.100).
2	广告费 X_5	.	步进(准则:F-to-enter 的概率≤0.050,F-to-remove 的概率≥0.100).

a. 因变量:年销售额 Y.

表 7-10

模型	R	R^2	调整 R^2	标准估计的误差
1	0.765[a]	0.584	0.543	336.024 61
2	0.904[b]	0.817	0.777	234.779 54

a. 预测变量:(常量),个人可支配收入 X_1;
b. 预测变量:(常量),个人可支配收入 X_1,广告费 X_5.

表 7-11

模型		平方和	df	均方	F	Sig.
1	回归	1 588 277.600	1	1 588 277.600	14.066	0.004[a]
	残差	1 129 125.411	10	112 912.541		
	总计	2 717 403.011	11			
2	回归	2 221 310.133	2	1 110 655.067	20.149	0.000[b]
	残差	496 092.878	9	55 121.431		
	总计	2 717 403.011	11			

a. 预测变量:(常量),个人可支配收入 X_1;
b. 预测变量:(常量),个人可支配收入 X_1,广告费 X_5;
c. 因变量:年销售额 Y.

表 7-12

模型		非标准化系数		标准系数	t	Sig.
		B	标准误差	试用版		
1	(常量)	2 429.424	775.265		3.134	0.011
	个人可支配收入 X_1	6.400	1.706	0.765	3.751	0.004
2	(常量)	1 640.100	589.630		2.782	0.021
	个人可支配收入 X_1	6.652	1.195	0.795	5.569	0.000
	广告费 X_5	9.297	2.743	0.484	3.389	0.008

a. 因变量:年销售额 Y.

表 7-13

模型		Beta In	t	Sig.	偏相关	共线性统计量
						容差
1	商业回扣 X_2	-0.082[a]	-0.378	0.714	-0.125	0.967
	商品价格 X_3	-0.142[a]	-0.676	0.516	-0.220	0.999
	研究与发展经费 X_4	-0.003[a]	-0.014	0.989	-0.005	0.984
	广告费 X_5	0.484[a]	3.389	0.008	0.749	0.996
	销售费 X_6	-0.086[a]	-0.210	0.838	-0.070	0.275
2	商业回扣 X_2	0.013[b]	0.080	0.938	0.028	0.932
	商品价格 X_3	-0.145[b]	-1.022	0.337	-0.340	0.999
	研究与发展经费 X_4	0.148[b]	0.988	0.352	0.330	0.903
	销售费 X_6	0.513[b]	1.827	0.105	0.543	0.205

a. 模型中的预测变量:(常量),个人可支配收入 X_1;
b. 模型中的预测变量:(常量),个人可支配收入 X_1,广告费 X_5;
c. 因变量:年销售额 Y.

因此,回归模型中只包含有影响显著的 x_1 和 x_5,得到多元线性回归模型:

$$Y = 1\ 640.100 + 6.652x_1 + 9.297x_5$$

模型估计结果说明,在假定其他变量不变的情况下,当个人可支配收入每增加1万元时,年销售额增加6.652万元;在假定其他变量不变的情况下,当广告费每增长1万元时,年销售额将增加9.297万元.理论分析和经验判断一致.

§7.2 方差分析

【课前导读】方差分析是从观测变量的方差入手,研究诸多控制变量中哪些变量是对观测变量有显著影响的变量,对观测变量有显著影响的各个控制变量的不同水平及各水平的交互搭配是如何影响观测变量的.

本节以某产品的不同广告形式(报纸、宣传品、体验、广播)对其销售额的影响为例介绍方差分析的基本原理和应用.

7.2.1 方差分析的原理概述

方差分析(Analysis of Variance,ANOVA)是分析各类别自变量对数值因变量影响的一种统计方法.如果感兴趣的连续型指标(因变量),其变化可能受到众多离散型因素的影响,那么就应该考虑采用方差分析.例如,农作物的产量是否会因为品种、施肥量、地域等因素的不同而存在显著差异;某产品的销售额是否会因为其广告形式和所处地区等因素的不同而存在显著差异.

为了解方差分析的基本思路,应先了解几个相关概念.在方差分析中,将案例中自变量的不同类别(如广告形式:报纸、广播、体验等;地区:东华、西村等)称为自变量的不同水平.方差分析正是从因变量的方差入手,研究诸多自变量(因素)中哪些变量是对因变量有显著影响的变量,对因变量有显著影响的各个自变量的不同水平以及各水平的交互搭配是如何影响因变量的.

方差分析认为因变量取值的变化受两类因素的影响:第一类是自变量不同水平所产生的影响;第二类是随机因素(随机变量)所产生的影响.这里随机因素是指那些人为很难控制的因素,主要指试验过程中的抽样误差.方差分析认为,如果自变量的不同水平对因变量产生了显著影响,那么它和随机变量共同作用必然使因变量值有显著变动.换句话说,如果观测变量的取值在某控制变量的各个水平中出现了明显的波动,则认为该自变量是影响因变量的主要因素.反之,如果因变量的取值在某自变量的各个水平中没有出现明显波动,则认为该自变量没有对因变量产生严重影响,其数据的波动是抽样误差造成的.

方差分析对自变量各总体的分布还有以下三个基本假定:
(1)正态性:样本必须来自正态分布的总体.
(2)方差齐性:各水平内的方差应彼此无显著差异.
(3)独立性:每次观察得到的几组数据必须彼此独立.

在上述三个假定中,方差分析对独立性的要求比较严格,如果该假设得不到满足,方差分析的结果往往会受到较大的影响.而对正态性和方差齐性的要求相对比较宽松,当正态性得不到满足或方差略有不齐时,对分析结果的影响不是很大.

7.2.2 单因素方差分析

1. 单因素方差分析模型

单因素方差分析用来研究一个自变量的不同水平是否对因变量产生了显著影响．由于只考虑单个因素对因变量的影响，因此称为单因素方差分析．

假设自变量 A 有 k 个水平，每个水平分别有 $n_1, n_2, \cdots, n_k$ 个样本，则在水平 A_i 下的第 j 个观测的因变量值 Y_{ij} 可以定义为

$$Y_{ij} = \mu + \alpha_i + \varepsilon_{ij}\ (i = 1, 2, \cdots, k; j = 1, 2, \cdots, n_i, \sum n_i = n) \qquad (7.2.1)$$

其中 Y_{ij} 表示第 i 个水平下的第 j 个观测的因变量值；μ 表示不考虑被研究因素的因变量的均值（即 $\alpha_i = 0$）；α_i 表示某因素处于第 i 个水平下的附加效应；ε_{ij} 表示第 i 个水平下第 j 个观测值除了第 i 个水平引起的随机误差外其他因素引起的随机误差．

式(7.2.1)是单因素方差分析的数学模型．如果自变量 A 对因变量没有影响，则各水平下的附加效应 α_i 应全部为 0，否则应不全为 0．单因素方差分析正是要对自变量 A 的所有附加效应是否同时为 0 进行推断．即方差分析问题属于推断统计中的假设检验问题．因此，单因素方差分析的零假设 H_0：自变量不同水平下的因变量各总体的均值无显著差异，即 $H_0: \alpha_1 = \alpha_2 = \cdots = \alpha_k = 0$．备择假设 H_1：自变量至少两个水平下的因变量各总体的均值存在显著差异．

2. 效应检验

一般地，设因子 A 有 I 个处理，单因子方差分析要检验的假设为：

$H_0: \alpha_i = 0, i = 1, 2, \cdots, I$（处理效应不显著）

$H_1: \alpha_i$ 至少有一个不等于 0（处理效应显著）

为构造上述检验的统计量，首先需要计算处理平方和 SSA、误差平方和 SSE．然后将各平方和除以相应的自由度 df，以消除观测数据多少对平方和大小的影响，其结果称为均方（Mean Square），也称方差（Variance）．最后将处理均方（MSA）除以误差均方（MSE），即得到用于检验处理效应的统计量 F．这一计算过程可以用方差分析表的形式来表示．表 7-14 中给出了单因子方差分析表的一般形式．

表 7-14

误差来源	平方和 SS	自由度 df	均方 MS	检验统计量 F
处理效应	$SSA = \sum\limits_{i=1}^{I} n_i (\bar{y}_i - \bar{y})^2$	$I - 1$	$MSA = \dfrac{SSA}{I-1}$	$\dfrac{MSA}{MSE}$
误差	$SSE = \sum\limits_{i=1}^{I} \sum\limits_{j=1}^{n_i} n_i (y_{ij} - \bar{y}_i)^2$	$n - I$	$MSE = \dfrac{SSE}{n-I}$	
总效应	$SST = \sum\limits_{i=1}^{I} \sum\limits_{j=1}^{n_i} n_i (y_{ij} - \bar{y})^2$	$n - 1$		

7.2.3 案例分析与软件实现

(1)案例背景及数据：分析某产品的不同广告形式（报纸、宣传品、体验、广播）对其销售额的影响．数据文件见"广告地区与销售额"．

(2)案例分析．

在 SPSS 数据编辑器窗口的菜单栏中依次选择"分析\比较均值\单因素 ANOVA"命令，打开如图 7-3 所示的"单因素方差分析"对话框．

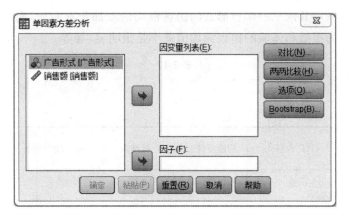

图 7-3

将"销售额"选入因变量列表，"广告形式"选入因子列表．单击"选项"按钮，选中"方差同质性检验""均值图"复选框，然后单击"继续"按钮；再单击"两两比较"按钮，选中"Bonferroni"复选框，单击"继续"；而后单击"对比"按钮，选中"多项式"复选框，将"度"设为"线性"，单击"继续"；最后单击"确定"按钮，输出分析结果．结果如表 7-15～表 7-17 及图 7-4 所示．

表 7-15 给出了方差齐性检验的结果．从该表可以得到 Levene 方差齐性检验的 P 值为 0.515，大于显著水平 0.05，因此可以认为该样本数据之间的方差是齐性的．

表 7-15

销售额

Levene 统计量	df1	df2	显著性
.765	3	140	.515

表 7-16 给出了单因素方差分析的结果．从表中可以看出，组间平方和是 5 866、组内平方和是 20 303，其中组间平方和的 F 值为 13.483，相应的概率值为 0.000，小于显著水平 0.05，因此我们认为不同的广告形式对销售额有显著的影响．

表 7-16

销售额

项目		平方和	df	均方	F	显著性
组间	（组合）	5 866.083	3	1 955.361	13.483	.000
线性项	对比	2 101.250	1	2 101.250	14.489	.000

续表

项目	平方和	df	均方	F	显著性
偏差	3 764.833	2	1 882.417	12.980	.000
组内	20 303.222	140	145.023		
总数	26 169.306	143			

表 7-17 给出了多重比较的结果，*表示该组均值是显著的．因此，可从表中看出，广告形式为宣传品的销售额和其他三种广告形式的销售额均值差都非常明显，而广告形式为广播的销售额与广告形式为报纸和体验的销售额均值差不是很明显，等等．

表 7-17

销售额

Bonferroni

(I)广告形式	(J)广告形式	均值差(I−J)	标准误	显著性	95%置信区间	
					下限	上限
报纸	广播	2.333 33	2.838 46	1.000	−5.263 1	9.929 8
	宣传品	16.666 67*	2.838 46	.000	9.070 2	24.263 1
	体验	6.611 11	2.838 46	.128	−.985 4	14.207 6
广播	报纸	−2.333 33	2.838 46	1.000	−9.929 8	5.263 1
	宣传品	14.333 33*	2.838 46	.000	6.736 9	21.929 8
	体验	4.277 78	2.838 46	.804	−3.318 7	11.874 2
宣传品	报纸	−16.666 67*	2.838 46	.000	−24.263 1	−9.070 2
	广播	−14.333 33*	2.838 46	.000	−21.929 8	−6.736 9
	体验	−10.055 56*	2.838 46	.003	−17.652 0	−2.459 1
体验	报纸	−6.611 11	2.838 46	.128	−14.207 6	.985 4
	广播	−4.277 78	2.838 46	.804	−11.874 2	3.318 7
	宣传品	10.055 56*	2.838 46	.003	2.459 1	17.652 0

*．均值差的显著性水平为 0.05．

图 7-4 给出了各广告形式下销售额的均值图．从图 7-4 中也可以清楚地看出，广告形式为宣传品的销售额的均值最小，并且和其他三种广告形式的销售额差异较大，而广告形式为广播的销售额与广告形式为报纸和体验的销售额均值差不是很明显．这个结果与多重比较结果非常一致．

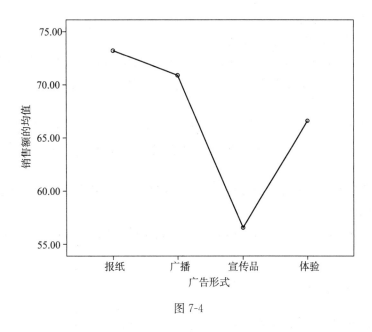

图 7-4

§7.3 聚类分析

【课前导读】"物以类聚"问题在经济社会研究中十分常见,如市场营销中市场细分和客户细分问题.电商网站根据客户的特征、行为喜好进行针对营销等.聚类分析是统计学中研究"物以类聚"问题的多元统计分析方法.

7.3.1 聚类分析的基本原理与分类

聚类分析也称集群分析,是一种"物以类聚"的统计描述方法.它是根据事物本身的特性对被研究对象进行分类,使同一类中个体有较大的相似性,不同类中的个体有较大的差异性.在分类过程中,人们不必事前给出一个分类的标准,聚类分析能够从样本数据出发,自动进行分类.

聚类分析主要解决的问题:所研究的对象事先不知道应该分为几类,更不知道分类情况,需要建立一种分类方法来确定合理的分类数目,并按相似程度、相近程度对所有对象进行具体分类.

基本思路:在样本之间定义距离,在指标之间定义相关系数,按距离的远近,相似系数的大小对样本或指标进行归类.

常用的有快速(K-均值)聚类分析、系统聚类分析.

1. 快速聚类分析

快速聚类也称为逐步聚类,它先对数据进行初始分类,然后系统采用标准迭代算法进行运算,逐步调整,把所有的个案归并在不同的类中,得到最终分类.它适用于大容量样本的情形.

快速聚类的分析计算过程如下.

(1) 用户确定聚类的类别数,如 k 类.

(2) SPSS 系统确定 k 个类的初始中心点. SPSS 会根据样本数据的实际情况,选择 k 个有代表性的样本数据作为初始类中心. 初始类中心也可以由用户自行指定,需要指定 k 组样本数据作为初始类中心点.

(3) 计算所有样本数据点到 k 个初始类中心点的欧式距离,SPSS 按照距 k 个初始类中心点的聚类最短原则,把所有样本分派到中心点所在的类中,形成一个新的 k 类,完成一次迭代过程.

(4) SPSS 重新确定 k 个类的中心点. SPSS 计算每个类中各个变量的变量值均值,并以均值点作为新的初始类中心点.

(5) 重复上面(3)(4)两步计算过程,直到达到指定的迭代次数或者终止迭代的判别要求为止.

2. 系统聚类分析

系统聚类分析师根据个案或者变量之间的亲疏程度,将最相似的对象结合在一起,以逐次聚合的方式把所有个案分类,逐步合并直到最后合并成为一类.

系统聚类分析根据聚类过程的不同可分为凝聚法和分解法. 凝聚法是指一开始把每个个案都视为不同类,然后通过距离的比较逐步合并直到把参与聚类的个案合并成事先规定的类别数为止. 分解法是一开始把所有个案都视为同一个类,然后通过距离的比较逐层分解,直到把参与聚类的个案区分成事先规定的类别数为止. 无论哪种聚类方法,其原则都是相近的聚为一类,实际上上述两种方法是方向相反的两种聚类过程.

7.3.2 案例分析与 SPSS 实现

利用快速聚类分析对 20 家上市公司进行分类. 基本数据如表 7-18 所示.

表 7-18

股票代码	股票名称	x_1	x_2	x_3	x_4	x_5
600028	中国石化	0.87	−0.04	0.53	0.04	0.19
600019	G 宝钢	1.05	0.02	0.44	0.02	0.18
600050	中国联通	0.35	−0.23	0.44	0.02	0.07
600058	G 五矿	1.07	0.07	0.89	0.04	0.06
000100	GTCL 集团	1.18	0.11	0.71	−0.03	0.01
600688	上海石化	1.25	0.06	0.30	−0.01	0.32
600005	G 武钢	1.24	0.06	0.44	0.01	0.19
600011	G 华能	0.55	−0.10	0.53	0.03	0.20
600029	南方航空	0.24	−0.38	0.84	−0.07	−0.01
600808	G 马钢	1.04	0.01	0.54	0.02	0.17

续表

股票代码	股票名称	x_1	x_2	x_3	x_4	x_5
000039	中集集团	1.69	0.27	0.41	0.05	0.40
000932	G 华菱	0.54	−0.22	0.67	0.07	0.09
000898	G 鞍钢	0.69	−0.10	0.52	0.04	0.12
600115	东方航空	0.32	−0.39	0.90	−0.20	−0.02
600036	G 招行	0.77	−0.21	0.97	0.16	0.01
000709	G 唐钢	1.07	0.03	0.64	0.01	0.12
000017	*ST 中华 A	0.12	−2.95	6.32	−0.67	−7.60
000035	ST 科健	0.08	−4.05	4.43	−0.13	−3.89
000557	*ST 广夏	0.07	−2.70	2.91	−0.04	−3.23
000620	*ST 圣方	0.14	−2.11	2.70	−0.59	−3.97

SPSS 实现.

(1) 打开文件：上市公司.sav.

(2) 点击"分析/分类/K-均值聚类".

(3) 选择变量、个案标记依据、分类类别数. 如图 7-5 所示，对话框中"2"表示把所有个案分为两类.

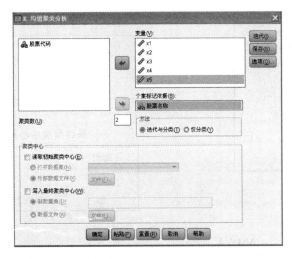

图 7-5

(4) "迭代"按钮显示迭代的最大次数，系统默认值为 10.

"保存"按钮打开后，"聚类成员"表示用于储存聚类产生的每个个案所隶属的类别；"与聚类中心的距离"表示要求输出样本的分类信息以及它们到本类中心的聚类.

"选项"按钮下的统计量选项分别表示输出初始分类的凝聚点；针对最终分类中的每个变量作单因素方差分析，并输出方差分析表；要求输出样本的分类信息以及它们到本类中心的距离.

(5) 单击"确定".

结果分析如表 7-19 所示.

表 7-19

初始聚类中心

项目	聚类 1	聚类 2
x_1	0.12	1.69
x_2	−2.95	0.27
x_3	6.32	0.41
x_4	−0.67	0.05
x_5	−7.60	0.40

(a)

迭代历史记录[a]

迭代	聚类中心内的更改 1	聚类中心内的更改 2
1	3.069	1.155
2	0.637	0.289
3	0.000	0.000

a. 由于聚类中心内没有改动或改动较小而达到收敛. 任何中心的最大绝对坐标更改为 0.000. 当前迭代为 3. 初始中心间的最小距离为 10.601.

(b)

最终聚类中心

项目	聚类 1	聚类 2
x_1	0.10	0.87
x_2	−2.95	−0.07
x_3	4.09	0.61
x_4	−0.36	0.01
x_5	−4.67	0.13

(c)

聚类成员

案例号	股票名称	聚类	距离
1	中国石化	2	0.106
2	G 宝钢	2	0.266
3	中国联通	2	0.569
4	G 五矿	2	0.382
5	GTCL 集团	2	0.389
6	上海石化	2	0.545
7	G 武钢	2	0.429
8	G 华能	2	0.340
9	南方航空	2	0.759
10	G 马钢	2	0.201
11	中集集团	2	0.953
12	G 华菱	2	0.372
13	G 鞍钢	2	0.209
14	东方航空	2	0.751
15	G 招行	2	0.441
16	G 唐钢	2	0.220
17	*ST 中华 A	1	3.696
18	ST 科健	1	1.409
19	*ST 广夏	1	1.910
20	*ST 圣方	1	1.785

(d)

最终聚类中心间的距离

聚类	1	2
1		6.652
2	6.652	

(e)

ANOVA[b]

项目	聚类 均方	df	误差 均方	df	F	Sig.
x_1	1.888	1	0.134	18	14.067	0.001
x_2	26.660	1	0.137	18	195.038	0.000
x_3	38.751	1	0.503	18	77.094	0.000
x_4	0.439	1	0.022	18	20.248	0.000
x_5	73.857	1	0.665	18	110.996	0.000

b. F 检验应仅用于描述性目的, 因为选中的聚类将被用来最大化不同聚类中的案例间的差别. 观测到的显著性水平并未据此进行更正, 因此无法将其解释为是对聚类均值相等这一假设的检验.

(f)

每个聚类中的案例数

聚类	1	4.000
	2	16.000
有效		20.000
缺失		0.000

(g)

表 7-19(a)给出了两个凝聚点的具体指标值. 表 7-19(b)给出了每次迭代后,每类中心之间的距离变化情况,从表中可以看出,第三次迭代后类的中心已无改变,整个快速聚类只进行了三次就已完成. 表 7-19(c)给出了三次迭代后,最终形成的各个类的中心点的位置. 表 7-19(d)给出了每个样本的归类以及它们到本类中心的距离. 表 7-19(e)以矩阵形式给出了各类中心间的距离,这里显示两类中心点的距离为 6.652. 表 7-19(f)为单因素方差分析表,是以最终形成的类为水平,针对各指标的单因素方差分析结果. 这里 F 统计量对应的尾概率 Sig. 都小于 0.05,可以认为将样本分为两类是合理的.

讨论:

针对上述案例应用系统聚类分析法,并讨论其分析结果.

§7.4 判别分析

【课前导读】实际中会遇到在已有样本基础上,分析类别变量和判别变量之间的数量关系,实现对新数据类别变量取值的预测. 而判别分析就是解决这类问题的多元统计分析方法.

7.4.1 判别分析的基本介绍

1. 判别分析的基本假设和原则

判别分析也是一种比较常用的分类分析方法,它先根据已知类别的事物的性质(自变量),建立函数式(自变量的线性组合,即判别函数),然后对未知类别的新事物进行判断以将之归入已知的类别中. 判别分析的假设有以下五条:

(1) 预测变量服从正态分布;
(2) 预测变量之间没有显著的相关;
(3) 预测变量的平均值和方差不相关;
(4) 预测变量应是连续变量,因变量(类别或组别)是间断变量;
(5) 两个预测变量之间的相关性在不同类中是一样的.

在判别分析的各个阶段应该把握以下原则:事先组别(类)的分类标准(作出判别分析的因变量)要尽可能准确和可靠,否则会影响判别函数的准确性,从而影响判别分析的效果;所分析的自变量应是因变量的重要影响因素,应该挑选既有重要特性又有区别能力的变量,达到以最少变量而有高辨别能力的目标;初始分析的数目不能太少.

2. 判别分析的分类

判别分析的分类方法有好几种,主要介绍以下几种:按类别的组数来分有两组判别分析和多组判别分析;按区分不同总体所用的数学模型来分有线性判别和非线性判别;按判别对所处理的变量方法不同有逐步判别、序贯判别等.

判别分析可以从不同的角度提出问题,因此有不同的判别准则,如费舍尔和贝叶斯准则. 如果已知若干对象(个案)的特征指标和分类情况,就可由这些已知的信息用判别分析的方法来建立判别函数. 对建立的判别函数的要求是用它来判别新观察对象的归类时,错判率要减到最小.

判别函数的一般形式为:$Y = a_1 x_1 + a_2 x_2 + \cdots + a_n x_n$.

其中 Y 为判别分数(判别值);$x_1, x_2, \cdots, x_n$ 为反映研究对象特征的变量;$a_1, a_2, \cdots, a_n$ 为各变量的系数,称为判别系数.

根据已知的个案值分类和表明个案值特征的变量值推导出判别函数.在进行判别时,把各个案值代入到判别函数中,得出判别分数,从而确定该个案属于哪一类.或者计算出各类的概率,从而判断个案属于哪一类.

7.4.2 案例分析和软件实现

案例:通过对若干名教师的认知策略进行测量,结果如表 7-20 所示,其中"1"类表示水平一般,"2"类表示比较好,"3"类表示水平最好.另有 3 名教师经过同样的指标测量,试通过判别分析,将其进行归类.

表 7-20

C1	C2	C3	C4	C5	C6	level
7	1	0	0	2	3	1
13	1	0	3	7	2	2
4	0	0	2	1	1	1
9	1	1	1	2	2	1
11	1	1	2	7	1	2
22	3	0	2	8	3	3
26	5	4	5	13	3	3
21	4	3	3	11	4	3
5	1	1	1	2	2	待评
6	2	1	2	1	1	待评
26	0	2	5	13	4	待评

SPSS 实现.

(1) 打开文件:"教师评价".

(2) 单击"分析/分类/判别分析".

(3) 选择分组变量、自变量,并在分组变量下定义分组变量有效类别的取值范围,给定最大值和最小值.

(4) "保存"按钮下选择"预测组成员".

(5) 单击"确定".

表 7-21~表 7-25 所示是分析结果.

表 7-21

未加权案例		N	百分比
有效		8	72.7
排除的	缺失或越界组代码	3	27.3
	至少一个缺失判别变量	0	0.0
	缺失或越界组代码还有至少一个缺失判别变量	0	0.0
	合计	3	27.3
合计		11	100.0

表 7-21 反映了分析过程被处理的个案的摘要信息.

表 7-22

项目	组内方差	容差	最小容差
C5	2.667	0.000	0.000

同时输入所有满足容差条件的变量.
最小容差级别为 0.001.

表 7-22 显示 C5 的容忍度水平为 0.000, 不符合进入分析的条件, 被剔除.

表 7-23

函数	特征值	方差的%	累积%	正则相关性
1	16.858[a]	87.5	87.5	0.972
2	2.402[a]	12.5	100.0	0.840

a. 分析中使用了前 2 个典型判别式函数.

表 7-24

函数检验	Wilks 的 Lambda	χ^2	df	Sig.
1 到 2	0.016	12.320	10	0.264
2	0.294	3.673	4	0.452

表 7-24 显示两个典型判别函数卡方检验的差异都不显著, 表明各组各变量的均数不存在显著差异.

表 7-25

项目	函数	
	1	2
C1	0.322	2.169
C2	1.534	−4.143
C3	−1.319	2.325
C4	0.150	0.240
C6	−0.230	0.654

由表 7-25 得判别函数:
$$y_1 = 0.322c_1 + 1.534c_2 - 1.319c_3 + 0.150c_4 - 0.230c_6$$
$$y_2 = 2.169c_1 - 4.143c_2 + 2.325c_3 + 0.240c_4 + 0.654c_6$$

原数据表格中多了 1 列, 此列表示系统给出的判别分类结果.

练 习

某市组织高校综合水平评估, 已抽查评估的学校被分为 4 种类型, 现有 3 所高校接受评估, 具体数据如表 7-26 所示. 利用判别分析方法对待评估的 3 所学校进行归类.

表 7-26

0.20	0.45	0.34	0.38	0.18	98.50	90.00	1
0.08	0.31	0.31	0.45	0.15	111.00	80.00	4
0.15	0.27	0.35	0.27	0.19	78.60	87.00	2
0.05	0.48	0.31	0.34	0.17	96.30	88.00	1
0.14	0.25	0.31	0.29	0.17	78.00	81.00	2
0.12	0.39	0.21	0.29	0.10	120.00	80.00	3
0.12	0.42	0.34	0.37	0.16	120.00	86.00	3
0.12	0.17	0.27	0.28	0.11	110.00	86.00	待评
0.12	0.45	0.26	0.14	0.12	78.00	84.00	待评
0.09	0.70	0.25	0.21	0.15	107.00	85.00	待评

总复习题七

1. 在如今的超市经营中,各种各样的促销活动繁多.毋庸置疑,各大超市进行促销活动的目的是要增加销售量,增强本企业的市场竞争力.但是促销行为对增强企业竞争力的贡献究竟有多大呢?这一直是企业极为关注的问题.一家美国的超市市场连锁店想要研究促销对相对竞争力的影响,因此收集了其在美国 15 个州中与竞争对手相比的促销费用数据(竞争对手费用=100)以及相对销售额数据(竞争对手销售额=100).具体的数据见下表.

州序号	相对促销费用	相对销售额
1	95	98
2	92	94
3	103	110
4	115	125
5	77	82
6	79	84
7	105	112
8	94	99
9	85	93
10	101	107
11	106	114
12	120	132
13	118	129
14	75	79
15	99	105

问题:

(1) 依据上面的数据,定性描述促销地相对竞争力的影响;

(2) 选择合适的模型，从定量的角度分析促销对提高相对竞争力的影响．

2. 近年来一个突出的问题就是一些地方城市的发展具有片面性，如经济发展快，但政治、文化等各个方面的建设比较落后．本案例选择了 2007 年人均地区生产总值、人均公共图书馆藏书、职工平均工资、人均绿化面积、每万人拥有公共汽电车 5 个指标来考察全国 21 个城市发展的协调状况，根据这 5 个指标将 21 个城市进行聚类，分析各类的特点．数据如下．

省市	人均地区生产总值 /元	人均公共图书馆藏书 /本	职工平均工资 /元	人均绿地面积 /m²	每万人拥有公共汽电车 /辆
北京市	60 045	3.41	47 132.47	40.54	16.98
天津市	51 231	1.27	35 355.91	19.91	9.52
沈阳市	57 234	1.70	28 387.68	44.66	10.09
大连市	68 554	2.02	30 113.28	40.28	16.30
长春市	44 301	0.70	26 591.30	27.62	10.58
哈尔滨	37 052	1.16	23 900.81	19.07	9.90
上海市	68 201	4.74	49 439.06	24.29	12.94
南京市	56 953	2.19	36 673.39	141.49	12.55
无锡市	92 385	0.75	35 577.64	64.33	12.10
苏州市	98 620	0.65	33 292.66	36.87	10.52
杭州市	60 975	2.06	37 990.19	28.94	12.96
宁波市	88 779	0.95	34 644.38	34.47	12.73
厦门市	56 188	1.48	28 959.18	37.96	15.21
济南市	55 430	2.18	29 165.01	28.78	11.35
青岛市	78 256	0.99	31 767.98	55.78	16.42
武汉市	45 336	0.80	26 870.46	28.30	12.93
广州市	76 286	1.93	41 734.16	182.98	14.63
深圳市	79 645	5.77	38 797.36	453.83	50.54
重庆市	20 041	0.48	24 467.73	15.85	5.51
成都市	32 722	1.58	28 454.17	28.83	10.26
西安市	20 818	0.58	27 919.99	20.19	10.63

数学家简介——

高 尔 顿

高尔顿(Galton)这个名字也许有的统计书上有介绍，主要是关于"回归"这一名词．高尔顿通过测量父亲和儿子的身高，发现了"向均数回归"这一现象，并提出了回归的思想．

高尔顿早年也是学医学的，实际上，统计学只是高尔顿兴趣中很小的一部分，他在气象学、心理学、社会学、教育学、优生学、指纹学等领域都有很深的研究．高尔顿首次发现每个人的指纹是唯一的，迄今仍被称为 Galton Marks. 后来高尔顿在他的表兄达尔文(就是我们所熟知的达尔文)的影响下，开始对遗传学感兴趣，他在伦敦成立了一个生物统计实验室，收集了很多人的身高、体重等数据. 如果从遗传角度,父亲身高较高,可能儿子身高也高的话,那么一代一代传下去,会不会出现两极分化的现象呢？高尔顿对收集的数据进行了整理,结果发现并非如此. 如果父亲很高,往往儿子身高较低；如果父亲很低,儿子可能很高. 由此,高尔顿提出了"向均数回归"这一说法. 这也是近代回归分析的起源. 尽管现在统计书中的"回归"已经远远超出了当初高尔顿所提出的"回归"的概念,但高尔顿对"回归"的建立确实功不可没.

高尔顿在研究父子身高关系时,提出了用"相关系数"度量二者的关系,并给出了明确的公式以及计算方法. 这样,高尔顿首次提出了"相关"这一字眼. 但高尔顿毕竟没有真正把精力放在统计学上. 1889 年他出版了《自然遗传》一书,总结了他在这方面的发现,后来就脱离了这一领域,转而研究别的东西了. 但他的研究并没有因为他的改行而终止,幸好有他的学生 K·皮尔逊(Karl Pearson)继续研究他的工作,而且完善了他的理论. 所以现在的书中也称相关系数为 Pearson 相关,但要记住,它是高尔顿首先提出的,皮尔逊只是在一定程度上更规范地阐明了这一概念,并进行了推广.

1901 年,高尔顿、皮尔逊、韦尔登共同创办《生物统计》杂志,这也是高尔顿的一个很大的成就,高尔顿为该杂志提供了丰厚的资金支持,使得该杂志成为世界上第一本印有全彩图片的期刊,至今该杂志仍然是统计学领域的卓越期刊. 戈塞的 t 检验的提出,就是发表在这一杂志上.

附表一 泊松分布表

本表列出了泊松分布的概率函数值.

$$P\{X=k\} = e^{-\lambda} \cdot \frac{\lambda^k}{k!}$$

k	λ					
	0.1	0.2	0.3	0.4	0.5	0.6
0	0.904 837	0.818 731	0.740 818	0.670 320	0.606 531	0.548 812
1	0.090 484	0.163 746	0.222 245	0.268 128	0.303 265	0.329 287
2	0.004 524	0.016 375	0.033 337	0.053 626	0.075 816	0.098 786
3	0.000 151	0.001 092	0.003 334	0.007 150	0.012 636	0.019 757
4	0.000 004	0.000 055	0.000 250	0.000 715	0.001 580	0.002 964
5		0.000 002	0.000 015	0.000 057	0.000 158	0.000 356
6			0.000 001	0.000 004	0.000 013	0.000 036
7					0.000 001	0.000 003

k	λ					
	0.7	0.8	0.9	1.0	1.5	2.0
0	0.496 585	0.449 329	0.406 570	0.367 879	0.223 130	0.135 335
1	0.347 610	0.359 463	0.365 913	0.367 879	0.334 695	0.270 671
2	0.121 663	0.143 785	0.164 661	0.183 940	0.251 021	0.270 671
3	0.028 388	0.038 343	0.049 398	0.061 313	0.125 510	0.180 447
4	0.004 968	0.007 669	0.011 115	0.015 328	0.047 067	0.090 224
5	0.000 696	0.001 227	0.002 001	0.003 066	0.014 120	0.036 089
6	0.000 081	0.000 164	0.000 300	0.000 511	0.003 530	0.012 030
7	0.000 008	0.000 019	0.000 390	0.000 073	0.000 756	0.003 437
8	0.000 001	0.000 002	0.000 004	0.000 009	0.000 142	0.000 859
9				0.000 001	0.000 024	0.000 191
10					0.000 004	0.000 038
11						0.000 007
12						0.000 001

k	λ					
	2.5	3.0	3.5	4.0	4.5	5.0
0	0.082 085	0.049 787	0.030 197	0.018 316	0.011 109	0.006 738
1	0.205 212	0.149 361	0.105 691	0.073 263	0.049 990	0.033 690
2	0.256 516	0.224 042	0.184 959	0.146 525	0.112 479	0.084 224
3	0.213 763	0.224 042	0.215 785	0.195 367	0.168 718	0.140 374
4	0.133 602	0.168 031	0.188 812	0.195 367	0.189 808	0.175 467
5	0.066 801	0.100 819	0.132 169	0.156 293	0.170 827	0.175 467
6	0.027 834	0.050 409	0.077 098	0.104 196	0.128 120	0.146 223
7	0.009 941	0.021 604	0.038 549	0.059 540	0.082 363	0.104 445
8	0.003 106	0.008 102	0.016 865	0.029 770	0.046 329	0.065 278

续表

k	λ					
	2.5	3.0	3.5	4.0	4.5	5.0
9	0.000 863	0.002 701	0.006 559	0.013 231	0.023 165	0.036 266
10	0.000 216	0.000 810	0.002 296	0.005 292	0.010 424	0.018 133
11	0.000 049	0.000 221	0.000 730	0.001 925	0.004 264	0.008 242
12	0.000 010	0.000 055	0.000 213	0.006 642	0.001 599	0.003 434
13	0.000 002	0.000 013	0.000 057	0.000 197	0.000 554	0.001 321
14		0.000 003	0.000 014	0.000 056	0.000 178	0.000 472
15		0.000 001	0.000 003	0.000 015	0.000 053	0.000 157
16			0.000 001	0.000 004	0.000 015	0.000 049
17				0.000 001	0.000 004	0.000 014
18					0.000 001	0.000 004
19						0.000 001

k	λ				
	6.0	7.0	8.0	9.0	10.0
0	0.002 479	0.000 912	0.000 335	0.000 123	0.000 045
1	0.014 873	0.006 383	0.002 684	0.001 111	0.000 454
2	0.044 618	0.022 341	0.010 735	0.004 998	0.002 270
3	0.089 235	0.052 129	0.028 626	0.014 994	0.007 567
4	0.133 853	0.091 226	0.057 252	0.033 737	0.018 917
5	0.160 623	0.127 717	0.091 604	0.060 727	0.037 833
6	0.160 623	0.149 003	0.122 138	0.091 090	0.063 055
7	0.137 677	0.149 003	0.139 587	0.117 116	0.090 079
8	0.103 258	0.130 377	0.139 587	0.131 756	0.112 599
9	0.068 838	0.101 405	0.124 077	0.131 756	0.125 110
10	0.041 303	0.070 983	0.099 262	0.118 580	0.125 110
11	0.022 529	0.045 171	0.072 190	0.097 020	0.113 736
12	0.011 264	0.026 350	0.048 127	0.072 765	0.094 780
13	0.005 199	0.014 188	0.029 616	0.050 376	0.072 908
14	0.002 228	0.007 094	0.016 924	0.032 384	0.052 077
15	0.000 891	0.003 311	0.009 026	0.019 431	0.034 718
16	0.000 334	0.001 448	0.004 513	0.010 930	0.021 699
17	0.000 118	0.000 596	0.002 124	0.005 786	0.012 764
18	0.000 039	0.000 232	0.000 944	0.002 893	0.007 091
19	0.000 012	0.000 085	0.000 397	0.001 370	0.003 732
20	0.000 004	0.000 030	0.000 159	0.000 617	0.001 866
21	0.000 001	0.000 010	0.000 061	0.000 264	0.000 889
22		0.000 003	0.000 022	0.000 108	0.000 404
23		0.000 001	0.000 008	0.000 042	0.000 176
24			0.000 003	0.000 016	0.000 073
25			0.000 001	0.000 006	0.000 029
26				0.000 002	0.000 004
27				0.000 001	0.000 004
28					0.000 001
29					0.000 001

附表二　标准正态分布表

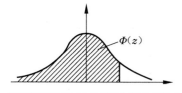

$$\Phi(z) = \int_{-\infty}^{z} \frac{1}{\sqrt{2\pi}} e^{-u^2/2} du = P\{Z \leq z\}$$

z	0	1	2	3	4	5	6	7	8	9
0.0	0.5000	0.5040	0.5080	0.5120	0.5160	0.5199	0.5239	0.5279	0.5319	0.5359
0.1	0.5398	0.5438	0.5478	0.5517	0.5557	0.5596	0.5636	0.5675	0.5714	0.5753
0.2	0.5793	0.5832	0.5871	0.5910	0.5948	0.5987	0.6026	0.6064	0.6103	0.6141
0.3	0.6179	0.6217	0.6255	0.6293	0.6331	0.6368	0.6406	0.6443	0.6480	0.6517
0.4	0.6554	0.6591	0.6628	0.6664	0.6700	0.6736	0.6772	0.6808	0.6844	0.6879
0.5	0.6915	0.6950	0.6985	0.7019	0.7054	0.7088	0.7123	0.7157	0.7190	0.7224
0.6	0.7257	0.7291	0.7324	0.7357	0.7389	0.7422	0.7454	0.7486	0.7517	0.7549
0.7	0.7580	0.7611	0.7642	0.7673	0.7703	0.7734	0.7764	0.7794	0.7823	0.7852
0.8	0.7881	0.7910	0.7939	0.7967	0.7995	0.8023	0.8051	0.8078	0.8106	0.8133
0.9	0.8159	0.8186	0.8212	0.8238	0.8264	0.8289	0.8315	0.8340	0.8365	0.8389
1.0	0.8413	0.8438	0.8461	0.8485	0.8508	0.8531	0.8554	0.8577	0.8599	0.8621
1.1	0.8643	0.8665	0.8686	0.8708	0.8729	0.8749	0.8770	0.8790	0.8810	0.8830
1.2	0.8849	0.8869	0.8888	0.8907	0.8925	0.8944	0.8962	0.8980	0.8997	0.9015
1.3	0.9032	0.9049	0.9066	0.9082	0.9099	0.9115	0.9131	0.9147	0.9162	0.9177
1.4	0.9192	0.9207	0.9222	0.9236	0.9251	0.9265	0.9278	0.9292	0.9306	0.9319
1.5	0.9332	0.9345	0.9357	0.9370	0.9382	0.9394	0.9406	0.9418	0.9430	0.9441
1.6	0.9452	0.9463	0.9474	0.9484	0.9495	0.9505	0.9515	0.9525	0.9535	0.9545
1.7	0.9554	0.9564	0.9573	0.9582	0.9591	0.9599	0.9608	0.9616	0.9625	0.9633
1.8	0.9641	0.9648	0.9656	0.9664	0.9671	0.9678	0.9686	0.9693	0.9700	0.9706
1.9	0.9713	0.9719	0.9726	0.9732	0.9738	0.9744	0.9750	0.9756	0.9762	0.9767
2.0	0.9772	0.9778	0.9783	0.9788	0.9793	0.9798	0.9803	0.9808	0.9812	0.9817
2.1	0.9821	0.9826	0.9830	0.9834	0.9838	0.9842	0.9846	0.9850	0.9854	0.9857
2.2	0.9861	0.9864	0.9868	0.9871	0.9874	0.9878	0.9881	0.9884	0.9887	0.9890
2.3	0.9893	0.9896	0.9898	0.9901	0.9904	0.9906	0.9909	0.9911	0.9913	0.9916
2.4	0.9918	0.9920	0.9922	0.9925	0.9927	0.9929	0.9931	0.9932	0.9934	0.9936
2.5	0.9938	0.9940	0.9941	0.9943	0.9945	0.9946	0.9948	0.9949	0.9951	0.9952
2.6	0.9953	0.9955	0.9956	0.9957	0.9959	0.9960	0.9961	0.9962	0.9963	0.9964
2.7	0.9965	0.9966	0.9967	0.9968	0.9969	0.9970	0.9971	0.9972	0.9973	0.9974
2.8	0.9974	0.9975	0.9976	0.9977	0.9977	0.9978	0.9979	0.9979	0.9980	0.9981
2.9	0.9981	0.9982	0.9982	0.9983	0.9984	0.9984	0.9985	0.9985	0.9986	0.9986
3.0	0.9987	0.9990	0.9993	0.9995	0.9997	0.9698	0.9998	0.9999	0.9999	1.0000

注：表中末行系函数值 $\Phi(3.0), \Phi(3.1), \cdots, \Phi(3.9)$.

附表三 χ^2 分布表

$$P\{\chi^2(n) > \chi^2_\alpha(n)\} = \alpha$$

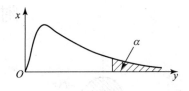

n	α=0.995	0.99	0.975	0.95	0.90	0.75
1	—	—	0.001	0.004	0.016	0.102
2	0.010	0.020	0.051	0.103	0.211	0.575
3	0.072	0.115	0.216	0.352	0.584	1.213
4	0.207	0.297	0.484	0.711	1.064	1.923
5	0.412	0.554	0.831	1.145	1.610	2.675
6	0.676	0.872	1.237	1.635	2.204	3.455
7	0.989	1.239	1.690	2.167	2.833	4.255
8	1.344	1.646	2.180	2.733	3.490	5.071
9	1.735	2.088	2.700	3.325	4.168	5.899
10	2.156	2.558	3.247	3.940	4.865	6.737
11	2.603	3.053	3.816	4.575	5.578	7.584
12	3.074	3.571	4.404	5.226	6.304	8.438
13	3.565	4.107	5.009	5.892	7.042	9.299
14	4.075	4.660	5.629	6.571	7.790	10.165
15	4.601	5.229	6.262	7.261	8.547	11.037
16	5.142	5.812	6.908	7.962	9.312	11.912
17	5.697	6.408	7.564	8.672	10.085	12.792
18	6.265	7.015	8.231	9.390	10.865	13.675
19	6.844	7.633	8.907	10.117	11.651	14.562
20	7.434	8.260	9.591	10.851	12.443	15.452
21	8.034	8.897	10.283	11.591	13.240	16.344
22	8.643	9.542	10.982	12.338	14.042	17.240
23	9.260	10.196	11.689	13.091	14.848	18.137
24	9.886	10.856	12.401	13.848	15.659	19.037
25	10.520	11.524	13.120	14.611	16.473	19.939
26	11.160	12.198	13.844	15.379	17.292	20.843
27	11.808	12.879	14.573	16.151	18.114	21.749
28	12.461	13.565	15.308	16.928	18.939	22.657
29	13.121	14.257	16.047	17.708	19.768	23.567
30	13.787	14.953	16.791	18.493	20.599	24.478

附表三 χ^2 分布表

续表

n	α=0.995	0.99	0.975	0.95	0.90	0.75
31	14.458	15.655	17.539	19.281	21.434	25.390
32	15.134	16.362	18.291	20.072	22.271	26.304
33	15.815	17.074	19.047	20.867	23.110	27.219
34	16.501	17.789	19.806	21.664	23.952	28.136
35	17.192	18.509	20.569	22.465	24.797	29.054
36	17.887	19.233	21.336	23.269	25.643	29.973
37	18.586	19.960	22.106	24.075	26.492	30.893
38	19.289	20.691	22.878	24.884	27.343	31.815
39	19.996	21.426	23.654	25.695	28.196	32.737
40	20.707	22.164	24.433	26.509	29.051	33.660
41	21.421	22.906	25.215	27.326	29.907	34.585
42	22.138	23.650	25.999	28.144	30.765	35.510
43	22.859	24.398	26.785	28.965	31.625	36.436
44	23.584	25.148	27.575	29.787	32.487	37.363
45	24.311	25.901	28.366	30.612	33.350	38.291

n	α=0.25	0.10	0.05	0.025	0.01	0.005
1	1.323	2.706	3.841	5.024	6.635	7.879
2	2.773	4.605	5.991	7.378	9.210	10.597
3	4.108	6.251	7.815	9.348	11.345	12.838
4	5.385	7.779	9.488	11.143	13.277	14.860
5	6.626	9.236	11.0711	12.833	15.086	16.750
6	7.841	10.645	12.592	14.449	16.812	18.548
7	9.037	12.017	14.067	16.013	18.475	20.278
8	10.219	13.362	15.507	17.535	20.090	21.955
9	11.389	14.684	16.919	19.023	21.666	23.589
10	12.549	15.987	18.307	20.483	23.209	25.188
11	13.701	17.275	19.675	21.920	24.725	26.757
12	14.845	18.549	21.026	23.337	26.217	28.300
13	15.984	19.812	22.362	24.736	27.688	29.819
14	17.117	21.064	23.685	26.119	29.141	31.319
15	18.245	22.307	24.996	27.488	30.578	32.801
16	19.369	23.542	26.296	28.845	32.000	34.267
17	20.489	24.769	27.587	30.191	33.409	35.718
18	21.605	25.989	28.869	31.526	34.805	37.156
19	22.718	27.204	30.144	32.852	36.191	38.582
20	23.828	28.412	31.410	34.170	37.566	39.997

续表

n	α=0.25	0.10	0.05	0.025	0.01	0.005
21	24.935	29.615	32.671	35.479	38.932	41.401
22	26.039	30.813	33.924	36.781	40.289	42.796
23	27.141	32.007	35.172	38.076	41.638	44.181
24	28.241	33.196	36.415	39.364	42.980	45.559
25	29.339	34.382	37.652	40.646	44.314	46.928
26	30.435	35.563	38.885	41.923	45.642	48.290
27	31.528	36.741	40.113	43.194	46.963	49.645
28	32.620	37.916	41.337	44.461	48.278	50.993
29	33.711	39.087	42.557	45.722	49.588	52.336
30	34.800	40.256	43.773	46.979	50.892	53.672
31	35.887	41.422	44.985	48.232	52.191	55.003
32	36.973	42.585	46.194	49.480	53.486	56.328
33	38.058	43.745	47.400	50.725	54.776	57.648
34	39.141	44.903	48.602	51.966	56.061	58.964
35	40.223	46.059	49.802	53.203	57.342	60.275
36	41.304	47.212	50.998	54.437	58.619	61.581
37	42.383	48.363	52.192	55.668	59.892	62.883
38	43.462	49.513	53.384	56.896	61.162	64.181
39	44.539	50.660	54.572	58.120	62.428	65.476
40	45.616	51.805	55.758	59.342	63.691	66.766
41	46.692	52.949	56.942	60.561	64.950	68.053
42	47.766	54.090	58.124	61.777	66.206	69.336
43	48.840	55.230	59.304	62.990	67.459	70.616
44	49.913	56.369	60.481	64.201	68.710	71.893
45	50.985	57.505	61.656	65.410	69.957	73.166

附表四 t 分布表

$$P\{t(n) > t_\alpha(n)\} = \alpha$$

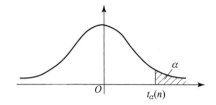

n	α=0.25	0.10	0.05	0.025	0.01	0.005
1	1.000 0	3.077 7	6.313 8	12.706 2	31.820 5	63.656 7
2	0.816 5	1.885 6	2.920 0	4.302 7	6.964 6	9.924 8
3	0.764 9	1.637 7	2.353 4	3.182 4	4.540 7	5.840 9
4	0.740 7	1.533 2	2.131 8	2.776 4	3.746 9	4.604 1
5	0.726 7	1.475 9	2.015 0	2.570 6	3.364 9	4.032 1
6	0.717 6	1.439 8	1.943 2	2.446 9	3.142 7	3.707 4
7	0.711 1	1.414 9	1.894 6	2.364 6	2.998 0	3.499 5
8	0.706 4	1.396 8	1.859 5	2.306 0	2.896 5	3.355 4
9	0.702 7	1.383 0	1.833 1	2.262 2	2.821 4	3.249 8
10	0.699 8	1.372 2	1.812 5	2.228 1	2.763 8	3.169 3
11	0.697 4	1.363 4	1.795 9	2.201 0	2.718 1	3.105 8
12	0.695 5	1.356 2	1.782 3	2.178 8	2.681 0	3.054 5
13	0.693 8	1.350 2	1.770 9	2.160 4	2.650 3	3.012 3
14	0.692 4	1.345 0	1.761 3	2.144 8	2.624 5	2.976 8
15	0.691 2	1.340 6	1.753 1	2.131 4	2.602 5	2.946 7
16	0.690 1	1.336 8	1.745 9	2.119 9	2.583 5	2.920 8
17	0.689 2	1.333 4	1.739 6	2.109 8	2.566 9	2.898 2
18	0.688 4	1.330 4	1.734 1	2.100 9	2.552 4	2.878 4
19	0.687 6	1.327 7	1.729 1	2.093 0	2.539 5	2.860 9
20	0.687 0	1.325 3	1.724 7	2.086 0	2.528 0	2.845 3
21	0.686 4	1.323 2	1.720 7	2.079 6	2.517 6	2.831 4
22	0.685 8	1.321 2	1.717 1	2.073 9	2.508 3	2.818 8
23	0.685 3	1.319 5	1.713 9	2.068 7	2.499 9	2.807 3
24	0.684 8	1.317 8	1.710 9	2.063 9	2.492 2	2.796 9
25	0.684 4	1.316 3	1.708 1	2.059 5	2.485 1	2.787 4
26	0.684 0	1.315 0	1.705 6	2.055 5	2.478 6	2.778 7
27	0.683 7	1.313 7	1.703 3	2.051 8	2.472 7	2.770 7
28	0.683 4	1.312 5	1.701 1	2.048 4	2.467 1	2.763 3
29	0.683 0	1.311 4	1.699 1	2.045 2	2.462 0	2.756 4
30	0.682 8	1.310 4	1.697 3	2.042 3	2.457 3	2.750 0

续表

n	$\alpha=0.25$	0.10	0.05	0.025	0.01	0.005
31	0.6825	1.3095	1.6955	2.0395	2.4528	2.7440
32	0.6822	1.3086	1.6939	2.0369	2.4487	2.7385
33	0.6820	1.3077	1.6924	2.0345	2.4448	2.7333
34	0.6818	1.3070	1.6909	2.0322	2.4411	2.7284
35	0.6816	1.3062	1.6896	2.0301	2.4377	2.7238
36	0.6814	1.3055	1.6883	2.0281	2.4345	2.7195
37	0.6812	1.3049	1.6871	2.0262	2.4314	2.7154
38	0.6810	1.3042	1.6860	2.0244	2.4286	2.7116
39	0.6808	1.3036	1.6849	2.0227	2.4258	2.7079
40	0.6807	1.3031	1.6839	2.0211	2.4233	2.7045
41	0.6805	1.3025	1.6829	2.0195	2.4208	2.7012
42	0.6804	1.3020	1.6820	2.0181	2.4185	2.6981
43	0.6802	1.3016	1.6811	2.0167	2.4163	2.6951
44	0.6801	1.3011	1.6802	2.0154	2.4141	2.6923
45	0.6800	1.3006	1.6794	2.0141	2.4121	2.6896

附表五 F 分布表

$$P\{F(n_1,n_2) > F_\alpha(n_1,n_2)\} = \alpha$$

$\alpha = 0.10$

n_1 \ n_2	1	2	3	4	5	6	7	8	9	10	12	15	20	24	30	40	60	120	∞
1	39.86	49.50	53.59	55.83	57.24	58.20	58.91	59.44	59.86	60.19	60.71	61.22	61.74	62.00	62.26	62.53	62.79	63.06	63.33
2	8.53	9.00	9.16	9.24	9.29	9.33	9.35	9.37	9.38	9.39	9.41	9.42	9.44	9.45	9.46	9.47	9.47	9.48	9.49
3	5.54	5.46	5.39	5.34	5.31	5.28	5.27	5.25	5.24	5.23	5.22	5.20	5.18	5.18	5.17	5.16	5.15	5.14	5.13
4	4.54	4.32	4.19	4.11	4.05	4.01	3.98	3.95	3.94	3.92	3.90	3.87	3.84	3.83	3.82	3.80	3.79	3.78	3.76
5	4.06	3.78	3.62	3.52	3.45	3.40	3.37	3.34	3.32	3.30	3.27	3.24	3.21	3.19	3.17	3.16	3.14	3.12	3.10
6	3.78	3.46	3.29	3.18	3.11	3.05	3.01	2.98	2.96	2.94	2.90	2.87	2.84	2.82	2.80	2.78	2.76	2.74	2.72
7	3.59	3.26	3.07	2.96	2.88	2.83	2.78	2.75	2.72	2.70	2.67	2.63	2.59	2.58	2.56	2.54	2.51	2.49	2.47
8	3.46	3.11	2.92	2.81	2.73	2.67	2.62	2.59	2.56	2.54	2.50	2.46	2.42	2.40	2.38	2.36	2.34	2.32	2.29
9	3.36	3.01	2.81	2.69	2.61	2.55	2.51	2.47	2.44	2.42	2.38	2.34	2.30	2.28	2.25	2.23	2.21	2.18	2.16
10	3.29	2.92	2.73	2.61	2.52	2.46	2.41	2.38	2.35	2.32	2.28	2.24	2.20	2.18	2.16	2.13	2.11	2.08	2.06
11	3.23	2.86	2.66	2.54	2.45	2.39	2.34	2.30	2.27	2.25	2.21	2.17	2.12	2.10	2.08	2.05	2.03	2.00	1.97
12	3.18	2.81	2.61	2.48	2.39	2.33	2.28	2.24	2.21	2.19	2.15	2.10	2.06	2.04	2.01	1.99	1.96	1.93	1.90
13	3.14	2.76	2.56	2.43	2.35	2.28	2.23	2.20	2.16	2.14	2.10	2.05	2.01	1.98	1.96	1.93	1.90	1.88	1.85
14	3.10	2.73	2.52	2.39	2.31	2.24	2.19	2.15	2.12	2.10	2.05	2.01	1.96	1.94	1.91	1.89	1.86	1.83	1.80
15	3.07	2.70	2.49	2.36	2.27	2.21	2.16	2.12	2.09	2.06	2.02	1.97	1.92	1.90	1.87	1.85	1.82	1.79	1.76
16	3.05	2.67	2.46	2.33	2.24	2.18	2.13	2.09	2.06	2.03	1.99	1.94	1.89	1.87	1.84	1.81	1.78	1.75	1.72
17	3.03	2.64	2.44	2.31	2.22	2.15	2.10	2.06	2.03	2.00	1.96	1.91	1.86	1.84	1.81	1.78	1.75	1.72	1.69
18	3.01	2.62	2.42	2.29	2.20	2.13	2.08	2.04	2.00	1.98	1.93	1.89	1.84	1.81	1.78	1.75	1.72	1.69	1.66
19	2.99	2.61	2.40	2.27	2.18	2.11	2.06	2.02	1.98	1.96	1.91	1.86	1.81	1.79	1.76	1.73	1.70	1.67	1.63
20	2.97	2.59	2.38	2.25	2.16	2.09	2.04	2.00	1.96	1.94	1.89	1.84	1.79	1.77	1.74	1.71	1.68	1.64	1.61
21	2.96	2.57	2.36	2.23	2.14	2.08	2.02	1.98	1.95	1.92	1.87	1.83	1.78	1.75	1.72	1.69	1.66	1.62	1.59
22	2.95	2.56	2.35	2.22	2.13	2.06	2.01	1.97	1.93	1.90	1.86	1.81	1.76	1.73	1.70	1.67	1.64	1.60	1.57
23	2.94	2.55	2.34	2.21	2.11	1.05	1.99	1.95	1.92	1.89	1.84	1.80	1.74	1.72	1.69	1.66	1.62	1.59	1.55
24	2.93	2.54	2.33	2.19	2.10	2.04	1.98	1.94	1.91	1.88	1.83	1.78	1.73	1.70	1.67	1.64	1.61	1.57	1.53
25	2.92	2.53	2.32	2.18	2.09	2.02	1.97	1.93	1.89	1.87	1.82	1.77	1.72	1.69	1.66	1.63	1.59	1.56	1.52
26	2.91	2.52	2.31	2.17	2.08	2.01	1.96	1.92	1.88	1.86	1.81	1.76	1.71	1.68	1.65	1.61	1.58	1.54	1.50
27	2.90	2.51	2.30	2.17	2.07	2.00	1.95	1.91	1.87	1.85	1.80	1.75	1.70	1.67	1.64	1.60	1.57	1.53	1.49
28	2.89	2.50	2.29	2.16	2.06	2.00	1.94	1.90	1.87	1.84	1.79	1.74	1.69	1.66	1.63	1.59	1.56	1.52	1.48
29	2.89	2.50	2.28	2.15	2.06	1.99	1.93	1.89	1.86	1.83	1.78	1.73	1.68	1.65	1.62	1.58	1.55	1.51	1.47
30	2.88	2.49	2.28	2.14	2.05	1.98	1.93	1.88	1.85	1.82	1.77	1.72	1.67	1.64	1.61	1.57	1.54	1.50	1.46
40	2.84	2.44	2.23	2.09	2.00	1.93	1.87	1.83	1.79	1.76	1.71	1.66	1.61	1.57	1.54	1.51	1.47	1.42	1.38
60	2.79	2.39	2.18	2.04	1.95	1.87	1.82	1.77	1.74	1.71	1.66	1.60	1.54	1.51	1.48	1.44	1.40	1.35	1.29
120	2.75	2.35	2.13	1.99	1.90	1.82	1.77	1.72	1.68	1.65	1.60	1.55	1.48	1.45	1.41	1.37	1.32	1.26	1.19
∞	2.71	2.30	2.08	1.94	1.85	1.77	1.72	1.67	1.63	1.60	1.55	1.49	1.42	1.38	1.34	1.30	1.24	1.17	1.00

$\alpha = 0.05$

n_1 \ n_2	1	2	3	4	5	6	7	8	9	10	12	15	20	24	30	40	60	120	∞
1	161.4	199.5	215.7	224.6	230.2	234.0	236.8	238.9	240.5	241.9	243.9	245.9	248.0	249.1	250.1	251.1	252.2	253.3	254.3
2	18.51	19.00	19.16	19.25	19.30	19.33	19.35	19.37	19.38	19.40	19.41	19.43	19.45	19.45	19.46	19.47	19.48	19.49	19.50
3	10.13	9.55	9.28	9.12	9.01	8.94	8.89	8.85	8.81	8.79	8.74	8.70	8.66	8.64	8.62	8.59	8.57	8.55	8.53
4	7.71	6.94	6.59	6.39	6.26	6.16	6.09	6.04	6.00	5.96	5.91	5.86	5.80	5.77	5.75	5.72	5.69	5.66	5.63

续表

n_2 \ n_1	1	2	3	4	5	6	7	8	9	10	12	15	20	24	30	40	60	120	∞
5	6.61	5.79	5.41	5.19	5.05	4.95	4.88	4.82	4.77	4.74	4.68	4.62	4.56	4.53	4.50	4.46	4.43	4.40	4.36
6	5.99	5.14	4.76	4.53	4.39	4.28	4.21	4.15	4.10	4.06	4.00	3.94	3.87	3.84	3.81	3.77	3.74	3.70	3.67
7	5.59	4.74	4.35	4.12	3.97	3.87	3.79	3.73	3.68	3.64	3.57	3.51	3.44	3.41	3.38	3.34	3.30	3.27	3.23
8	5.32	4.46	4.07	3.84	3.69	3.58	3.50	3.44	3.39	3.35	3.28	3.22	3.15	3.12	3.08	3.04	3.01	2.97	2.93
9	5.12	4.26	3.86	3.63	3.48	3.37	3.29	3.23	3.18	3.14	3.07	3.01	2.94	2.90	2.86	2.83	2.79	2.75	2.71
10	4.96	4.10	3.71	3.48	3.33	3.22	3.14	3.07	3.02	2.98	2.91	2.85	2.77	2.74	2.70	2.66	2.62	2.58	2.54
11	4.84	3.98	3.59	3.36	3.20	3.09	3.01	2.95	2.90	2.85	2.79	2.72	2.65	2.61	2.57	2.53	2.49	2.45	2.40
12	4.75	3.89	3.49	3.26	3.11	3.00	2.91	2.85	2.80	2.75	2.69	2.62	2.54	2.51	2.47	2.43	2.38	2.34	2.30
13	4.67	3.81	3.41	3.18	3.03	2.92	2.83	2.77	2.71	2.67	2.60	2.53	2.46	2.42	2.38	2.34	2.30	2.25	2.21
14	4.60	3.74	3.34	3.11	2.96	2.85	2.76	2.70	2.65	2.60	2.53	2.46	2.39	2.35	2.31	2.27	2.22	2.18	2.13
15	4.54	3.68	3.29	3.06	2.90	2.79	2.71	2.64	2.59	2.54	2.48	2.40	2.33	2.29	2.25	2.20	2.16	2.11	2.07
16	4.49	3.63	3.24	3.01	2.85	2.74	2.66	2.59	2.54	2.49	2.42	2.35	2.28	2.24	2.19	2.15	2.11	2.06	2.01
17	4.45	3.59	3.20	2.96	2.81	2.70	2.61	2.55	2.49	2.45	2.38	2.31	2.23	2.19	2.15	2.10	2.06	2.01	1.96
18	4.41	3.55	3.16	2.93	2.77	2.66	2.58	2.51	2.46	2.41	2.34	2.27	2.19	2.15	2.11	2.06	2.02	1.97	1.92
19	4.38	3.52	3.13	2.90	2.74	2.63	2.54	2.48	2.42	2.38	2.31	2.23	2.16	2.11	2.07	2.03	1.98	1.93	1.88
20	4.35	3.49	3.10	2.87	2.71	2.60	2.51	2.45	2.39	2.35	2.28	2.20	2.12	2.08	2.04	1.99	1.95	1.90	1.84
21	4.32	3.47	3.07	2.84	2.68	2.57	2.49	2.42	2.37	2.32	2.25	2.18	2.10	2.05	2.01	1.96	1.92	1.87	1.81
22	4.30	3.44	3.05	2.82	2.66	2.55	2.46	2.40	2.34	2.30	2.23	2.15	2.07	2.03	1.98	1.94	1.89	1.84	1.78
23	4.28	3.42	3.03	2.80	2.64	2.53	2.44	2.37	2.32	2.27	2.20	2.13	2.05	2.01	1.96	1.91	1.86	1.81	1.76
24	4.26	3.40	3.01	2.78	2.62	2.51	2.42	2.36	2.30	2.25	2.18	2.11	2.03	1.98	1.94	1.89	1.84	1.79	1.73
25	4.24	3.39	2.99	2.76	2.60	2.49	2.40	2.34	2.28	2.24	2.16	2.09	2.01	1.96	1.92	1.87	1.82	1.77	1.71
26	4.23	3.37	2.98	2.74	2.59	2.47	2.39	2.32	2.27	2.22	2.15	2.07	1.99	1.95	1.90	1.85	1.80	1.75	1.69
27	4.21	3.35	2.96	2.73	2.57	2.46	2.37	2.31	2.25	2.20	2.13	2.06	1.97	1.93	1.88	1.84	1.79	1.73	1.67
28	4.20	3.34	2.95	2.71	2.56	2.45	2.36	2.29	2.24	2.19	2.12	2.04	1.96	1.91	1.87	1.82	1.77	1.71	1.65
29	4.18	3.33	2.93	2.70	2.55	2.43	2.35	2.28	2.22	2.18	2.10	2.03	1.94	1.90	1.85	1.81	1.75	1.70	1.64
30	4.17	3.32	2.92	2.69	2.53	2.42	2.33	2.27	2.21	2.16	2.09	2.01	1.93	1.89	1.84	1.79	1.74	1.68	1.62
40	4.08	3.23	2.84	2.61	2.45	2.34	2.25	2.18	2.12	2.08	2.00	1.92	1.84	1.79	1.74	1.69	1.64	1.58	1.51
60	4.00	3.15	2.76	2.53	2.37	2.25	2.17	2.10	2.04	1.99	1.92	1.84	1.75	1.70	1.65	1.59	1.53	1.47	1.39
120	3.92	3.07	2.68	2.45	2.29	2.17	2.09	2.02	1.96	1.91	1.83	1.75	1.66	1.61	1.55	1.50	1.43	1.35	1.25
∞	3.84	3.00	2.60	2.37	2.21	2.10	2.01	1.94	1.88	1.83	1.75	1.67	1.57	1.52	1.46	1.39	1.32	1.22	1.00

$\alpha = 0.025$

n_2 \ n_1	1	2	3	4	5	6	7	8	9	10	12	15	20	24	30	40	60	120	∞
1	647.8	799.5	864.2	899.6	921.8	937.1	948.2	956.7	963.3	968.6	976.7	984.9	993.1	997.2	1001	1006	1010	1014	1018
2	38.51	39.00	39.17	39.25	39.30	39.33	39.36	39.37	39.39	39.40	39.41	39.43	39.45	39.46	39.46	39.47	39.48	39.40	39.50
3	17.44	16.04	15.44	15.10	14.88	14.73	14.62	14.54	14.47	14.42	14.34	14.25	14.17	14.12	14.08	14.04	13.99	13.95	13.90
4	12.22	10.65	9.98	9.60	9.36	9.20	9.07	8.98	8.90	8.84	8.75	8.66	8.56	8.51	8.46	8.41	8.36	8.31	8.26
5	10.01	8.43	7.76	7.39	7.15	6.98	6.85	6.76	6.68	6.62	6.52	6.43	6.33	6.28	6.23	6.18	6.12	6.07	6.02
6	8.81	7.26	6.60	6.23	5.99	5.82	5.70	5.60	5.52	5.46	5.37	5.27	5.17	5.12	5.07	5.01	4.96	4.90	4.85
7	8.07	6.54	5.89	5.52	5.29	5.12	4.99	4.90	4.82	4.76	4.67	4.57	4.47	4.42	4.36	4.31	4.25	4.20	4.14
8	7.57	6.06	5.42	5.05	4.82	4.65	4.53	4.43	4.36	4.30	4.20	4.10	4.00	3.95	3.89	3.84	3.78	3.73	3.67
9	7.21	5.71	5.08	4.72	4.48	4.32	4.20	4.10	4.03	3.96	3.87	3.77	3.67	3.61	3.56	3.51	3.45	3.39	3.33
10	6.94	5.46	4.83	4.47	4.24	4.07	3.95	3.85	3.78	3.72	3.62	3.52	3.42	3.37	3.31	3.26	3.20	3.14	3.08
11	6.72	5.26	4.63	4.28	4.04	3.88	3.76	3.66	3.59	3.53	3.43	3.33	3.23	3.17	3.12	3.06	3.00	2.94	2.88
12	6.55	5.10	4.47	4.12	3.89	3.73	3.61	3.51	3.44	3.37	3.28	3.18	3.07	3.02	2.96	2.91	2.85	2.79	2.72
13	6.41	4.97	4.35	4.00	3.77	3.60	3.48	3.39	3.31	3.25	3.15	3.05	2.95	2.89	2.84	2.78	2.72	2.66	2.60
14	6.30	4.86	4.24	3.89	3.66	3.50	3.38	3.29	3.21	3.15	3.05	2.95	2.84	2.79	2.73	2.67	2.61	2.55	2.49

附表五 F 分布表

续表

n_2 \ n_1	1	2	3	4	5	6	7	8	9	10	12	15	20	24	30	40	60	120	∞
15	6.20	4.77	4.15	3.80	3.58	3.41	3.29	3.20	3.12	3.06	2.96	2.86	2.76	2.70	2.64	2.59	2.52	2.46	2.40
16	6.12	4.69	4.08	3.73	3.50	3.34	3.22	3.12	3.05	2.99	2.89	2.79	2.68	2.63	2.57	2.51	2.45	2.38	2.32
17	6.04	4.62	4.01	3.66	3.44	3.28	3.26	3.06	2.98	2.92	2.82	2.72	2.62	2.56	2.50	2.44	2.38	2.32	2.25
18	5.98	4.56	3.95	3.61	3.38	3.22	3.10	3.01	2.93	2.87	2.77	2.67	2.56	2.50	2.44	2.38	2.32	2.26	2.19
19	5.92	4.51	3.90	3.56	3.33	3.17	3.05	2.96	2.88	2.82	2.72	2.62	2.51	2.45	2.39	2.33	2.27	2.20	2.13
20	5.87	4.46	3.86	3.51	3.29	3.13	3.01	2.91	2.84	2.77	2.68	2.57	2.46	2.41	2.35	2.29	2.22	2.16	2.09
21	5.83	4.42	3.82	3.48	3.25	3.09	2.97	2.87	2.80	2.73	2.64	2.53	2.42	2.37	2.31	2.25	2.18	2.11	2.04
22	5.79	4.38	3.78	3.44	3.22	3.05	2.73	2.84	2.76	2.70	2.60	2.50	2.39	2.33	2.27	2.21	2.14	2.08	2.00
23	5.75	4.35	3.75	3.41	3.18	3.02	2.90	2.81	2.73	2.67	2.57	2.47	2.36	2.30	2.24	2.18	2.11	2.04	1.97
24	5.72	4.32	3.72	3.38	3.15	2.99	2.87	2.78	2.70	2.64	2.54	2.44	2.33	2.27	2.21	2.15	2.08	2.01	1.94
25	5.69	4.29	3.69	3.35	3.13	2.97	2.85	2.75	2.68	2.61	2.51	2.41	2.30	2.24	2.18	2.12	2.05	1.98	1.91
26	5.66	4.27	3.67	3.33	3.10	2.94	2.82	2.73	2.65	2.59	2.49	2.39	2.28	2.22	2.16	2.09	2.03	1.95	1.88
27	5.63	4.24	3.65	3.31	3.08	2.92	2.80	2.71	2.63	2.57	2.47	2.36	2.25	2.19	2.13	2.07	2.00	1.93	1.85
28	5.61	4.22	3.63	3.29	3.06	2.90	2.78	2.69	2.61	2.55	2.45	2.34	2.23	2.17	2.11	2.05	1.98	1.91	1.83
29	5.59	4.20	3.61	3.27	3.04	2.88	2.76	2.67	2.59	2.53	2.43	2.32	2.21	2.15	2.09	2.03	1.96	1.89	1.81
30	5.57	4.18	3.59	3.25	3.03	2.87	2.75	2.65	2.57	2.51	2.41	2.31	2.20	2.14	2.07	2.01	1.94	1.87	1.79
40	5.42	4.05	3.46	3.13	3.90	2.74	2.62	2.53	2.45	2.39	2.29	2.18	2.07	2.01	1.94	1.88	1.80	1.72	1.64
60	5.29	3.93	3.34	3.01	2.79	2.63	2.51	2.41	2.33	2.27	3.17	2.06	1.94	1.88	1.82	1.74	1.67	1.58	1.48
120	5.15	3.80	3.23	2.89	2.67	2.52	2.39	2.30	2.22	2.16	2.05	1.94	1.82	1.76	1.69	1.61	1.53	1.43	1.31
∞	5.02	3.69	3.12	2.79	2.57	2.41	2.29	2.19	2.11	2.05	1.94	1.83	1.71	1.64	1.57	1.48	1.39	1.27	1.00

$\alpha = 0.01$

n_2 \ n_1	1	2	3	4	5	6	7	8	9	10	12	15	20	24	30	40	60	120	∞
1	4052	4999.5	5403	5625	5764	5859	5928	5982	6022	6056	6106	6157	6209	6235	6261	6287	6313	6339	6366
2	98.50	99.00	99.17	99.25	99.30	99.33	99.36	99.37	99.39	99.40	99.42	99.43	99.45	99.46	99.47	99.47	99.48	99.49	99.50
3	34.12	30.82	29.46	28.71	28.24	27.91	27.67	27.49	27.35	27.23	27.05	26.87	26.69	26.60	26.50	26.41	26.32	26.22	26.13
4	21.20	18.00	16.69	15.98	15.52	15.21	14.98	14.80	14.66	14.55	14.37	24.20	14.02	13.93	13.84	13.75	13.65	13.56	13.46
5	16.26	13.27	12.06	11.39	10.97	10.67	10.46	10.29	10.16	10.05	9.89	9.72	9.55	9.47	9.38	9.29	9.20	9.11	9.02
6	13.75	10.93	9.78	9.15	8.75	8.47	8.26	8.10	7.98	7.87	7.72	7.56	7.40	7.31	7.23	7.14	7.06	6.97	6.88
7	12.25	9.55	8.45	7.85	7.46	7.19	6.99	6.84	6.72	6.62	6.47	6.31	6.16	6.07	5.99	5.91	5.82	5.74	5.65
8	11.26	8.65	7.59	7.01	6.63	6.37	6.18	6.03	5.91	5.81	5.67	5.52	5.36	5.28	5.20	5.12	5.03	4.95	4.86
9	10.56	8.02	6.99	6.42	6.06	5.80	5.61	5.47	5.35	5.26	5.11	4.96	4.81	4.73	4.65	4.57	4.48	4.40	4.31
10	10.04	7.56	6.55	5.99	5.64	5.39	5.20	5.06	4.94	4.85	4.71	4.56	4.41	4.33	4.25	4.17	4.08	4.00	3.91
11	9.65	7.21	6.22	5.67	5.32	5.07	4.89	4.74	4.63	4.54	4.40	4.25	4.10	4.02	3.94	3.86	3.78	3.69	3.60
12	9.33	6.93	5.95	5.41	5.06	4.82	4.64	4.50	4.39	4.30	4.16	4.01	3.86	3.78	3.70	3.62	3.54	3.45	3.36
13	9.07	6.70	5.74	5.21	4.86	4.62	4.44	4.30	4.19	4.10	3.96	3.82	3.66	3.59	3.51	3.43	3.34	3.25	3.17
14	8.86	6.51	5.56	5.04	4.69	4.46	4.28	4.14	4.03	3.94	3.80	3.66	3.51	3.43	3.35	3.27	3.18	3.09	3.00
15	8.68	6.36	5.42	4.89	4.56	4.32	4.14	4.00	3.89	3.80	3.67	3.52	3.37	3.29	3.21	3.13	3.05	2.96	2.87
16	8.53	6.23	5.29	4.77	4.44	4.20	4.03	3.89	3.78	3.69	3.55	3.41	3.26	3.18	3.10	3.02	2.93	2.84	2.75
17	8.40	6.11	5.18	4.67	4.34	4.10	3.93	3.79	3.68	3.59	3.46	3.31	3.16	3.08	3.00	2.92	2.83	2.75	2.65
18	8.29	6.01	5.09	4.58	4.25	4.01	3.94	3.71	3.60	3.51	3.37	3.23	3.08	3.00	2.92	2.84	2.75	2.66	2.57
19	8.18	5.93	5.01	4.50	4.17	3.94	3.77	3.63	3.52	3.43	3.30	3.15	3.00	2.92	2.84	2.76	2.67	2.58	2.49
20	8.10	5.85	4.94	4.43	4.10	3.87	3.70	3.56	3.46	3.37	3.23	3.09	2.94	2.86	2.78	2.69	2.61	2.52	2.42
21	8.02	5.78	4.87	4.37	4.04	3.81	3.64	3.51	3.40	3.31	3.17	3.03	2.88	2.80	2.72	2.64	2.55	2.46	2.36
22	7.95	5.72	4.82	4.31	3.99	3.76	3.59	3.45	3.35	3.26	3.12	2.98	2.83	2.75	2.67	2.58	2.50	2.40	2.31
23	7.88	5.66	4.76	4.26	3.94	3.71	3.54	3.41	3.30	3.21	3.07	2.93	2.78	2.70	2.62	2.54	2.45	2.35	2.26
24	7.82	5.61	4.72	4.22	3.90	3.67	3.50	3.36	3.26	3.17	3.03	2.89	2.74	2.66	2.58	2.49	2.40	2.31	2.21

续表

n_2 \ n_1	1	2	3	4	5	6	7	8	9	10	12	15	20	24	30	40	60	120	∞
25	7.77	5.57	4.68	4.18	3.85	3.63	3.46	3.32	3.22	3.13	2.99	2.85	2.70	2.62	2.54	2.45	2.36	2.27	2.17
26	7.72	5.53	4.64	4.14	3.82	3.59	3.42	3.29	3.18	3.09	2.96	2.81	2.66	2.58	2.50	2.42	2.33	2.23	2.13
27	7.68	5.49	4.60	4.11	3.78	3.56	3.39	3.26	3.15	3.06	2.93	2.78	2.63	2.55	2.47	2.38	2.29	2.20	2.10
28	7.64	5.45	4.57	4.07	3.75	3.53	3.36	3.23	3.12	3.03	2.90	2.75	2.60	2.52	2.44	2.35	2.26	2.17	2.06
29	7.60	5.42	4.54	4.04	3.73	3.50	3.33	3.20	3.09	3.00	2.87	2.73	2.57	2.49	2.41	2.33	2.23	2.14	2.03
30	7.56	5.39	4.51	4.02	3.70	3.47	3.30	3.17	3.07	2.98	2.84	2.70	2.55	2.47	2.39	2.30	2.21	2.11	2.01
40	7.31	5.18	4.31	3.83	3.51	3.29	3.12	2.99	2.89	2.80	2.66	2.52	2.37	2.29	2.20	2.11	2.02	1.92	1.80
60	7.08	4.98	4.13	3.65	3.34	3.12	2.95	2.82	2.72	2.63	2.50	2.35	2.20	2.12	2.03	1.94	1.84	1.73	1.60
120	6.85	4.79	3.95	3.48	3.17	2.96	2.79	2.66	2.56	2.47	2.34	2.19	2.03	1.95	1.86	1.76	1.66	1.53	1.38
∞	6.63	4.61	3.78	3.32	3.02	2.80	2.64	2.51	2.41	2.32	2.18	2.04	1.88	1.79	1.70	1.59	1.47	1.32	1.00

$\alpha = 0.005$

n_2 \ n_1	1	2	3	4	5	6	7	8	9	10	12	15	20	24	30	40	60	120	∞
1	16211	20000	21615	22500	23056	23437	23715	23925	24091	24224	24426	24630	24836	24940	25044	25148	35253	25359	25465
2	198.5	199.0	199.2	199.2	199.3	199.3	199.4	199.4	199.4	199.4	199.4	199.4	199.4	199.5	199.5	199.5	199.5	199.5	199.5
3	55.55	49.80	47.47	46.19	45.39	44.84	44.43	44.13	43.88	43.69	43.39	43.08	42.78	42.62	42.47	42.31	42.15	41.99	41.83
4	31.33	26.28	24.26	23.15	22.46	21.97	21.62	21.35	21.14	20.97	20.70	20.44	20.17	20.03	19.89	19.75	19.61	19.47	19.32
5	22.78	18.31	16.53	15.56	14.94	14.51	14.20	13.96	13.77	13.62	13.38	13.15	12.90	12.78	12.66	12.53	12.40	12.27	12.14
6	18.63	14.54	12.92	12.03	11.46	11.07	10.79	10.57	10.39	10.25	10.03	9.81	9.59	9.47	9.36	9.24	9.12	9.00	8.88
7	16.24	12.40	10.88	10.05	9.52	9.16	8.89	8.68	8.51	8.38	8.18	7.97	7.75	7.65	7.53	7.42	7.31	7.19	7.08
8	14.69	11.04	9.60	8.81	8.30	7.95	7.69	7.50	7.34	7.21	7.01	6.81	6.61	6.50	6.40	6.29	6.18	6.06	5.95
9	13.61	10.11	8.72	7.96	7.47	7.13	6.88	6.69	6.54	6.42	6.23	6.03	5.83	5.73	5.62	5.52	5.41	5.30	5.19
10	12.83	9.43	8.08	7.34	6.87	6.54	6.30	6.12	5.97	5.85	5.66	5.47	5.27	5.17	5.07	4.97	4.86	4.75	4.64
11	12.23	8.91	7.60	6.88	6.42	6.10	5.86	5.68	5.54	5.42	5.24	5.05	4.86	4.76	4.65	4.55	4.44	4.34	4.23
12	11.75	8.51	7.23	6.52	6.07	5.76	5.52	5.35	5.20	5.09	4.91	4.72	4.53	4.43	4.33	4.23	4.12	4.01	3.90
13	11.37	8.19	6.93	6.23	5.79	5.48	5.25	5.08	4.94	4.82	4.64	4.46	4.27	4.17	4.07	3.97	3.87	3.76	3.65
14	11.06	7.92	6.68	6.00	5.56	5.26	5.03	4.86	4.72	4.60	4.43	4.25	4.06	3.96	3.86	3.76	3.66	3.55	3.44
15	10.80	7.70	6.48	5.80	5.37	5.07	4.85	4.67	4.54	4.42	4.25	4.07	3.88	3.79	3.69	3.58	3.48	3.37	3.26
16	10.58	7.51	6.30	5.64	5.21	4.91	4.69	4.52	4.38	4.27	4.10	3.92	3.73	3.64	3.54	3.44	3.33	3.22	3.11
17	10.38	7.35	6.16	5.50	5.07	4.78	4.56	4.39	4.25	4.14	3.97	3.79	3.61	3.51	3.41	3.31	3.21	3.10	2.98
18	10.22	7.21	6.03	5.37	4.96	4.66	4.44	4.28	4.14	4.03	3.86	3.68	3.50	3.40	3.30	3.20	3.10	2.99	2.87
19	10.07	7.09	5.92	5.27	7.85	4.56	4.34	4.18	4.04	3.93	3.76	3.59	3.40	3.31	3.21	3.11	3.00	2.89	2.78
20	9.94	6.99	5.82	5.17	4.76	4.47	4.26	4.09	3.96	3.85	3.68	3.50	3.32	3.22	3.12	3.02	2.92	2.81	2.69
21	9.83	6.89	5.73	5.09	4.68	4.39	4.18	4.01	3.88	3.77	3.60	3.43	3.24	3.15	3.05	2.95	2.84	2.73	2.61
22	9.73	6.81	5.65	5.02	4.61	4.32	4.11	3.94	3.81	3.70	3.54	3.36	3.18	3.08	2.98	2.88	2.77	2.66	2.55
23	9.63	6.73	5.58	4.95	4.54	4.26	4.05	3.88	3.75	3.64	3.47	3.30	3.12	3.02	2.92	2.82	2.71	2.60	2.48
24	9.55	6.66	5.52	4.89	4.49	4.20	3.99	3.83	3.69	3.59	3.42	3.25	3.06	2.97	2.87	2.77	2.66	2.55	2.43
25	9.48	6.60	5.46	4.84	4.43	4.15	3.94	3.78	3.64	3.54	3.37	3.20	3.01	2.92	2.82	2.72	2.61	2.50	2.38
26	9.41	6.54	5.41	4.79	4.38	4.10	3.89	3.73	3.60	3.49	3.33	3.15	2.97	2.87	2.77	2.67	2.56	2.45	2.33
27	9.34	6.49	5.36	4.74	4.34	4.06	3.85	3.69	3.56	3.45	3.28	3.11	2.93	2.83	2.73	2.63	2.52	2.41	2.29
28	9.28	6.44	5.32	4.70	4.30	4.02	3.81	3.65	3.52	3.41	3.25	3.07	2.89	2.79	2.69	2.59	2.48	2.37	2.25
29	9.23	6.40	5.28	4.66	4.26	3.98	3.77	3.61	3.48	3.38	3.21	3.04	2.86	2.76	2.66	2.56	2.45	2.33	2.21
30	9.18	6.35	5.24	4.62	4.23	3.95	3.74	3.58	3.45	3.34	3.18	3.01	2.82	2.73	2.63	2.52	2.42	2.30	2.18
40	8.83	6.07	4.98	4.37	3.99	3.71	3.51	3.35	3.22	3.12	2.95	2.78	2.60	2.50	2.40	2.30	2.18	2.06	1.93
60	8.49	5.79	4.73	4.14	3.76	3.49	3.29	3.13	3.01	2.90	2.74	2.57	2.39	2.29	2.19	2.08	1.96	1.83	1.69
120	8.18	5.54	4.50	3.92	3.55	3.28	3.09	2.93	2.81	2.71	2.54	2.37	2.19	2.09	1.98	1.87	1.75	1.61	1.43
∞	7.88	5.30	4.28	3.72	3.35	3.09	2.90	2.74	2.62	2.52	2.36	2.19	2.00	1.90	1.79	1.67	1.53	1.36	1.00

附表五 F 分布表

$\alpha = 0.001$

n_2 \ n_1	1	2	3	4	5	6	7	8	9	10	12	15	20	24	30	40	60	120	∞
1	4053+	5000+	5404+	5625+	5764+	5859+	5929+	5981+	6023+	6056+	6107+	6158+	6209+	6235+	6261+	6287+	6313+	6340+	6366+
2	998.5	999.0	999.2	999.2	999.3	999.3	999.4	999.4	999.4	999.4	999.4	999.4	999.4	999.5	999.5	999.5	999.5	999.5	999.5
3	167.0	148.5	141.1	137.1	134.6	132.8	131.6	130.6	129.9	129.2	128.3	127.4	126.4	125.9	125.4	125.0	124.5	124.0	123.5
4	74.14	61.25	56.18	53.44	51.71	50.53	49.66	49.00	48.47	48.05	47.41	46.76	46.10	45.77	45.43	45.09	44.75	44.40	44.05
5	47.18	37.12	33.20	31.09	27.75	28.84	28.16	27.64	27.24	26.92	26.42	25.91	25.39	25.14	24.87	24.60	24.33	24.06	23.79
6	35.51	27.00	23.70	21.92	20.81	20.03	19.46	19.03	18.69	18.41	17.99	17.56	17.12	16.89	16.67	16.44	16.21	15.99	15.75
7	29.25	21.69	18.77	17.19	16.21	15.52	15.02	14.63	14.33	14.08	13.71	13.32	12.93	12.73	12.53	12.33	12.12	11.91	11.70
8	25.42	18.49	15.83	14.39	13.49	12.86	12.40	12.04	11.77	11.54	11.19	10.84	10.48	10.30	10.11	9.92	9.73	9.53	9.33
9	22.86	16.39	13.90	12.56	11.71	11.13	10.70	10.37	10.11	9.89	9.57	9.24	8.90	8.72	8.55	8.37	8.19	8.00	7.80
10	21.04	14.91	12.55	11.28	10.48	9.92	9.52	9.20	8.96	8.75	8.45	8.13	7.80	7.64	7.47	7.30	7.12	6.94	6.76
11	19.69	13.81	11.56	10.35	9.58	9.05	8.66	8.35	8.12	7.92	7.63	7.32	7.01	6.85	6.68	6.52	6.35	6.17	6.00
12	18.64	12.97	10.80	9.63	8.89	8.38	8.00	7.71	7.48	7.29	7.00	6.71	6.40	6.25	6.09	5.93	5.76	5.59	5.42
13	17.81	12.31	10.21	9.07	8.35	7.86	7.49	7.21	6.98	6.80	6.52	6.23	5.93	5.78	5.63	5.47	5.30	5.14	4.97
14	17.14	11.78	9.73	8.62	7.92	7.43	7.08	6.80	6.58	6.40	6.13	5.85	5.56	5.41	5.25	5.10	4.94	4.77	4.60
15	16.59	11.34	9.34	8.25	7.57	7.09	6.74	6.47	6.26	6.08	5.81	5.54	5.25	5.10	4.95	4.80	4.64	4.47	4.31
16	16.12	10.97	9.00	7.94	7.27	6.81	6.46	6.19	5.98	5.81	5.55	5.27	4.99	4.85	4.70	4.54	4.39	4.23	4.06
17	15.72	10.66	8.73	7.68	7.02	6.56	6.22	5.96	5.75	5.58	5.32	5.05	4.78	4.63	4.48	4.33	4.18	4.02	3.85
18	15.38	10.39	8.49	7.46	6.81	6.35	6.02	5.76	5.56	5.39	5.13	4.87	4.59	4.45	4.30	4.15	4.00	3.84	3.67
19	15.08	10.16	8.28	7.26	6.62	6.18	5.85	5.59	5.39	5.22	4.97	4.70	4.43	4.29	4.14	3.99	3.84	3.68	3.51
20	14.82	9.95	8.10	7.10	6.46	6.02	5.69	5.44	5.24	5.08	4.82	4.56	4.29	4.15	4.00	3.86	3.70	3.54	3.38
21	14.59	9.77	7.94	6.95	6.32	5.88	5.56	5.31	5.11	4.95	4.70	4.44	4.17	4.03	3.88	3.74	3.58	3.42	3.26
22	14.38	9.61	7.80	6.81	6.19	5.76	5.44	5.19	4.98	4.83	4.58	4.33	4.06	3.92	3.78	3.63	3.48	3.32	3.15
23	14.19	9.47	7.67	6.69	6.08	5.65	5.33	5.09	4.89	4.73	4.48	4.23	3.96	3.82	3.68	3.53	3.38	3.22	3.05
24	14.03	9.34	7.55	6.59	5.98	5.55	5.23	4.99	4.80	4.64	4.39	4.14	3.87	3.74	3.59	3.45	3.29	3.14	2.97
25	13.88	9.22	7.45	6.49	5.88	5.46	5.15	4.91	4.71	4.56	4.31	4.06	3.79	3.66	3.52	3.37	3.22	3.06	2.89
26	13.74	9.12	7.36	6.41	5.80	5.38	5.07	4.83	4.64	4.48	4.24	3.99	3.72	3.59	3.44	3.30	3.15	2.99	2.82
27	13.61	9.02	7.27	6.33	5.73	5.31	5.00	4.76	4.57	4.41	4.17	3.92	3.66	3.52	3.38	3.23	3.08	2.92	2.75
28	13.50	8.93	7.19	6.25	5.66	5.24	4.93	4.69	4.50	4.35	4.11	3.86	3.60	3.46	3.32	3.18	3.02	2.86	2.69
29	13.39	8.85	7.12	6.19	5.59	5.18	4.87	4.64	4.45	4.29	4.05	3.80	3.54	3.41	3.27	3.12	2.97	2.81	2.64
30	13.29	8.77	7.05	6.12	5.53	5.12	4.82	4.58	4.39	14.24	4.00	3.75	3.49	3.36	3.22	3.07	2.92	2.76	2.59
40	12.61	8.25	6.60	5.70	5.13	4.73	4.44	4.21	4.02	3.87	3.64	3.40	3.15	3.01	2.87	2.73	2.57	2.41	2.23
60	11.97	7.76	6.17	5.31	4.76	4.37	4.09	3.87	3.69	3.54	3.31	3.08	2.83	2.69	2.55	2.41	2.25	2.08	1.89
120	11.38	7.32	5.79	4.95	4.42	4.04	3.77	3.55	3.38	3.24	3.02	2.78	2.53	2.40	2.26	2.11	1.95	1.76	1.54
∞	10.83	6.91	5.42	4.62	4.10	3.74	3.47	3.27	3.10	2.96	2.74	2.51	2.27	2.13	1.99	1.84	1.66	1.45	1.00

+：表示要将所列数乘以100.

附表六 p 值 表

表 a 列出了 Z 检验的 p 值
$$p = P\{Z > z\}$$
其中 Z 为 Z 统计量,服从 $N(0,1)$ 分布,z 为 Z 的观察值.

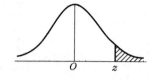

表 a

概率	0.50	0.40	0.25	0.15	0.10	0.05	0.025	0.010	0.005	0.001	0.0001
z	0.00	0.25	0.67	1.04	1.28	1.64	1.96	2.33	2.58	3.09	3.72

注:对于双侧检验,由关系
$$p = P\{|Z| > |z|\} = 2P\{Z > |z|\}$$
可使用上表直接求得 p 值.

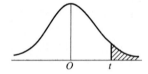

表 b 列出了 t 检验的 p 值
$$p = P\{T > t\}$$
其中 T 为 T 统计量,服从 $t(n)$ 分布,t 为 T 的观察值.

表 b

自由度	概率									
	0.50	0.40	0.25	0.15	0.10	0.05	0.025	0.010	0.005	0.001
1	0.00	0.32	1.00	1.96	3.085	6.31	12.71	31.82		
2	0.00	0.29	0.82	1.39	1.88	2.92	4.30	6.96	9.92	
3	0.00	0.28	0.76	1.25	1.64	2.35	3.18	4.54	5.84	10.21
4	0.00	0.27	0.74	1.19	1.53	2.13	2.78	3.75	4.60	7.17
5	0.00	0.27	0.73	1.16	1.48	2.02	2.57	3.36	4.03	5.89
6	0.00	0.26	0.72	1.13	1.44	1.94	2.45	3.14	3.71	5.21
7	0.00	0.26	0.71	1.21	1.41	1.89	2.36	3.00	3.50	4.78
8	0.00	0.26	0.71	1.11	1.40	1.86	2.31	2.90	3.36	4.50
9	0.00	0.26	0.70	1.10	1.38	1.83	2.26	2.82	3.25	4.30
10	0.00	0.26	0.70	1.09	1.37	1.81	2.23	2.76	3.17	4.14
11	0.00	0.26	0.70	1.09	1.36	1.80	2.20	2.72	3.11	4.02
12	0.00	0.26	0.70	1.08	1.36	1.78	2.18	2.68	3.05	3.93
13	0.00	0.26	0.69	1.08	1.35	1.77	2.16	2.65	3.01	3.85
14	0.00	2.26	0.69	1.08	1.35	1.76	2.14	2.62	2.98	3.79
15	0.00	0.26	0.69	1.07	1.34	1.75	2.13	2.60	2.95	3.73
16	0.00	0.26	0.69	1.07	1.34	1.75	2.12	2.58	2.92	3.69
17	0.00	0.26	0.69	1.07	1.33	1.74	2.11	2.57	2.90	3.65
18	0.00	0.26	0.69	1.07	1.33	1.73	2.10	2.55	2.88	3.61
19	0.00	0.26	0.69	1.07	1.33	1.73	2.09	2.54	2.86	3.58
20	0.00	0.26	0.69	1.06	1.33	1.72	2.09	2.53	2.85	3.55
21	0.00	0.26	0.69	1.06	1.32	1.72	0.08	2.52	2.83	3.53
22	0.00	0.26	0.69	1.06	1.32	1.72	2.07	2.51	2.82	3.50
23	0.00	0.26	0.69	1.06	1.32	1.71	2.07	2.50	2.81	3.48
24	0.00	0.26	0.68	1.06	1.32	1.71	2.06	2.49	2.80	3.47
25	0.00	0.26	0.68	1.06	1.32	1.71	2.06	2.49	2.79	3.45
26	0.00	0.26	0.68	1.06	1.32	1.71	2.06	2.48	2.78	3.43
27	0.00	0.26	0.68	1.06	1.32	1.71	2.06	2.47	2.77	3.42
28	0.00	0.26	0.68	1.06	1.32	1.71	2.06	2.47	2.76	3.41

附表六 p值表

续表

自由度	概率									
	0.50	0.40	0.25	0.15	0.10	0.05	0.025	0.010	0.005	0.001
29	0.00	0.26	0.68	1.06	1.31	1.70	2.05	2.46	2.76	3.40
30	0.00	0.26	0.68	1.05	1.31	1.70	2.04	2.46	2.75	3.39
32	0.00	0.26	0.68	1.05	1.30	1.69	2.04	2.45	2.74	3.37
34	0.00	0.26	0.68	1.05	1.30	1.69	2.03	2.44	2.73	3.35
36	0.00	0.26	0.68	1.05	1.30	1.69	2.03	2.43	2.72	3.33
38	0.00	0.26	0.68	1.05	1.30	1.69	2.02	2.43	2.71	3.32
40	0.00	0.26	0.68	1.05	1.30	1.68	2.02	2.42	2.70	3.31
42	0.00	0.26	0.68	1.05	1.30	1.68	2.02	2.42	2.70	0.30
44	0.00	0.25	0.68	1.05	1.30	1.68	2.02	2.41	2.69	3.29
46	0.00	0.25	0.28	1.05	1.30	1.68	2.02	2.41	2.69	3.28
48	0.00	0.25	0.68	1.05	1.30	1.68	2.01	2.41	2.68	3.27
50	0.00	0.25	0.68	1.05	1.30	1.68	2.01	2.40	2.68	3.26
55	0.00	0.25	0.68	1.05	1.30	1.67	2.00	2.40	2.67	3.25
60	0.00	0.25	0.68	1.05	1.30	1.67	2.00	2.39	2.66	3.23
65	0.00	0.25	0.68	1.04	1.29	1.67	2.00	2.39	2.65	3.22
70	0.00	0.25	0.68	1.04	1.29	1.67	1.99	2.38	2.65	3.21
75	0.00	0.25	0.68	1.04	1.29	1.67	1.99	2.38	2.64	3.20
80	0.00	0.25	0.68	1.04	1.29	1.66	1.99	2.37	2.64	3.20
90	0.00	0.25	0.68	1.04	1.29	1.66	1.99	2.37	2.63	3.18
100	0.00	0.25	0.68	1.04	1.29	1.66	1.98	2.36	2.63	3.17
200	0.00	0.25	0.68	1.04	1.29	1.65	1.97	2.35	2.60	3.13
500	0.00	0.25	0.67	1.04	1.28	1.65	1.96	2.33	2.59	3.11
∞	0.00	0.25	0.67	1.04	1.28	1.64	1.96	2.33	2.58	3.09

注 同表 a,对于双侧检验,利用关系式
$$p = P\{|T|>|t|\} = 2P\{T>|t|\}$$

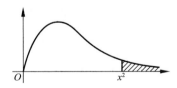

表 c 列出了 χ^2 检验的 p 值
$$p = P\{\chi^2 > x^2\}$$
其中 χ^2 为 χ^2 统计量,服从分布 $\chi^2(f)$,x^2 为 χ^2 的观察值.

表 c

自由度 f \ p χ^2	0.50	0.40	0.25	0.15	0.10	0.05	0.025	0.010	0.005	0.001
1	0.45	0.71	1.32	0.07	2.71	3.84	5.02	6.63	7.88	10.83
2	1.39	1.83	2.77	3.79	4.61	5.99	7.38	9.21	10.60	13.82
3	2.37	2.95	4.11	5.32	6.25	7.81	9.35	11.34	12.84	16.27

续表

自由度 f \ p	0.50	0.40	0.25	0.15	0.10	0.05	0.025	0.010	0.005	0.001
4	3.36	4.04	5.39	6.74	7.78	9.35	11.34	13.28	14.86	18.47
5	4.35	5.13	6.68	8.12	9.24	11.07	12.83	15.09	16.75	20.52
6	5.35	6.21	7.84	9.45	10.64	12.59	14.45	16.81	18.55	22.46
7	6.35	7.28	9.04	10.75	12.02	14.07	16.01	18.84	20.28	24.32
8	7.34	8.35	10.22	12.03	13.36	15.51	17.53	20.09	21.95	26.12
9	8.34	9.41	11.39	13.29	14.68	16.92	19.02	21.67	23.59	17.88
10	9.34	10.47	12.55	14.53	15.99	18.31	20.48	23.21	25.19	29.59
11	10.34	11.53	13.70	15.77	17.28	19.68	21.92	24.72	26.76	31.26
12	11.34	12.58	14.85	16.99	18.55	21.03	23.34	26.22	28.30	32.91
13	12.34	13.64	15.98	18.20	19.81	22.36	24.74	27.69	29.82	34.53
14	13.34	14.69	17.12	19.41	21.06	23.68	26.12	29.14	31.32	36.12
15	14.34	15.73	18.25	20.60	22.31	25.00	27.49	30.58	32.80	37.70
16	15.34	16.78	19.37	21.79	23.54	26.30	28.85	32.00	34.27	39.25
17	16.34	17.82	20.49	22.98	24.77	27.59	30.19	33.41	35.72	40.79
18	17.34	18.87	21.60	24.16	25.99	28.87	31.53	34.81	37.16	42.31
19	18.34	19.91	22.72	25.33	27.20	30.14	32.85	36.19	38.58	43.82
20	19.34	20.95	23.83	26.50	28.41	31.41	34.17	37.57	40.00	45.31
21	20.34	21.99	24.93	27.66	29.62	32.67	35.48	38.93	41.40	46.80
22	23.34	23.03	26.04	28.82	30.81	33.92	36.78	40.29	42.80	48.27
23	22.34	24.07	27.14	29.98	32.01	35.17	38.08	41.64	44.18	49.73
24	23.34	25.11	28.24	31.13	33.20	36.42	39.36	42.98	45.56	51.18
25	24.34	26.14	29.34	32.28	34.38	37.65	40.65	44.31	46.93	52.62
26	25.34	27.18	30.43	33.43	35.56	38.89	41.92	45.64	48.29	54.05
27	26.34	28.21	31.53	34.57	36.74	40.11	43.19	46.96	49.64	55.48
28	27.34	29.25	32.62	35.71	37.92	41.34	44.46	48.28	50.99	56.89
29	28.34	30.28	33.71	36.85	39.09	42.56	45.72	49.59	52.34	58.30
30	29.34	31.32	34.80	37.99	40.26	43.77	46.98	50.89	53.67	59.70
32	31.34	33.38	36.97	40.26	42.58	46.19	49.48	53.49	56.33	62.49
34	33.34	35.44	39.14	42.51	44.90	48.60	51.97	56.06	58.96	65.25
36	35.34	37.50	41.30	44.76	47.21	51.00	54.44	58.62	61.58	67.99
38	37.34	39.56	43.46	47.01	49.51	53.38	56.90	61.16	64.18	70.70
40	39.34	41.62	45.62	49.24	51.81	55.76	59.34	63.69	66.77	73.40
42	41.34	43.68	47.77	51.47	54.09	58.12	61.78	66.21	69.34	76.08
44	43.34	45.73	49.91	53.70	56.37	60.48	64.20	68.71	71.89	78.75
46	45.34	47.79	52.06	55.92	58.64	62.83	66.62	71.20	74.44	81.40
48	47.34	49.84	54.20	58.14	60.91	65.17	69.02	73.68	76.97	84.04
50	49.33	51.89	56.33	60.35	63.17	67.50	71.42	76.15	79.49	86.66

参 考 文 献

[1] 同济大学数学系. 概率统计[M]. 北京:高等教育出版社,2012.
[2] 吴赣昌. 概率论与数理统计[M]. 北京:中国人民大学出版社,2011.
[3] 薛薇. 统计分析与 SPSS 的应用[M]. 北京:中国人民大学出版社,2010.
[4] [美]JohnA. Rice. 数理统计与数据分析[M]. 第 3 版. 田金方,译. 北京:机械工业出版社,2011.
[5] [美]威廉·费勒. 图灵数学. 统计学丛书:概率论及其应用(卷1)[M]. 第 3 版. 胡迪鹤,译. 北京:人民邮电出版社,2014.
[6] [美]德格鲁特,舍维什. 概率统计[M]. 第 4 版(英文版). 北京:机械工业出版社,2012.
[7] [美]邵(Jun Shao). 数理统计[M]. 第 2 版(英文版). 北京:世界图书出版公司,2009.